DES FUMIERS

ET

AUTRES ENGRAIS ANIMAUX

PAR

J. GIRARDIN

Correspondant de l'Institut, Recteur honoraire,
Directeur de l'École supérieure des sciences de Rouen,
Professeur de chimie agricole et industrielle à ladite École, etc.

SEPTIÈME ÉDITION
ENTIÈREMENT REVUE ET CONSIDÉRABLEMENT AUGMENTÉE
Avec 60 figures dans le texte.

PARIS

G. MASSON	GARNIER FRÈRES
17, Place de l'École-de-Médecine.	6, rue des Saints-Pères, 6.

DES FUMIERS

ET

AUTRES ENGRAIS ANIMAUX

DU MÊME AUTEUR

Leçons de chimie élémentaire appliquée aux arts industriels. Cinquième édition, entièrement refondue, 5 vol. in-8°, avec 1500 figures et 50 échantillons dans le texte. Prix de l'ouvrage complet. 48 fr.

CHAQUE VOLUME EST VENDU SÉPARÉMENT :

Tome I. — *Métalloïdes.* 1 vol. in-8 de 507 pages, avec 331 fig. dans le texte . . . . 8 fr.

Tome II. — *Métaux.* 1 vol. in-8 de 786 pages, avec 393 fig. dans le texe. . . . . 11 fr

Tome III. — *Principes immédiats et industries qui s'y rattachent. Matières alimentaires et boissons fermentées.* 1 vol. in-8 de 616 pages, avec 353 fig. dans le texte. . . . . . . 10 fr.

Tome IV. — *Matières textiles et matières tinctoriales.* 1 vol. in-8 de 337 pages, 212 fig. et 47 échantillons dans le texte et une planche en couleur . . . . 3 fr.

Tome V. — *Matières animales et fonctions organiques.* 1 vol. in-8, avec fig. dans le texte . . . . 6 fr.

Chimie générale et appliquée, 4 vol. petit in-8°. . . . . 10 fr.

Cet ouvrage a été rédigé en vue des cours d'enseignement spécial.
Chaque volume correspond à une année de l'enseignement et est vendu séparément comme suit :

Première année, 2° édition, 123 pages, 86 figures. . . . 2 fr. »
Deuxième année, 316 pages, 202 figures. . . . . . 3 fr. 50
Troisième année, 282 pages, 193 figures. . . . . . 3 fr. 50
Quatrième année, 383 pages, 285 figures. . . . . . 4 fr. »

Traité élémentaire d'agriculture, par M. Girardin et du Breuil, professeur d'arboriculture et de viticulture dans les écoles d'agriculture de l'État. 3° édition, revue et corrigée. 2 vol. in-18 de 1509 pages, avec fig. dans le texte. . . . . 16 fr.

PARIS. — IMPRIMERIE DE E. MARTINET, RUE MIGNON, 2

DES FUMIERS

ET

AUTRES ENGRAIS ANIMAUX

PAR

J. GIRARDIN

Correspondant de l'Institut, Recteur honoraire,
Directeur de l'École supérieure des sciences de Rouen,
Professeur de chimie agricole et industrielle à ladite École, etc.

SEPTIÈME ÉDITION

ENTIÈREMENT REVUE ET CONSIDÉRABLEMENT AUGMENTÉE

Avec 60 figures dans le texte.

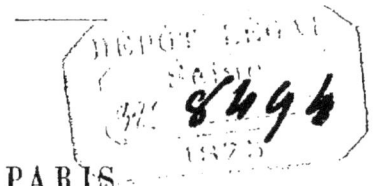

PARIS

G. MASSON | GARNIER FRÈRES
17, Place de l'École-de-Médecine. | 6, rue des Saints-Pères, 6

1876

INTRODUCTION

AUX CULTIVATEURS

La base de l'agriculture, c'est l'engrais.

De tous les engrais, c'est le fumier des animaux qui convient le mieux à la généralité des sols et des cultures.

La raison, d'accord avec les faits, vous dit que le plus sûr moyen d'accroître vos récoltes et d'améliorer vos champs c'est de fumer beaucoup.

Mais, pour fumer beaucoup, il faut avoir du fumier en abondance.

Si vous manquez généralement à cette première condition, c'est que vous négligez le moyen de produire le fumier, et que vous mettez trop d'insouciance à bien administrer celui que vous donnent vos animaux.

C'est là un grand mal qu'il faut vous hâter de faire disparaître, votre intérêt l'exige.

Pour vous aider à mieux faire sous ce rapport, j'ai composé le petit traité sur le fumier que je publie pour la septième fois.

Déjà beaucoup d'entre vous ont suivi mes conseils et s'en félicitent.

Je mentionnerai surtout, avec plaisir, nombre de cultivateurs des beaux départements de la Seine-Inférieure, de l'Eure et du Calvados, qui ont abandonné leurs vieilles habitudes et disposent maintenant leurs fumiers avec autant de soins que d'intelligence. Ils en sont largement récompensés, car la terre, voyez-vous, est une bonne mère qui rend avec usure la valeur des engrais qu'on lui confie.

J'ai cherché à vous exposer clairement les vrais principes qui doivent guider dans la production, la préparation et la conservation des fumiers.

Ce n'est pas de la théorie que je vous enseigne ; c'est la belle et bonne pratique des pays les plus avancés en culture que je mets sous vos yeux. Ne craignez donc pas de l'imiter.

Vous avez un sol admirable, un excellent climat, de nombreux et faciles débouchés pour vos produits ; avec de tels éléments de succès, il ne vous faut que peu d'efforts pour mettre votre agriculture, déjà si avancée en plusieurs points, au niveau de l'agriculture perfectionnée de certaines parties de la Flandre, de l'Angleterre et de l'Allemagne.

Je veux vous seconder dans ces efforts, en vous montrant comment il faut s'y prendre pour tout utiliser, et pour accroître, sans presque aucune dépense, la masse des engrais dans une exploitation rurale.

Mais avant de vous dire comment j'entends qu'un fermier intelligent doit soigner son tas de fumier, permettez-moi de vous présenter quelques réflexions générales sur la manière dont les plantes se nourrissent et sur la nature ou composition des engrais. C'est là une connaissance utile qui vous aidera à mieux comprendre l'importance des pratiques que je veux vous recommander.

Toute plante, sauvage ou cultivée, a besoin pour vivre et se développer, d'augmenter continuellement la quantité des matériaux qui la constituent, en s'emparant de certaines substances extérieures et en les transformant en sa propre substance.

C'est dans le sol et dans l'air que la jeune plante puise les matières alimentaires nécessaires à son existence, et c'est par les racines et les feuilles que s'accomplit le phénomène d'absorption. Les premières trouvent dans la terre les liquides nourriciers fournis par les engrais; les secondes absorbent, presque uniquement par leur face inférieure, les gaz et les vapeurs répandus dans l'air.

Il faut absolument que la nourriture réparatrice parvienne aux plantes dans le plus grand état de division possible, car les trous ou *pores absorbants* dont leurs organes sont pourvus sont si microscopiques, qu'il n'y a que les liquides, les vapeurs ou les gaz qui puissent s'y introduire ; et si nous trouvons dans le tissu des plantes des matières solides et insolubles dans l'eau, c'est qu'elles ont été dissoutes, à l'époque de leur absorption, par un agent qui les a abandonnées plus tard.

Considérés dans l'ensemble de leur constitution, les végétaux contiennent les mêmes principes élémentaires, mais non en égales proportions, à savoir : du charbon ou carbone, de l'eau toute formée ou ses éléments (oxygène et

INTRODUCTION.

hydrogène) (1), de l'azote, du phosphore, du soufre, du chlore, des oxydes (chaux, magnésie, potasse, soude), des acides (phosphorique, sulfurique, silicique, oxalique, malique, tannique, etc.), des traces de fer et de manganèse.

Il résulte de là que les plantes ont besoin de trouver autour d'elles de l'eau ou ses éléments, de l'air ou ses éléments, de l'acide carbonique et certaines matières minérales.

De tous les principes élémentaires des plantes, c'est le carbone ou charbon qui prédomine toujours par sa quantité. Son poids s'élève jusqu'à 43 pour 100 dans les tissus qui forment essentiellement les organes ; il va parfois jusqu'à 78 pour 100 dans certains composés de la nature des huiles et des résines.

Ce carbone est introduit dans le tissu végétal par la décomposition du gaz acide carbonique (2), puisé dans l'air et dans l'eau. Le fluide de l'atmosphère, invariablement composé, quand il est en parfaite liberté, sur 1000 parties en

---

(1) L'*eau* complétement pure, telle qu'on l'obtient par la distillation, est composée, sur 100 parties en poids, de 11 d'hydrogène et 89 d'oxygène, en nombres ronds. Dans 2 volumes de vapeur d'eau, il y a 2 volumes d'hydrogène et 1 volume d'oxygène, qui ont subi une contraction d'un tiers.

(2) L'*acide carbonique* est le principal produit de la combustion du carbone dans l'air. C'est ce gaz qui détermine l'asphyxie quand on n'aère pas suffisamment les appartements dans lesquels brûle un combustible quelconque (charbon, braise, houille, coke, bois) ; c'est lui aussi qui occasionne la mort aux vignerons qui descendent sans précaution dans les cuves où fermente le jus du raisin ; c'est encore lui qui rend mortel l'air du fond des marnières et des puits.

Ce gaz dangereux est formé, en nombres ronds, sur 100 parties en poids, de 27 de carbone et 73 d'oxygène.

volume, de 208 parties d'oxygène et de 792 parties d'azote, ou, en termes plus simples, d'un cinquième d'oxygène et de quatre cinquièmes d'azote, renferme de plus quelques dix-millièmes de son volume d'acide carbonique.

Or, les parties des plantes qui sont colorées en vert, c'est-à-dire les feuilles et les tiges, ont la propriété remarquable, mais uniquement sous l'influence de la lumière solaire, d'absorber cet acide carbonique, de le décomposer, de s'assimiler son carbone, et de rejeter dans l'atmosphère la plus grande partie de l'oxygène qui en provient. En s'unissant ensuite avec l'eau ou ses éléments, le carbone ainsi fixé dans l'intérieur des parties vertes donne naissance à des matières ligneuses, féculentes, gommeuses et sucrées, qui jouent un rôle si large dans la vie des plantes.

Ce qui prouve bien que le carbone, dont celles-ci sont si abondamment pourvues, vient de l'acide carbonique, c'est la croissance et le développement prodigieux de certains arbres sur des montagnes ou des rochers stériles ; ce sont ces forêts d'arbres verts qui couvrent le sol des landes sablonneuses ; c'est cette végétation prodigieuse de nos bois dans des terres où la main de l'homme n'a introduit aucune matière pouvant concourir à l'accroissement des plantes. Il suffit, en effet, à la prospérité de la végétation, dans tous ces cas, qu'un sol inerte procure une humidité convenable. Ce n'est donc pas du terrain que les arbres ont soutiré cette masse énorme de carbone qu'ils contiennent.

Évidemment, c'est de l'acide carbonique de l'air qu'ils l'ont extraite.

Mais dans les terres de culture, qui renferment toujours du terreau et des débris végétaux et animaux qu'on y enfouit continuellement pour les entretenir en bon état de production, l'air absorbé par ces terres, qui fonctionnent à la manière des corps poreux, brûle peu à peu ces matières organiques et donne lieu à la formation d'une grande quantité d'acide carbonique. Il est certain, d'après les expériences de deux chimistes fort habiles (MM. Boussingault et Lewy) que l'air confiné dans la terre arable est beaucoup plus riche en acide carbonique que l'air libre de l'atmosphère, par suite de la combustion lente du carbone de l'humus et des engrais.

Il n'y a, en effet, dans l'air atmosphérique, pris dans son état normal, que 4 décilitres d'acide carbonique par mètre cube;

Il y a 9 litres de ce gaz par mètre cube d'une terre non fumée depuis un an;

Il y a 98 litres de ce gaz par mètre cube d'une terre récemment fumée; en sorte que,

la 1re contient 22 à 23 fois autant } d'acide carbonique que l'air normal.
et la 2e terre 245 fois autant

Or, les racines qui vivent dans cette atmosphère souterraine doivent absorber, avec l'eau qu'elles pompent, une grande quantité de l'acide carbonique qui vient s'ajouter dans les feuilles à celui que ces derniers organes prennent dans l'air ambiant.

L'oxygène contenu dans les plantes provient de l'eau et de l'air.

L'hydrogène ne peut venir que de l'eau.

Quant à l'azote, qui forme la plus petite portion de la

masse des plantes, il se montre surtout dans tous les tissus à l'état naissant et dans les graines. Il a pour origine les engrais animaux incorporés au sol, ainsi que l'ammoniaque (1) et l'acide azotique (2) contenus dans l'atmosphère.

Les eaux pluviales enlèvent à celle-ci toutes les vapeurs ammoniacales qui y arrivent sans cesse par suite de la putréfaction des matières animales, tout l'acide azotique qui se produit dans les hautes régions de l'air par les décharges électriques ; elles en imbibent le sol, et dès lors les racines absorbent les composés azotés qui, portés dans l'organisme, se trouvent soumis à une série de réactions chimiques qui permettent l'assimilation de leurs principes élémentaires.

Les plantes cultivées par nous reçoivent de l'atmosphère la même quantité d'azote que les plantes sauvages, la même que les arbres et les arbrisseaux ; mais cette quantité ne suffit pas aux besoins de l'agriculture : de là naissent l'utilité, la nécessité même, des engrais azotés.

L'air et l'eau fournissent donc aux plantes, d'après ce qui précède, différents principes, tels que le carbone, l'oxygène, l'hydrogène et l'azote. Mais il est évident que ces

---

(1) L'*ammoniaque* est un composé gazeux formé sur 100 parties en poids de : 18 d'hydrogène et 82 d'azote. Sa dissolution dans l'eau est ce qu'on appelle vulgairement *alcali volatil*. C'est un gaz très-dangereux à respirer ; il irrite le nez et provoque les larmes ; c'est lui qui produit les maladies d'yeux si fréquentes chez les vidangeurs, sans cesse exposés aux émanations ammoniacales qui sortent des fosses d'aisances.

(2) L'*acide azotique* ou *nitrique*, plus connu dans le commerce sous les noms d'*esprit de nitre*, d'*eau-forte*, est un liquide très-corrosif qui, dans son état de pureté, est composé, en nombres ronds, de 26 d'azote et 74 d'oxygène sur 100 parties en poids. C'est l'un des composants du *nitre* ou *salpêtre* (*azotate* ou *nitrate de potasse* des chimistes).

deux agents ne suffisent pas à la nourriture des plantes, car lorsqu'elles ne sont en contact qu'avec de l'air et de l'eau, elles peuvent bien augmenter de poids, mais elles ne produisent que des semences infécondes.

Il faut par conséquent une autre source de nutrition, et cette source indispensable, c'est le **sol**. Je vais vous apprendre en peu de mots comment il intervient.

Le **sol** est essentiellement formé de matières terreuses de la nature du sable, de la craie et de la glaise ou argile, de certaines matières salines plus ou moins analogues au sel que nous mangeons, et de débris organiques qu'on désigne sous le nom d'*humus* ou de *terreau*.

Ce *terreau* est le résultat de la décomposition des plantes.

Tous les ans les plantes herbacées qui meurent et restent à la surface de la terre, les feuilles qui tombent des arbres, les chaumes et les racines, les enveloppes des fruits qui gisent dans ou sur le sol, se détruisent peu à peu, sous l'influence réunie de l'air, de l'eau et de la chaleur, et se transforment en une matière noire, douce et grasse au toucher, qui devient sèche et friable par la dessiccation, et qui peut brûler, en répandant une odeur de foin ou de corne.

Eh bien! c'est là l'*humus* ou le *terreau*, qui se mêle continuellement à la terre et qui est regardé par les praticiens comme la cause principale de sa fertilité.

L'influence du terreau sur la végétation est démontrée par tous les faits de pratique. Il n'y a pas un cultivateur qui ne sache que plus il y a, dans un terrain quelconque, de débris organiques en état de décomposition, plus ce terrain est, en général, favorable à la végétation, et qu'enfin les plantes périssent quand il n'y a pas renouvellement de l'humus végétal.

Peu abondant dans les terres médiocres, il existe en quantité très-marquée dans les terres riches et fertiles. Il fournit aux plantes, outre les matières gazeuses provenant de sa décomposition lente et continue, telles que l'acide carbonique, l'hydrogène carboné, l'ammoniaque, etc., des sucs ou dissolutions très-chargées de principes azotés et salins.

Si l'on épuise par de l'eau du bon terreau de maraîcher de manière à lui enlever toutes ses parties solubles, organiques et minérales, on lui fait perdre toutes ses propriétés fertilisantes, car les plantes qu'on y fait venir ou qu'on y place ne peuvent se développer. Si l'on arrose d'autres plantes, mises dans du sable pur, avec cette eau chargée des principes actifs du terreau, on peut les y voir prospérer.

On est donc fondé, d'après cela, à regarder l'humus ou le terreau comme la substance véritablement active de toute terre arable.

Tous nos efforts doivent tendre, par conséquent, à le renouveler et à l'accroître dans nos terres de culture, au moyen des *engrais*, c'est-à-dire des débris organiques qui peuvent se changer en humus ou agir comme lui sur la végétation.

Ces *engrais*, destinés à restituer au sol les principes utiles, les matières alimentaires des plantes, que les récoltes lui ont enlevées, contiennent des matières solubles et des matières insolubles dans l'eau, et le plus ordinairement ces dernières prédominent de beaucoup dans la masse.

Les matières solubles peuvent immédiatement servir à la nutrition et être assimilées par les plantes.

Mais pour que les matières insolubles puissent remplir le même rôle, il faut absolument qu'elles éprouvent une fermentation qui en dissocie les éléments, et qui donne lieu à la production de nouveaux composés solubles ou gazeux.

Or, c'est toujours ce qui arrive; seulement la décomposition des matières organiques, sous la triple influence de la chaleur, de l'humidité et de l'air, est plus ou moins prompte suivant leur nature. Les matières animales se désorganisent plus vite que les substances végétales, et, parmi ces dernières, celles qui sont riches en parties ligneuses résistent plus longtemps que les autres aux changements physiques et chimiques qui doivent les convertir en principes solubles ou gazeux assimilables.

Ainsi, avant tout, pour pouvoir servir d'engrais, les plantes arrachées du sol, les débris des animaux morts, doivent subir une fermentation ou une putréfaction qui désorganise les tissus, qui mette en liberté les sucs qu'ils renferment, et fasse passer peu à peu ces tissus eux-mêmes par une suite régulière de décompositions et de transformations qui les rendent volatils ou solubles dans l'eau.

Ces phénomènes se produisent d'autant mieux et d'autant plus rapidement que les matières sont réunies en plus grandes masses. Voilà pourquoi la paille des céréales, disséminée à la surface du sol, garde fort longtemps son aspect et n'agit presque aucunement comme engrais, tandis que, entassée en masse considérable, elle s'échauffe bientôt, dégage de la vapeur d'eau et des gaz infects, se colore fortement en noir et se convertit promptement en *terreau*.

Mais il n'est pas indispensable, toutefois, que ces décompositions spontanées précèdent l'enfouissement des matières organiques dans le sol ; elles peuvent s'opérer dans la terre avec plus de profit pour la végétation, car les nombreux principes volatils ou gazeux, et notamment l'acide carbonique et l'ammoniaque qui prennent toujours naissance dans ce cas, au lieu de se perdre dans l'atmosphère, restent dans le sol et peuvent concourir aussi à la nutrition des plantes.

De la durée de la décomposition des engrais dans la terre dépend surtout leur effet utile. La pratique et la théorie s'accordent sur ce principe :

Que les engrais agissent d'autant plus utilement que leur décomposition est le mieux proportionnée aux développements des plantes.

Il est toujours possible, au reste, de les modifier de manière à se rapprocher de cette condition, soit en ralentissant la décomposition des engrais trop actifs, que vous qualifiez d'*engrais chauds*, tels que le sang, la chair, les cretons, la poudrette, la fiente de mouton, le fumier de cheval, la colombine, le guano, les tourteaux de graines, etc., soit en accélérant celle des autres dits *engrais froids*, tels que les plantes vertes enfouies, les fumiers des bêtes à cornes, les chiffons et déchets de laine et de soie, les os, les cornes et ergots, les sabots des chevaux, les cheveux, poils et crins, les plumes, les engrais liquides, etc.

Dans les engrais, il faut encore distinguer deux ordres de principes nutritifs : les *matières de nature organique*, c'est-à-dire végétales et animales (1), et les *substances salines* ou *minérales*.

Les premières se convertissent peu à peu en terreau par la fermentation. Les autres ne changent jamais de nature; elles sont absorbées par les racines, charriées dans les vaisseaux des plantes au moyen de l'eau ou de la *sève* qui les tient en dissolution, et déposées dans les différents organes. Aussi, lorsqu'on vient à brûler les plantes, elles laissent toutes un résidu d'apparence terreuse, qui représente les matières minérales enlevées au sol ou aux engrais pendant la vie. Ce résidu, c'est ce qu'on appelle les *cendres*.

Ces substances minérales, qui ne peuvent se former de toutes pièces, comme les composés organiques (fibre ligneuse, gomme, sucre, fécule, matières grasses, matières colorantes, etc.), dans l'intérieur des tissus végétaux et qui proviennent manifestement du sol, ne sont pas accidentelles dans les plantes; elles leur sont nécessaires, et chaque espèce de plantes semble exiger, pour son entier développement, des sels d'une nature particulière, et en quantités variables.

C'est ainsi, par exemple, que les plantes marines et ma-

---

(1) Les *matières de nature organique* ont une composition toute spéciale qui les distingue nettement des matières minérales; elles renferment toujours au moins deux, plus fréquemment trois ou quatre éléments. Ainsi les composés organiques plus spécialement propres aux plantes sont formés d'hydrogène et de carbone, ou d'hydrogène, de carbone et d'oxygène; tandis que les composés propres aux animaux contiennent, au moins dans le plus grand nombre de cas, quatre éléments à savoir : l'oxygène, l'hydrogène, le carbone et l'azote; ce sont ceux-ci qu'on désigne, d'une manière générale, sous le nom de *matières* ou *substances azotées*.

ritimes végètent mal dans un terrain où il n'y a pas de sel marin (chlorure de sodium), tandis que ce sel est nuisible au blé et aux autres céréales dans les proportions où il convient à l'accroissement des premières.

Ces mêmes céréales exigent impérieusement dans le sol, pour y donner d'abondants produits, la présence d'autres matières salines, notamment des silicates, des phosphates terreux et alcalins, parce que leurs tiges renferment beaucoup de silice, et leurs graines des phosphates de chaux et de magnésie.

Le tabac, les pois, les fèves, presque toutes les espèces ligneuses, réclament de la chaux, tandis que le maïs, les navets, les betteraves, les pommes de terre, les topinambours, la vigne, exigent, au contraire, de la potasse.

Vous savez bien, par votre pratique de tous les jours, que le trèfle, la luzerne, le sainfoin ne croissent vigoureusement que lorsqu'on les saupoudre de plâtre (*sulfate de chaux* des chimistes), tandis que cette substance saline ne produit aucun effet sur la plupart des autres plantes.

Lorsqu'on apprend qu'une récolte moyenne

D'avoine enlève au sol par hectare :	108	kilogr. de matières minérales,
De pommes de terre ..	—	123
De betteraves.	—	200
De blé	—	221
De topinambours	—	330

on comprend qu'un terrain, quel qu'il soit, perd infailliblement sa fertilité si l'on ne lui restitue pas périodiquement toutes ces matières salines, si l'on n'a pas soin surtout de lui fournir, en proportions relativement plus fortes, celles de ces matières qui sont plus spécialement favorables au parfait développement de la récolte qu'on veut obtenir, notamment de la potasse, de la chaux, de la magnésie, des sulfates et de l'acide phosphorique, qui sont fatalement nécessaires à toutes les plantes.

C'est pour avoir méconnu cette loi que, dans les temps antiques, les cultivateurs de l'Égypte et de la Sicile, ces greniers de Rome, ont fini par épuiser leurs terres, et que, de nos jours, les planteurs de la Virginie, dans l'Amérique du Nord, à force de toujours demander à leurs champs sans leur rien restituer, ne peuvent plus en obtenir ni froment ni tabac.

Eh bien! le meilleur moyen de rendre au sol les différents principes et notamment les matières minérales qui ont servi à la production d'une récolte, c'est d'y enfouir, sous forme d'engrais ou de fumier, les débris de cette même récolte.

On conçoit, d'après cela, l'avantage d'employer, comme litière sous les animaux à l'étable, les fanes et tiges de colza, de sarrasin, de topinambour, etc., et d'employer le fumier qui en résulte à de nouvelles récoltes de colza, de sarrasin, de topinambour.

Les pailles et les balles de céréales constituent un assez bon engrais pour le blé, l'avoine et autres céréales, puisque ces plantes y peuvent trouver les silicates et les phosphates dont leurs chaumes et leurs graines sont si largement pourvus.

Les marcs d'huile ou *tourteaux* conviennent spécialement aux plantes à huile, attendu que ces tourteaux contiennent tous les aliments minéraux qui sont propres à celles-ci.

Il y a bien longtemps que dans le Bordelais et en Bourgogne les vignerons se sont aperçus que les feuilles, les sarments de vigne, les marcs de raisin, les lies, les rinçures de futailles, sont les engrais par excellence pour la vigne, et que ce sont surtout ces débris qu'il faut enfouir en terre quand on veut avoir des raisins de bonne qualité fournissant du vin fin.

Les forestiers, de leur côté, ne fument pas les bois, mais ils s'opposent autant qu'ils le peuvent à l'enlèvement des feuilles, parce qu'ils savent que les feuilles et tous les débris végétaux qui pourrissent sur le sol y forment l'humus qui concourt puissamment à la nutrition et à la prospérité des arbres.

Tous ces faits, que je pourrais multiplier, ne vous démontrent-ils pas les avantages qu'il y a à restituer au sol qui doit porter une plante les propres débris de cette plante, puisqu'ils constituent pour elle la fumure la plus profitable?

Comme, d'un autre côté, les principes salins du fourrage passent dans l'urine et dans les excréments de l'animal qui en a été nourri, il est encore facile de comprendre que les excréments solides et liquides d'un animal ont la plus grande valeur, comme engrais, pour les plantes dont cet animal s'est nourri.

C'est ainsi que la fiente des porcs nourris avec des pois et des pommes de terre, convient surtout pour fumer les champs de pois et de pommes de terre;

Que le fumier d'une vache nourrie avec du foin et des navets est préférable à tout autre pour fumer les herbages et les soles de navets;

Que les animaux alimentés avec la drèche des brasseurs

donnent des fumiers qu'il faut mettre surtout sur les champs d'orge ou d'épeautre;

Que ceux qu'on nourrit avec les betteraves, ou la pulpe de ces racines, donnent des fumiers excellents pour les champs qui doivent produire celles-ci.

C'est encore ainsi que la fiente des pigeons ou la *colombine* contient les principes minéraux des récoltes à grains, précisément parce que les oiseaux se nourrissent presque uniquement de graines;

Que la fiente des lapins renferme les matières salines des plantes herbacées et des légumes;

Que les excréments, tant liquides que solides, de l'homme contiennent en abondance les principes minéraux de toutes les semences. Voilà pourquoi ces excréments conviennent si bien à toutes les cultures, sans exception, et peuvent remplacer toutes les autres espèces de fumier et d'engrais.

De tout ce qui précède, vous devez tirer cette conséquence, qu'un engrais est d'autant plus actif ou plus riche qu'il offre aux plantes, dans les proportions les plus convenables, de l'humus, des matières azotées et des principes minéraux ou salins, surtout de la potasse et de l'acide phosphorique, c'est-à-dire de quoi satisfaire aux diverses exigences de la vie végétale.

Le nombre des matières qu'on emploie ou qu'on peut employer comme engrais est considérable, car toutes les plantes ou leurs débris, toutes les substances animales, les excréments de tous les animaux, certaines substances salines, peuvent concourir plus ou moins efficacement à accroître la fertilité du sol.

Il est rare, toutefois, qu'une seule de ces matières, prise isolément, satisfasse à toutes les conditions que je viens d'indiquer, aussi n'est-ce que par le mélange des unes avec les autres, dans de certaines mesures, qu'on parvient à en obtenir la plus grande somme d'effets utiles.

Dans une ferme bien administrée, toutes les matières propres à faire de l'engrais doivent être converties en fumier, par la raison qu'on n'en a jamais trop, et qu'il sera d'autant meilleur qu'on y aura fait entrer plus de matières différentes, pourvu qu'elles soient bien mélangées et amenées, autant que possible, au même degré de pourriture.

Mais dans l'état actuel des choses, où une culture intensive est devenue une nécessité pour satisfaire aux besoins d'une population incessamment croissante, aux prix de plus en plus élevés des fermages, à la cherté de tous les objets indispensables à la vie, la production plus active des engrais naturels, le bon aménagement et le judicieux emploi qu'on en fait ne suffisent plus, car ils ne peuvent compenser les pertes que le sol éprouve en principes utiles, qui, chaque jour, s'en vont de la ferme au marché voisin sous la forme de blé, d'avoine, de fourrages, de viande, de laine, de lait, etc.

Il faut donc rendre continuellement à ce sol l'humus et les substances minérales dont il s'est appauvri, et il faut lui en rendre d'autant plus qu'il a donné un surcroît de produits. Ce n'est évidemment qu'en utilisant toutes ces matières fertilisantes, guanos, tourteaux, poudrette, vidanges des villes, os et autres résidus des fabriques qui exploitent les matières animales, phosphates fossiles, noir des raffineries, sels ammoniacaux, salpêtre, etc., que le commerce met aujourd'hui à votre disposition pour enrichir et compléter vos fumiers, que vous pourrez obéir à cette loi de la restitution sans laquelle il vous serait matériellement impossible de maintenir indéfiniment la fécondité de vos champs.

Ceci posé, occupons-nous tout particulièrement du fumier et des matières qui servent à le confectionner. Mais, avant, laissez-moi placer sous vos yeux l'opinion des plus célèbres agronomes sur cette question capitale; vous sentirez mieux la nécessité de vous y consacrer d'une manière spéciale.

I

C'est le fumier qui réjouit, réchauffe, engraisse, amollit, adoucit, dompte et rend aises les terres lasses par trop de travail, celles qui, de leur nature, sont froides, maigres, dures, amères, rebelles et difficiles à cultiver, tant il est vertueux.

OLIVIER DE SERRES, *Théâtre d'agriculture*.

II

Comme les fumiers font la richesse des champs, un bon agriculteur ne doit rien négliger pour s'en procurer; ce doit être là le premier objet de ses soins et de sa sollicitude journalière, car, sans fumier, il n'y a pas de récolte.

CHAPTAL, *Chimie appliquée à l'agriculture*.

III

Tous les soins pour recueillir et conserver convenablement les engrais ne sont nullement dispendieux; ils n'exigent que de la vigilance et de l'attention ; mais quand ils entraîneraient à quelques dépenses, ce ne serait pas un motif pour s'en dispenser ; pour le cultivateur qui connaît la valeur des engrais dans la culture des terres, aucune dépense ne peut être mieux placée.

MATHIEU DE DOMBASLE, *Calendrier du bon cultivateur*.

IV

C'est sur les engrais de ferme, composés de végétaux et de déjections animales que nous devons surtout compter pour maintenir la terre en produit.

DE GASPARIN, *Cours d'agriculture*.

V

On peut, à la première vue, juger de l'industrie, du degré d'intelligence d'un cultivateur, par les soins qu'il donne à son tas de fumier.

BOUSSINGAULT, *Économie rurale*.

VI

Un cultivateur qui soigne mal son fumier, c'est un marchand qui place son argent dans un sac mal cousu.

BOBIERRE, *Simples notions sur l'achat et l'emploi des engrais commerciaux*.

DES FUMIERS

ET

AUTRES ENGRAIS ANIMAUX

On désigne sous le nom générique de FUMIER les pailles qui ont servi de litière aux animaux domestiques, qui ont été imprégnées de leurs urines, mélangées à leurs excréments, et qui, après ce mélange, ont subi, par la fermentation, un degré plus ou moins avancé de décomposition.

Cette sorte d'engrais, le plus généralement employé et le plus facile à se procurer partout où l'on nourrit les bestiaux à l'écurie ou à l'étable, a donc une composition chimique fort compliquée, puisqu'on y trouve :

1° Des matières végétales très-diverses amenées à l'état d'*humus* ou de *terreau*, dont la combustion lente effectuée par l'air développe de la chaleur et maintient ainsi autour des graines en germination, autour des spongioles des racines, une température favorable ;

2° Des matières animales dont la décomposition plus rapide facilite la dissolution ou mieux la conversion en sels ammoniacaux et en nitrates auxquels les plantes empruntent surtout leur azote ;

3° Enfin une grande variété de substances minérales, notamment des sels alcalins (1), des phosphates, des sulfates, des silicates de chaux et de magnésie.

C'est justement à cause de cette réunion de principes si différents, tous indispensables au développement des plantes, que le fumier de ferme peut être considéré comme un *engrais complet*, c'est-à-dire pouvant à lui seul et indéfiniment entretenir la fécondité du sol, lorsqu'on l'emploie en quantité suffisante.

S'il n'est pas très-riche en tous ces éléments nécessaires à la vie des plantes, il n'est dépourvu d'aucun, et, d'ailleurs, il apporte à la terre un agent spécial de fertilité, l'*Humus*, qu'aucun autre engrais ne peut fournir au même degré.

C'est donc, par conséquent, l'engrais type, l'engrais par excellence, celui qui doit servir de base à toute entreprise agricole et dont on doit favoriser le plus la production.

Les autres engrais que le cultivateur peut se procurer aujourd'hui par la voie du commerce sont des auxiliaires fort utiles pour suppléer à l'insuffisance du premier, des compléments pour l'enrichir, c'est-à-dire pour augmenter son action; mais ils ne pourraient le remplacer totalement dans tous les cas, et, en général, à peu d'exceptions près, la culture serait chez nous, sinon impossible, au moins fort difficile, sans le fumier de ferme.

---

(1) Ce qu'on désigne ici d'une manière générale sous le nom de *sels alcalins*, ce sont les sels résultant de la combinaison d'un acide quelconque (sulfurique, phosphorique, silicique, carbonique, etc.) avec la potasse, la soude et l'ammoniaque qu'on appelait autrefois des *alcalis*. Les *sels terreux* sont ceux qui ont pour bases la chaux, la magnésie et l'alumine, qu'on nommait anciennement, et bien improprement, des *terres* ou des *substances terreuses*. Les sels à bases de fer, de manganèse, de zinc, de cuivre, etc., sont qualifiés du nom général de *sels métalliques*.

On peut, à la rigueur, avoir un mauvais assolement, faire de pitoyables labours, mais on ne peut se passer de fumier ; et avec cet agent en suffisante quantité, dont l'emploi doit, d'ailleurs, être précédé d'amendements convenables, on peut faire produire à la terre la plus ingrate de riches récoltes, on peut transformer les sols les plus arides en terrains fertiles.

Mais la nature et les propriétés du fumier varient notablement suivant les espèces d'animaux qui ont concouru à sa formation ; suivant le genre de nourriture donnée aux bêtes ; suivant la nature et les proportions des matières qui leur ont servi de litière ; suivant la disposition des étables, et surtout, enfin, suivant la manière de traiter les déjections qui en sortent.

Examinons successivement l'effet et l'influence de chacune de ces circonstances.

CHAPITRE PREMIER

DE LA NATURE DES EXCRÉMENTS DES ANIMAUX

Les excréments des animaux, l'une des parties essentielles des fumiers, sont des engrais chauds fort actifs, parce que, sous un petit volume, ils sont très-riches en substances azotées et salines, et qu'ils se décomposent très-rapidement.

Mais ils possèdent ces propriétés fertilisantes à des degrés différents.

Ceux des carnivores tiennent le premier rang, bien qu'on n'en fasse aucun usage dans les fermes; viennent ensuite ceux des granivores ou des oiseaux; puis enfin ceux des herbivores.

La différence d'énergie qu'ils possèdent dépend de leur plus ou moins grande richesse en substances animales azotées et en phosphates alcalins ou terreux.

§ 1er. — Excréments des oiseaux.

Colombine et Poulaitte. — Les excréments des oiseaux, particulièrement ceux des pigeons et des poules, ont une puissance supérieure, comme engrais, à celle des déjections des herbivores nourris dans les fermes, soit parce que les oiseaux se nourrissent principalement de graines et d'insectes, soit parce que leurs urines sont confondues en une seule masse avec les excréments solides, soit enfin parce que leurs déjections s'accumulent petit à petit dans des lieux à l'abri du soleil, de l'air et de la pluie.

Malheureusement ces excréments ne peuvent être obtenus en quantités considérables. Ce n'est plus guère que dans les fermes de la Flandre et de nos départements du Nord qu'on recueille avec soin la fiente de pigeon, dite *colombine*. La ville de Saint-Amand fait un commerce considérable de cet engrais; mais, depuis plusieurs années, les cultivateurs se plaignent qu'on le falsifie avec de la terre.

Dans le Pas-de-Calais, où les pigeonniers sont nombreux et très-peuplés, on les loue par bail de plusieurs années à raison de 100 fr. pour la fiente de 600 à 650 pigeons à récolter annuellement. Les colombiers de cette importance donnent une voiture de colombine, ou environ 1200 kilog.

J'ai constaté que, dans le pays de Caux (Seine-Inférieure), 100 pigeons fournissent annuellement de 810 à 972 litres de colombine. La fumure d'un hectare avec cet engrais revient de 125 à 200 francs.

On ne devrait jamais négliger de répandre, sous forme de litière, dans les pigeonniers et poulaillers, des débris de teillage de chanvre et de lin, de la mauvaise balle d'avoine, des sciures de bois, de la tourbe sèche réduite en poudre, de la terre ou même du sable, pour augmenter, autant que possible, la masse de l'engrais en question et retarder sa fermentation.

C'est une pratique vicieuse de laisser la fiente des pigeons et des volailles s'amonceler, d'un bout à l'autre de l'année, dans les pigeonniers et les poulaillers, parce que la malpropreté fait naître une vermine qui tourmente les animaux, et qu'il se produit dans le tas d'excréments une grande quantité de vers qui en détruisent la majeure partie.

Il faut que les pigeonniers et poulaillers soient fréquemment nettoyés à fond, et d'autant plus souvent qu'il fait plus chaud; le fumier qu'on en tire doit être intimement mélangé, si cela n'a déjà été fait, avec 8 à 10 fois son volume de terre additionnée de plâtre cru, ou de tourbe carbonisée, et conservé dans un lieu sec, dans une fosse, par exemple, sous un hangar; de cette manière, il n'éprouve pas d'altération sensible.

Mieux vaudrait encore, si cela était toujours possible, l'employer avant toute fermentation. En effet, 100 parties de colombine, exempte de paille et de plumes, renferment, à l'état frais, 25 parties de matières solubles dans l'eau, tandis que la même quantité de cette fiente putréfiée n'en fournit que 8 parties, d'après sir H. Davy; d'où ce chimiste conclut avec raison qu'il faut l'employer avant qu'elle fermente.

Les excréments des poules, nommés *poulaitte, poulenée, poulinée, pouline*, ont un peu moins d'énergie que la colombine. Ceux des oies et des canards ont encore moins de valeur; on les dit même nuisibles aux herbes des prairies naturelles; aussi les bons herbagers ont-ils grand soin d'empêcher les oies d'aller pâturer dans les prés. Il est probable qu'on se méprend sur la véritable cause du tort que ces oiseaux occasionnent aux prairies, et que c'est plutôt avec leur bec qu'avec leur fiente qu'ils font du mal.

D'après M. Giot, une poule donne annuellement 50 litres de fiente.

Voici, d'après mes expériences, la composition chimique des deux sortes de fiente dont il vient d'être question :

	Pigeon.	Poule.
Eau.	79,00	72,90
Matières organiques (débris ligneux et de plumes, acide urique, urate d'ammoniaque).	18,11	16,20
Matières salines (phosphate et carbonate de chaux, sels alcalins, etc.).	2,28	5,24
Graviers et sable siliceux.	0,61	5,66
	100,00	100,00

Une fiente récente de poule prise, en 1859, dans une ferme des environs de Douai, m'a donné :

Eau	81
Matières solides	19
	100

Dans 100 parties de la matière desséchée à 100°, il y avait :

Matières organiques et sels ammoniacaux.	73,35
Sels alcalins solubles.	0,90
Phosphate de chaux, identique à celui des os.	8,10
Autres sels insolubles.	3,15
Graviers, sable, argile.	14,50

L'azote total de la matière sèche était de 1,739, ainsi réparti :

Dans les sels ammoniacaux.	0,139
Dans les matières organiques.	1,600
	1,739

En opérant comparativement sur de la colombine prise à l'état frais, puis desséchée à 100°, j'ai trouvé dans celle-ci beaucoup plus d'azote, mais moins de phosphates que dans la poulaitte, ainsi qu'on le voit par les nombres suivants :

	Azote sur 100.	Phosphates sur 100.
Poulaitte desséchée à 100°......	1,739	8,10
Colombine. id.	5,350	4,43

Cette infériorité de la colombine sous le rapport des phosphates doit surprendre, car comme les pigeons se nourrissent exclusivement de graines sèches et riches en phosphates, on devait croire, *à priori*, que leurs excréments devaient renfermer proportionnellement plus de sels phosphatés que ceux des poules dont la nourriture est plus variée et plus aqueuse.

MM. Boussingault et Payen ont trouvé que la colombine, à l'état normal, contient 9,6 d'eau et 8,30 p. 100 d'azote. Son équivalent est alors représenté par 4,8, et, d'après cela, il n'en faudrait que 1440 kilog. pour remplacer 30000 kilog. de fumier normal.

La fiente des volailles est rarement mélangée aux autres fumiers. Répandue avec les semences des céréales, elle produit sur les terrains humides, froids et tenaces, les plus grands effets. — Pour le trèfle, elle surpasse le plâtre et la cendre. — Dans les fermes de l'Institut de Hohenheim, Schwerz l'appliquait avec le plus grand succès au trèfle, après l'avoir mêlée avec de la cendre de charbon de terre.

Dans le pays de Caux, on l'utilise principalement pour l'orge, à la dose de 1080 à 1890, et quelquefois même à celle de 2160 litres par hectare. On la répand seule sur les terres, ou, parfois, on la mélange intimement avec de la terre ou du terreau.

En Flandre, on s'en sert pour produire les plus belles

récoltes de lin, à la dose de 2000 kilog. par hectare. On écrase les grumeaux au fléau. On répand la poudre par un temps calme, un peu humide, mais non pluvieux. Quelquefois on la recouvre par un trait de herse; le plus souvent on la laisse sans préparation aucune, à la surface du sol. On croit qu'elle n'agit d'une manière utile que lorsqu'il vient à pleuvoir peu de temps après qu'on l'a semée; par un temps de sécheresse continue, elle reste inerte ou même elle brûle les récoltes.

Dans le Calvados, on réserve le fumier de volaille pour quelques petites cultures particulières, telles que celles de chanvre, de lin, ou pour le jardin potager. Dans le Midi, il est accaparé par les jardiniers.

Dans l'arrondissement de Grasse (Alpes-Maritimes), où l'on se livre sur une très-grande échelle à la culture des plantes aromatiques destinées à la fabrication des parfums, on fume les champs de violettes et de tubéreuses avec la colombine, qu'on tire de la montagne au prix de 15 à 18 fr. les 100 kilog. Les ramasseurs de poulaitte et de colombine achètent à Paris ces matières à raison de 5 fr. l'hectolitre.

La fiente des autres oiseaux, corbeaux, hirondelles, etc., et des mammifères volants tels que les chauves-souris, etc., ont à peu de choses près la même composition et les mêmes effets que celle des pigeons et des poules; mais ce n'est que par exception qu'on peut en tirer parti.

Les grottes de la Sardaigne, de l'Algérie, celles d'Arcis-sur-la-Cure, près d'Auxerre, la caverne de Beaume-Pouterri, non loin de Draguignan, les caves du château de Vigevano, en Piémont, certaines grottes du Jura, renferment des masses énormes d'excréments de chauves-souris, qu'on exploite pour les besoins de la culture. Dans les environs du château de Coigny, qui se trouve à moitié route de la Haye-du-Puits au port de Carentan (Manche), les cultivateurs utilisent également la fiente des corbeaux dont les bandes innombrables se retirent à l'approche de la nuit dans le parc de Coigny. Il n'y a pas, dans toute la France, un endroit où ces oiseaux soient plus nombreux.

Voici la composition moyenne de quelques-unes de ces fientes :

	Eau.	Matières organiques et sels ammoniacaux.	Matières minérales.	Phosphates.	Azote.
Fiente de chauves-souris de la province de Sassari (Sardaigne).	26,00	49,00	10,20	9,80	5,92
— Autre............	15,18	69,57	12,25	8,40	8,05
— de la province d'Alghero (Sardaigne)..	27,00	44,45	28,50	9,98	4,92
— d'Algérie........	15,60	54,65	29,92	8,87	3,67
Fiente d'hirondelles...	7,00	70,60	22,40	4,04	11,25

Dans la fiente de chauves-souris recueillie dans une grotte des Pyrénées, M. Boussingault a trouvé 20 grammes d'azotate de potasse.

Guano ou Huano. — De tous les engrais que nous fournit le commerce, le plus actif, sans contredit, c'est celui qui porte le nom de *guano*. Depuis des siècles, on s'en sert au Pérou, au Chili et dans la Bolivie, pour fertiliser les sables des côtes arides de ces pays.

Tout prouve que ce guano n'est autre chose que des excréments d'oiseaux de mer se nourrissant exclusivement de poissons. Les plus riches dépôts (*huaneras*) de ces excréments sont répartis sur la côte occidentale du Pérou, entre le 2ᵉ et le 21ᵉ degré de latitude. Les îles et ravins que présente cette région du Pacifique sont hantés de temps immémorial par une multitude d'oiseaux désignés sous le nom collectif de *Guanaes*, surtout par des *ardéas* et des *phénicoptères*, qu'attire l'abondance extraordinaire des poissons qui pullulent dans le courant qui remonte du cap Horn vers le nord le long du Chili et du Pérou. Ces oiseaux se réunissent la nuit dans les îlots, et leurs excréments sont identiques avec la matière des plus anciennes couches des *huaneras*.

Les gisements de guano sont tellement considérables que M. Francisco de Rivero, chargé en 1846 par le gouvernement péruvien d'en faire la reconnaissance, en évalue le cube total exploitable à 18 250 000 tonnes, à savoir :

Dans la zone du nord (aux environs des îles Guañape et Macabi)... 7600000
Dans la zone du centre (aux environs des îles Chincha)........... 6450000
Dans la zone du sud (province de Tarapaca).................... 4200000

Le célèbre voyageur de Humboldt, qui, le premier, rapporta en Europe, au commencement de ce siècle, des échantillons de cette matière qu'il avait vu employer par les paysans péruviens, frappé de la prodigieuse puissance des dépôts des îles Chincha qu'il avait visitées, émit l'idée que le guano n'appartient pas à l'époque actuelle, et que c'est un *coprolite* ou excrément fossile d'oiseaux antédiluviens. M. de Rivero croit, au contraire, que cette énorme accumulation de matières est tout naturellement expliquée par la multitude des *guanaes* qui habitent ces parages.

C'est depuis 1840 seulement qu'on a commencé à faire usage en Europe de cet engrais puissant. Les résultats merveilleux obtenus, d'abord en Angleterre, ont bien vite établi sa valeur et attiré l'attention des cultivateurs. On l'a vendu jusqu'à 60 francs les 100 kilog.

On ne connut d'abord en Europe que les guanos du Pérou, du Chili et de la Bolivie; ce sont surtout les huaneras des îles Chincha, au nord d'Iquique, dont les couches avaient de 17 à 20 mètres, et même 33 mètres d'épaisseur, qu'on exploita à la manière des mines de fer et qui fournirent pendant plus de trente ans l'engrais nécessaire à la consommation du monde entier.

La France, à elle seule, consomma de 1850 à 1870 des quantités de ce guano croissant de 50 000 à 100 000 tonnes par an; en 1869, les États européens et leurs colonies d'Amérique consommaient 550 000 tonnes.

Mais, à partir de 1841, on découvrit d'immenses dépôts de guano sur la côte sud-ouest de l'Afrique, dans les dépendances de la colonie du cap de Bonne-Espérance, aux îles Ichaboë, Angra-Péquena, Malaga, etc.; et, bien que ce guano africain fût inférieur en qualité à celui du Pérou, les navires anglais se portèrent en si grand nombre aux îles africaines, que les dépôts furent bientôt épuisés.

Le désir de réaliser de grands bénéfices, en faisant la concurrence à la Société péruvienne qui avait le monopole de l'exploitation du guano au Pérou, engagea les négociants, tant anglais que français, à rechercher partout des dépôts de guano. On en a rencontré au cap Tenez, dans quelques îlots voisins en Algérie, dans les Antilles, à Sombrero, aux îles Pedro-Bey, près Cuba, à l'île Navassa, entre la Jamaïque et Haïti; au Mexique; aux îles Kouria-Mouria, sur la côte d'Arabie; aux îles Baker et Jarvis dans l'océan

Pacifique; dans la baie de Sharks (Australie); sur les côtes du Labrador et de la Patagonie, etc., etc. Tous ces guanos sont loin d'avoir la même composition que ceux du Pérou.

L'importation de ceux-ci n'ayant cessé de s'élever a amené l'épuisement complet des immenses huaneras des îles Chincha. Heureusement le gouvernement péruvien a autorisé l'exploitation des autres dépôts des zones nord et sud de ses côtes, notamment ceux qui se trouvent dans les îles de Guañape, Macabi, Ballestas, Lobos, Bahia de la Independencia, Pabellon de Pica. Ce sont surtout les îles de Guañape et de Macabi qui, depuis deux ans, fournissent la majeure partie des guanos consommés aujourd'hui. MM. Dreyfus frères et Cie sont maintenant les seuls concessionnaires du Gouvernement péruvien pour l'Europe et peuvent offrir aux agriculteurs toutes les garanties nécessaires dans leurs achats de cet engrais.

Le guano a une composition presque identique avec celle des excréments des oiseaux aquatiques et de basse-cour, sauf que ceux-ci contiennent une proportion beaucoup moins forte de sels ammoniacaux. Ce qui rend le guano supérieur à la colombine et à la plupart des autres engrais animaux, c'est qu'il contient non-seulement de l'azote en abondance, mais des phosphates terreux et des sels alcalins, en un mot tous les matériaux que les plantes exigent le plus pour prospérer, moins, toutefois, l'humus ou le terreau.

Voici toutes les substances, tant organiques que minérales, qui entrent dans la composition de cet engrais, en tenant compte des récentes analyses de M. Chevreul :

1° *Matières organiques* : principes solubles et insolubles dans l'eau, tels que matière grasse, matière brune azotée en combinaison intime avec du phosphate de chaux; matières colorantes jaune et rouge, acides urique, hippurique, oxalique, acides volatils odorants identiques à ceux du suint des moutons (*acide avique* de M. Chevreul);

2° *Matières salines solubles* : urate, oxalate, phosphate, bicarbonate et chlorhydrate d'ammoniaque, phosphate ammoniaco de soude, oxalate ammoniaco de potasse, sulfate ammoniaco de potasse, chlorures de potassium et de sodium, oxalates et phosphates de potasse et de soude, azotates, avate de potasse et deux ou trois sels de potasse à acides volatils et odorants comme l'acide phocénique et ses analogues;

3° *Matières salines insolubles* : phosphates de chaux, de magnésie, ammoniaco-magnésien, d'alumine, oxalate, urate, sulfate et carbonate de chaux;

4° *Matières terreuses insolubles* : sable, graviers, argile, oxyde de fer;

5° *Débris organisés* : plumes et corps d'oiseaux, débris de poissons.

On voit, par cette énumération, que le guano doit être un engrais riche, et surtout rapide dans son action, en raison des sels ammoniacaux tout formés qu'il contient.

Son énergie toutefois varie beaucoup en raison de l'altération qu'il éprouve incessamment au contact de l'air. On trouve dans le guano du Pérou, au milieu d'une poudre brune plus ou moins humide, renfermant une grande quantité de carbonate d'ammoniaque, des graviers, et même des concrétions volumineuses, blanchâtres, demi-dures, qui ne diffèrent de la poussière précédente que par l'absence totale de carbonate d'ammoniaque. Ces graviers et concrétions, exposés au contact de l'air, ne tardent pas à se déliter et à tomber en une poussière qui contient beaucoup de carbonate d'ammoniaque, sel très-volatil qui se dissipe peu à peu et devient la cause de l'odeur forte et piquante que répand le guano. Ce carbonate est évidemment le résultat d'une transformation qu'éprouve l'urate d'ammoniaque sous l'influence de l'humidité, de la chaleur et des matières organiques.

Mais il y a presque toujours des différences énormes dans la composition des guanos de provenances différentes, suivant qu'ils sont avariés ou dans un bon état de conservation, suivant qu'ils proviennent de localités sèches ou humides. En voici la preuve par le tableau suivant, dans lequel j'indique les variations que subissent les trois principes les plus actifs des guanos, l'azote, les phosphates et la potasse.

	Azote.	Phosphates.	Potasse.	Auteurs des analyses.
Guano Angamos du Pérou (de formation contemporaine)	16,92	18,5	»	Way.
— blanc de Bolivie	14,58	28,0	1,0	J. Girardin.
— des îles Chincha (moyenne de 32 échantillons)	14,33	24,10	»	Way.
— des îles Chincha (moyenne de 15 échantillons)	14,20	26,28	»	Nesbit.
— des îles Chincha (moyenne d'un grand nombre d'échantillons)	12,00	24,00	2,5 à 3	J. Girardin.
— de l'île Guañape (moyenne de 22 échantillons)	10,95	28,00	2 à 3	Barral.
— de l'île Macabi (moyenne de 21 échantillons)	10,90	27,60	2 à 3	id.
— de l'île Lobos	10,80	27,69	»	Nesbit.
— de l'île de Pabellon de Pica	6,13	34,69	»	id.
— de l'île de Raiatea (dans les mers du Sud)	7,27	17,97	»	Baudrimont.
— de l'île de los Patos, près de la côte de Californie	5,92	34,80	»	Nesbit.
— de l'île d'Élide, près de la côte de Californie (moy. de 2 échantillons)	6,34	29,57	»	id.
— d'Ichaboë (moyenne de 11 échantillons)	6,00	30,50	»	Way.
— du Chili (moyenne de plusieurs échantillons)	2,74	37,20	2,0	J. Girardin.
— de Patagonie (moyenne de 14 échantillons)	2,09	44,60	»	Way.
— de Patagonie (moyenne de 14 échantillons)	1,63	27,80	0,61	J. Girardin.
— de la baie de Saldanha (moy. de 20 échantillons)	1,35	56,40	»	Way.

— des îles Galapagos (Équateur)..............	0,70	60,30	»	Boussingault.
— de l'île Jarvis (océan Pacifique)................	»	51,64	»	Moyenne des analyses de divers.
— de l'île Baker (océan Pacifique)................	»	88,87	»	
— id......................	0,374	79,00	»	J. Girardin.
— de la presqu'île de Méjillones (Bolivie).........	0,57	54,16	»	Bobierre.
— de l'îlot de Pedro-Bey, côte de Cuba.............	0,28	48,52	»	id.
— de l'île du Phénix (océan Pacifique)	1,70	40,70	»	J. Girardin.

On peut partager, comme vous le voyez, les guanos en deux groupes distincts :

Les *guanos ammoniacaux* (*nitro-guanos* de M. Bobierre), tels que ceux du Pérou, le guano blanc de Bolivie, dans lesquels il y a beaucoup de matières organiques azotées et des sels ammoniacaux tout formés; et les *guanos terreux* ou *phosphatés* (*phospho-guanos* de M. Bobierre), tels que ceux du Chili, d'Afrique, de Patagonie, de l'Équateur, des îles de l'océan Pacifique, de Mejillones, de Pedro-Bey, etc., qui sont caractérisés par leur richesse en phosphates et leur pauvreté en matières organiques azotées et en sels ammoniacaux.

Il est facile de remarquer qu'à mesure que les composés azotés diminuent de quantité dans les guanos la proportion des phosphates augmente. En général, les dépôts très-éloignés des côtes du Pérou offrent ce caractère spécial : proportion d'azote insignifiante et dose considérable d'acide phosphorique sous la forme de phosphates terreux.

« Ces derniers guanos, quoi qu'on ait dit en leur faveur, ne sauraient, dit M. Boussingault, avoir les qualités et par conséquent la valeur d'un guano ammoniacal, dans lequel il entre, indépendamment de l'acide phosphorique, de l'azote immédiatement assimilable par les plantes. Je n'en conteste pas néanmoins la faculté fertilisante. Je crois, d'ailleurs, qu'il serait facile de les rendre *ammoniacaux*, en mettant à profit la propriété qu'ils possèdent, quand ils sont secs et en poudre, d'absorber 0,10 à 0,15 de solutions aqueuses de sulfate d'ammoniaque ou d'azotate de soude, sans cesser d'être pulvérulents.

« Il semble d'ailleurs évident, ajoute le même savant chimiste, que les guanos terreux et les guanos ammoniacaux ont une même origine : les déjections et les dépouilles des oiseaux de mer. La disparition de l'ammoniaque, dans les premiers, est due probablement à des circonstances locales, telles que l'abondance et la fréquence des pluies, qui favorisent naturellement la décomposition des substances organiques ou la dissolution des sels à base d'ammoniaque (1). »

M. Boussingault a encore signalé, le premier, la présence des azotates dans les différents guanos, surtout dans ceux qui sont riches en phosphates. Toutefois, même dans ces derniers, la proportion de l'acide azotique dépasse rarement 5 à 6 millièmes.

Puisque les guanos livrés au commerce offrent une si grande diversité dans leur composition, on doit comprendre quelles déceptions attendent les cultivateurs qui substituent indifféremment l'une de ces matières à l'autre pour l'engraissement de leurs terres. Il est évident que celui qui emploierait les guanos terreux aux mêmes doses que les guanos du Pérou n'obtiendrait aucun des effets énergiques

(1) Boussingault, *Gisements du guano sur les côtes et dans les îlots de l'océan Pacifique* (Journal d'Agriculture pratique, 1861, t. I, p. 29).

que ceux-ci produisent. Il en est donc aujourd'hui des guanos comme des *noirs des raffineries*, ce qui n'avait pas lieu, il y a quelques années, alors qu'on ne connaissait que le guano du Pérou.

Il est toujours facile de distinguer les *guanos ammoniacaux* des *guanos terreux* par leurs caractères extérieurs.

Les premiers, qui viennent du Pérou, autrefois des îles Chincha, aujourd'hui des îles de Guañape et de Macabi, sont caractérisés par leur odeur forte, ammoniacale, mais en outre spéciale, due à l'*acide avique*, qui provoque l'éternuement; par leur saveur piquante très-prononcée; par leur couleur jaune brunâtre.

Ils offrent, dans leur masse, qui est pulvérulente et plus ou moins sèche, de nombreuses concrétions blanchâtres, tantôt dures et d'aspect cristallin, tantôt de consistance glaiseuse. Ces concrétions exposées à l'air ne tardent pas à se déliter et à tomber en poussière, en exhalant une odeur *avique* et ammoniacale très-vive; lorsqu'on les met dans l'eau, elles donnent lieu à une effervescence écumeuse, produite par de très-fines bulles de gaz (c'est de l'acide carbonique), qui se dégagent pendant un certain temps.

Chauffés sur une lame mince de fer, ces guanos se boursouflent beaucoup, noircissent, brûlent avec une flamme légère, en produisant une forte vapeur ammoniacale. Le résidu forme une scorie caverneuse, d'un blanc faiblement azuré, dont le poids ne varie qu'entre des limites fort rapprochées, 27,5 à 35 pour 100.

Triturés avec de la chaux éteinte, ils répandent immédiatement une forte odeur ammoniacale. Si l'on approche du verre dans lequel on a fait le mélange, un autre verre contenant de l'acide chlorhydrique (*esprit de sel* du commerce), on voit se produire instantanément au-dessus et autour des vases un nuage très-épais (fig. 1), qui se résout en une poussière blanche; c'est du *sel ammoniac* (*chlorhydrate d'ammoniaque* des chimistes) qui s'est formé.

Lorsqu'on jette de ces guanos dans un verre contenant une solution concentrée de chlorure de chaux, ils donnent lieu à un dégagement de bulles (c'est alors de l'azote), qui continue pendant assez longtemps.

Fig. 1. — Phénomène produit par les guanos du Pérou en présence de l'acide chlorhydrique.

Ils ne produisent qu'une légère effervescence avec les acides.

Humectés d'acide nitrique (azotique) et mis à dessécher dans une petite capsule de porcelaine, ils prennent une belle couleur rouge, qui devient encore plus vive et plus foncée par le contact de vapeurs ammoniacales.

Enfin ces guanos ne contiennent que fort rarement des cailloux siliceux, et le sable qui s'y trouve ne dépasse pas 3 pour 100.

Cet ensemble de caractères permet aisément de distinguer le guano du Pérou du guano des autres provenances, car ces derniers présentent des différences tranchées, sinon dans toutes, au moins dans plusieurs de leurs propriétés.

Ainsi, par exemple, les *guanos terreux* de la Patagonie, du Labrador, de l'Équateur, des îles Jarvis et Baker, etc., ont une couleur brune foncée, une saveur terreuse, une odeur nullement avique et peu ou point ammoniacale, alors même qu'on les triture avec de la chaux, puisqu'ils ne contiennent que des traces d'ammoniaque toute formée.

La composition des guanos du Pérou est à peu près constante; les agents les plus essentiels au développement des plantes, à savoir : l'azote, l'acide phosphorique et la potasse, s'y trouvent en combinaisons que l'on ne rencontre dans aucun autre engrais.

Les guanos tirés autrefois des îles Chincha contenaient, en moyenne, sur 100 kilogr., d'après mes analyses :

12 kilogr. d'azote, dont près de la moitié à l'état de sels ammoniacaux ;
24 — de phosphate de chaux, analogue à celui des os ;
2 à 3 kilogr. de potasse ;
12 à 13 kilogr. d'eau.

D'après les très-nombreuses analyses faites par M. Barral des guanos qui arrivent maintenant en énormes quantités de Guañape et de Macabi, et dont la masse brunâtre est assez pâteuse, il y a, en moyenne, sur 100 kilog. :

10 à 12 kilogr. d'azote ;
12 à 15 kilogr. d'acide phosphorique, dont le tiers à peu près est à l'état soluble, et qui représentent 26 à 32 de phosphate de chaux des os ;
2 à 3 kil. de potasse ;
20 à 28 kil. d'eau.

Dans ces guanos, ainsi que l'a constaté M. Chevreul, une partie de l'acide phosphorique est sous forme d'un sel double soluble d'ammoniaque et de soude, et il y a de plus des phosphates simples d'ammoniaque, de potasse et de soude.

Il n'en est plus ainsi de la composition des *guanos ter-reux;* elle varie autant que les localités qui les fournissent. Ils ne contiennent que des traces de matière organique azotée, pas de potasse, quelque peu d'azotates, mais beaucoup de phosphate de chaux tribasique associé à une petite quantité de phosphates de magnésie et de fer. Dans quelques-uns, celui de Jarvis, entre autres, une partie de l'acide phosphorique est à l'état de phosphate de chaux bibasique facilement attaquable par l'eau; dans ce cas, à l'état humide, ils ont une réaction acide sur le papier de tournesol.

D'après tout ce qui précède, il est plus facile maintenant de comprendre pourquoi les *guanos ammoniacaux* et les *guanos terreux* ne peuvent se remplacer mutuellement; il est évident qu'en raison de leur constitution chimique si différente, ils ne se comportent pas de la même manière et sur le sol et sur les plantes.

Les premiers, qui renferment tant de principes solubles et dont les autres composés minéraux deviennent successivement solubles à mesure qu'une nouvelle quantité d'eau toujours chargée d'acide carbonique et de sels ammoniacaux arrive en contact avec eux, les premiers, dis-je, font sentir leur action dès la première année, tant ils sont rapidement assimilables, mais cette action est bien vite épuisée.

Les seconds, par une raison contraire, c'est-à-dire la prédominance des matériaux à peine solubles qui s'y trouvent, exigent un certain temps pour produire des effets appréciables; il faut que les phosphates terreux soient amenés à l'état de phosphates solubles par les réactions chimiques qu'exercent sur eux l'acide carbonique, les sels alcalins, les matières azotées contenus dans le sol, réactions lentes qui expliquent pourquoi ces guanos terreux, semblables en cela aux os, au noir des raffineries, aux phosphates fossiles, conservent leur action fertilisante pendant une période bien plus longue que les guanos du Pérou.

Quand on veut que ceux-ci gardent toute leur activité et soient toujours en état d'être appliqués, il faut les emmagasiner et les conserver dans des sacs, ou mieux dans des tonneaux que l'on ferme et qu'on dépose dans un endroit sec où ils ne puissent contracter la plus légère humidité. On fera bien de recouvrir leur surface d'une couche de plâtre cru en poudre, et même de les mêler avec parties égales de cette substance, afin d'empêcher la dissipation des sels ammoniacaux.

Avant leur emploi, il faudra toujours avoir le soin d'écraser les concrétions qu'ils renferment, et de passer la poudre au crible ou au tamis, afin de pouvoir les répandre également sur le sol, autrement dans les endroits où il y en aurait un excès l'herbe et les récoltes seraient brûlées.

Il est bon de savoir que les concrétions ou nodules, les mottes glaiseuses qui se trouvent dans les guanos péruviens sont généralement plus riches que la poudre, souvent de 3 à 4 pour 100 d'azote en plus. Le mal qu'il faut se donner pour pulvériser ces concrétions ou mottes, à l'aide de la bêche ou du pilon, et ensuite pour les mélanger avec des matières sèches avant d'en faire la semaille, est largement compensé par l'excès de richesse fertilisante qu'on obtient.

De tous les engrais pulvérulents, le guano est un des plus actifs, et celui par conséquent dont l'emploi est le plus commode, à cause de son peu de volume, qui permet d'en transporter sur les champs la quantité nécessaire avec une grande économie de temps et de main-d'œuvre. Mais, par cela même aussi, son égale répartition n'est pas facile, car, règle générale, moins le volume des engrais est considérable, plus il est difficile de les répandre dans des proportions convenables, plus il est difficile d'obtenir une végétation égale.

Pour remédier à cet inconvénient, pour diminuer en même temps la perte qu'on éprouve toujours par les vents lors de la dissémination des engrais pulvérulents, il convient de les mélanger à de la bonne terre sèche, à du plâtre, à du charbon, en un mot, d'en faire un compost. La substance qu'il est le plus avantageux de mêler au guano, c'est le plâtre, qui, tout en augmentant le volume, rend l'action plus durable, parce qu'il convertit les sels ammoniacaux en composés moins volatils, empêche par conséquent leur déperdition dans l'air, de telle sorte que les plantes utilisent alors à leur profit tous les principes fertilisants de l'engrais. Parties égales de plâtre et de guano constituent le meilleur compost pour toutes les récoltes.

En Angleterre, on mêle le guano avec quatre fois son volume de bonne terre sèche et fine, ou de terreau, ou de sable de route, ou de cendres de bois et de charbon de terre, parfois aussi avec du poussier de charbon de bois ou, encore mieux, comme le recommande M. Bobierre, avec du noir animal vierge et fin, principalement pour la culture des raves et des turneps. De cette manière, on a moins à craindre qu'il ne détruise les semences et brûle les plantes déjà levées.

Depuis 1870, on a imaginé en Angleterre, dans la double vue d'éviter toute déperdition d'ammoniaque et de rendre plus soluble dans l'eau le sous-phosphate de chaux du guano brut du Pérou, d'y ajouter une certaine quantité d'acide sulfurique, qui transforme les sels ammoniacaux volatils en sels non volatils à la température ordinaire et qui en s'emparant d'une partie de la chaux du sous-phosphate tribasique le ramène à l'état de phosphate bibasique, qui se répand plus rapidement et plus régulièrement dans la couche arable.

Un autre avantage de cette addition d'acide sulfurique, c'est de mettre le guano du Pérou sous la forme d'une poudre sèche, privée d'odeur ammoniacale, homogène, ne renfermant ni pierres, ni nodules ou concrétions, et que l'on peut facilement répandre sans être obligé de la diviser préalablement.

M. le professeur Woelcker pense que la proportion d'acide sulfurique la plus avantageuse est celle de 5 pour 100, et il a conseillé d'introduire d'abord cet acide dans du sable fin, puis d'incorporer ce sable au guano; on évite ainsi une trop haute élévation de température, qui pourrait volatiliser du carbonate d'ammoniaque.

C'est la maison Ohlendorff et Cie, de Hambourg, qui, dès 1870, a introduit dans le commerce ce guano sulfatisé, en lui donnant le nom de *guano à azote fixé* ou de *guano dissous* (noms, par parenthèse, assez mal choisis); quatre fabriques établies à Hambourg, à Londres, à Anvers, à Emmerich-sur-Rhin, travaillent sur une grande échelle et livrent des produits à composition garantie par l'analyse; le titre minimum est de 9 pour 100 d'azote fixé et de 9 pour 100 d'acide phosphorique soluble dans l'eau.

M. Barral, qui a fait l'analyse d'un échantillon de cet engrais, représente sa composition de la manière suivante, qui permet mieux d'apprécier sa solubilité immédiate dans l'eau :

Partie immédiatement soluble dans l'eau.... 70,00	{ Eau...	15,80
	Matières organiques et sels ammoniacaux.	36,70
	Matières minérales fixes.................	17,50
Partie non immédiatement soluble dans l'eau............... 30,00	{ Matières organiques....................	11,80
	Matières minérales fixes................	18,20
	100,00	100,00

Azote de la partie soluble............................. 7,01
Azote de la partie non soluble........................ 2,17
                                                      ─────
                                                      9,18
Titre de l'acide phosphorique soluble, représenté par phosphate
  de chaux des os.................................... 21,91
Titre de l'acide phosphorique, non immédiatement soluble, représenté par phosphate de chaux des os.............. 6,48
       Titre total évalué en phosphate ordinaire d'os. ─────
                                                       28,39

A la suite de cet exposé, M. Barral ajoute : « Je ne peux donc qu'approuver la décision prise par le gouvernement du Pérou, d'autoriser MM. Dreyfus et Cie, ses concessionnaires pour l'Europe, à livrer à l'agriculture française, soit du guano du Pérou natif, soit du guano dissous à dosage garanti par l'analyse. Il ne pourra plus dès lors être fait d'objections sérieuses par les agriculteurs intelligents qui comprennent la nécessité absolue où ils se trouvent de compléter les engrais de ferme par des engrais riches à aussi avantageuse composition que le guano du Pérou, sous les deux formes qu'il leur sera loisible de choisir ; dans tous les cas, ils seront certains d'employer une matière fertilisante qui ne leur causera aucune déception (1). »

MM. Dreyfus et Cie commencent à importer en Europe les guanos de la province de Tarapaca, comprise dans la

(1) *Journal de l'Agriculture*, t. III, juillet 1874, n° 275, p. 85.

zone du sud du Pérou. D'après M. Léon Durand Claye, ces guanos sont remarquablement secs et il semble qu'il ne sera pas nécessaire de les soumettre à une manipulation supplémentaire ayant pour objet de les rendre pulvérulents. Leur titre en azote se rapproche de celui des guanos actuels. La dose d'acide azotique paraît notable, d'après les analyses de M. Woelcker. Les phosphates et principalement l'acide phosphorique soluble ont une teneur élevée dans la plupart des échantillons; il en est de même des sels alcalins. L'ensemble des éléments fertilisants du guano du sud semble donc présenter un caractère satisfaisant (1).

Répandu à la surface du sol, le guano augmente et améliore la qualité des récoltes d'une manière extraordinaire. C'est surtout sur les prairies qu'il produit les effets les plus prompts et les plus remarquables; on le sème à la volée, dans le courant d'avril. Lorsque les récoltes paraissent devenir faibles, ou être attaquées par les mans ou les pucerons, une couche de guano, appliquée sur les plantes après une ondée de pluie, fait merveille.

Pour les grains et les racines, il y a avantage à le répandre en deux époques : une moitié au moment des semailles, l'autre moitié en couverture lorsque les plantes sont bien levées. Pour les prairies artificielles, on sème la seconde moitié de la dose après la première coupe. Dans tous les cas, c'est toujours pendant ou immédiatement avant les pluies qu'il convient d'agir.

En général, l'effet le plus utile de cet engrais se produit,

---

(1) *Journal de l'Agriculture*, t. Ier, 13 mars 1875, n° 309, p. 425.

non quand il est enfoui à une trop grande profondeur, parce que l'ammoniaque qu'il contient reste sans se transformer et s'assimiler, ni quand il est trop superficiel, parce qu'alors les pluies emportent cette ammoniaque, mais quand il est placé dans une région moyenne, où il bénéficie de l'air et de l'eau.

Quand on le répand à l'automne en couverture, on doit le faire suivre d'un trait de herse.

Des nombreuses expériences faites en Angleterre sur tous les sols et dans toutes les expositions, on peut conclure que, dans les terres en bon état de culture, il suffit, pour obtenir une récolte au moins égale à celle produite par la quantité de fumier d'étable qu'il est d'usage d'employer, d'appliquer par hectare :

    250 kil. de guano aux céréales.
    375 kil. aux prairies naturelles et artificielles.
    375 kil. aux pommes de terre, aux betteraves, aux navets, etc.

Les expériences comparatives exécutées à la ferme de Barrochen, près de Paisley, en Angleterre, et rapportées par le professeur Johnson, ont démontré que, pour obtenir par hectare, en sus du produit de la terre sans engrais, c'est-à-dire réduite à la seule richesse des fumures antérieures :

    100 kil. de froment, il faut.................... $38^{kil},278$ de guano.
    100 kil. d'orge............................ 36   400
    100 kil. d'avoine.......................... 25   397
    1000 kil. de fourrage vert..................... 37   402
    1000 kil. de foin sec........................ 139   311
    1000 kil. de pommes de terre................. 25   795
    1000 kil. de navets ou turneps............... 13   468

Avec cette dernière nature de récolte, on constata que, pour obtenir ces 1000 kil. de surplus de production, il fallut employer, comparativement aux 13^{kil}, 468 de guano :

```
56 kil, 493 de noir animal frais.
500       »    de tourteaux en poudre.
583       568. de chiffons de laine.
3,174     345 de fumier de ferme bien consommé.
166 lit, 567 de carbonate de chaux.
555       676 d'os en poudre.
649       332 de sel et de chaux mêlés.
```

C'est donc le guano qui produit le plus et à meilleur marché, d'après ces expériences.

M. Jacquemart a fait, en 1852, des expériences comparatives sur du blé avec le guano, la poudrette et le parcage, dans un terrain argilo-siliceux, de force moyenne et marné depuis quelques années. Voici ses récoltes par hectare :

	Paille.	Grain. en hect.	Grain. en poids.	Poids. de l'hectolitre.
Avec 22 à 23 hectol. de poudrette.	5775 kil.	31,5	2350 kil.	76 kil.
Avec 300 kil. de guano mêlés à 650 litres de sable............	5225	29,5	2312	79
Avec le parcage de 6666 à 7511 bêtes......................	5650	29,5	2242	75,65

La poudrette avait coûté.	79 à 84 fr. d'achat, plus le transport.
Le guano............:	78 à 79 fr. d'achat, plus le transport.
Le parcage............	130 à 188 fr., à quoi il faut ajouter le prix d'un labour pour enfouir le parcage.

Ces résultats montrent que la poudrette et le guano, aux doses indiquées, sont un peu supérieurs au parcage, et surtout plus économiques ;

Que la poudrette et le parcage donnent des blés d'égale qualité (76 kil.), et que le guano donne un blé un peu plus lourd, ce qui s'expliquerait par la grande richesse de cet engrais en phosphates ;

Enfin, que la poudrette donne autant de grain que le guano, et 10 pour 100 de plus en paille.

Dans des expériences faites en 1874 par la Société hollandaise d'agriculture dans la partie des terrains connus sous le nom de *mer de Harlem*, expériences qui ont porté sur la culture de l'avoine, en opérant comparativement avec le fumier d'étable, des engrais artificiels et le guano du Pérou, il a été constaté que le plus fort rendement, tant en paille qu'en grain, et par suite en argent, a été fourni par le champ qui avait reçu le guano (1).

Dans mes expériences en grand, j'ai reconnu que la dose de guano la plus convenable, celle qui peut équivaloir à 10000 kil. de fumier normal, varie de 350 à 400 kil. par hectare. — Pour les prés secs, 200 kil. de guano associés à 200 kil. de plâtre cru en poudre donnent des résultats magnifiques.

Il vaut mieux mettre moins que plus de guano; son excès est souvent nuisible, rarement avantageux. La surabondance de cet engrais ne donne pas, généralement, des produits en rapport avec ce que son énergie semble promettre, et l'on augmente ainsi sans utilité les frais de culture. Il y a plus, employé au delà d'une certaine proportion, le guano diminue la récolte au lieu de l'accroître.

Puisque, comme je l'ai déjà dit, le guano, en raison de sa constitution chimique, cède immédiatement aux plantes des principes solubles et gazéifiables, c'est un engrais d'une durée fort courte, dont l'action est épuisée en une seule

---

(1) Voir pour plus de détails *Journal de l'Agriculture* de M. Barral, t. 1er de 1875, n° 310 du 20 mars, p. 445.

année. Son renouvellement doit donc être continuel pour produire des effets constants, à moins qu'on n'enchaîne les produits de sa décomposition par un corps absorbant, le plâtre ou le charbon. L'association de ces substances au guano prolonge ainsi la durée de son action, mais n'arrive jamais toutefois à la rendre aussi longue que celle du fumier et des autres engrais compactes.

M. Barral a constaté, en 1854, que le sel marin mélangé au guano retient une partie de ses sels volatils, ce qui pourrait ouvrir un débouché avantageux au sel marin des salpêtriers que l'on jette à la rivière.

Le guano, pas plus que la poudrette et l'engrais flamand, ne peut remplacer complétement le fumier. Si on l'employait constamment sur la même terre et sans l'alterner avec des engrais plus complets et riches en humus, on ne tarderait pas à stériliser cette terre. C'est ce qui résulte de toutes les observations pratiques.

« Tous ces engrais hâtifs, dit M. de Labaume, président de la Société d'agriculture du Gard, exercent sur la végétation une action violente et rapide qui leur permet de s'emparer subitement des principes les plus cachés de la fertilité naturelle du sol; mais après cette secousse, que le sol ne saurait supporter plus d'une fois ou deux, il retombe sans force et sans vigueur dans un état d'épuisement presque absolu que le fumier de ferme est seul capable de faire cesser... Et voilà ce qui caractérise d'une manière spéciale l'action du fumier, cet agent principal de tous les véritables succès agricoles : il excite et n'épuise jamais (1). »

---

(1) *Guide des engrais,* de M. Rohart, p. 95.

L'habile M. Villeroy, de Rittershof, écrivait en 1856 dans le *Journal d'Agriculture pratique :*

« Il y a, en Saxe, des fermes qui n'ont aucun bétail, qui même font labourer leurs terres par des étrangers, et ne fument qu'avec du guano. Il y en a où cela dure depuis plus de dix ans. Mais un cultivateur de ce pays nous avoue que l'on est dans la nécessité d'augmenter la quantité de guano dans les fermes qui l'emploient exclusivement. Au lieu de 400 kilog. que l'on mettait d'abord par hectare, on doit aujourd'hui en répandre 600 kilog. pour obtenir les mêmes résultats qu'autrefois. Ces faits sont assez intéressants pour qu'on appelle sur eux l'attention des agriculteurs (1). »

Un autre habile cultivateur de l'Auvergne, M. E. Baron, s'exprime ainsi.

« Il n'est pas vrai de dire, d'une manière exclusive, comme je le remarque dans plusieurs publications, que l'application de cet engrais à toute récolte et en toute circonstance de climat et de terrain soit une opération avantageuse pour le cultivateur. Au contraire, l'action du guano dans certaines terres légères et siliceuses est plutôt nuisible que favorable... Des exemples de ce que j'avance se produisent journellement dans les contrées pauvres de la Bretagne. Ainsi un fermier, par exemple, à l'expiration de son bail, pour faire croire à son propriétaire qu'il a amené sa terre à un haut degré de fécondité, y appliquera une forte dose de guano... Dans tout pays pauvre, le guano produirait de funestes effets, à moins d'être employé toutefois avec une réserve et une prudence que sont loin de vous recom-

(1) *Journal d'Agriculture pratique*, 1856, p 35.

mander tous les marchands et faiseurs de notices sur ce puissant engrais (1). »

Voilà, comme on le voit, un ensemble de remarques et de conclusions motivées à l'égard des guanos et des poudrettes, et ces faits sont trop graves, ils émanent d'hommes d'une trop grande notoriété pour ne pas amener des réflexions sérieuses dans l'esprit de ceux qui ont suivi l'entraînement général. D'ailleurs l'expérience a démontré que l'emploi répété de ces engrais dans une terre amène une sorte de stérilité que les fermiers anglais appellent *la maladie du guano*, et qu'on ne peut combattre que par l'usage de matières minérales convenables, des phosphates par exemple, et que par l'alternance avec le fumier de ferme.

La grande richesse du guano du Pérou en composés ammoniacaux, immédiatement assimilables, imprime à la végétation foliacée un énergique et prompt développement. « C'est tout à la fois, dit M. Bobierre, et l'avantage et l'inconvénient de cet engrais. Dans les régions granitiques et schisteuses, il pourra convenir pour certaines cultures fourragères et hâtives; mais ce serait s'abuser étrangement que de le comparer au noir animal ou aux engrais à base de phosphates pour favoriser la grenaison d'une manière soutenue. Souvent il poussera à la paille et produira la verse, et toujours il appauvrira le sol, si d'abondantes fumures ne sont pas alternées avec son emploi (2). »

En mélangeant les guanos du Pérou aux guanos terreux, soit en poudre, soit amenés à l'état de superphosphates, on

(1). *Journal d'Agriculture pratique*, semestre de 1857, p. 99.
(2) Bobierre, *Leçons de chimie agricole*, 2ᵉ édition, p. 482. — Paris, Georges Masson.

remédie en très-grande partie aux inconvénients qui viennent d'être signalés. Aussi l'usage des seconds se répand-t-il de plus en plus, ainsi que celui des phosphates fossiles traités par l'acide sulfurique.

Les guanos terreux ou phosphatés, s'ils agissent moins rapidement sur les plantes que les guanos ammoniacaux, ont en revanche une action bien plus durable. Par cela même, ils conviennent surtout aux céréales d'hiver et peuvent rendre d'importants services dans les sols naturellement pauvres en phosphates. Dans les terres où, comme en Flandre, d'après les observations de MM. Demesmay, Corenwinder et Kuhlmann, les noirs de raffinerie, les phosphates de chaux fossiles restent inertes, les cultivateurs ne doivent employer que les guanos ammoniacaux, et de préférence à tous les autres les guanos de Guañape et de Macabi.

Sous les noms de *guano phospho-péruvien* et de *phosphoguano*, MM. William Dixon et Ce, de Liverpool, ont mis dans le commerce depuis une quinzaine d'années un guano terreux qui est actuellement vendu par MM. Peter et Lawson et fils, d'Édimbourg, dont les consignataires généraux pour la France sont MM. Gallet, Lefebvre et Ce.

Ce guano est caractérisé par la très grande proportion de phosphates solubles qu'il contient, associés avec une petite quantité d'ammoniaque. D'après une note du docteur Cameron, professeur de chimie à Dublin, il serait tiré de roches qui forment des récifs autour d'îlots situés sous les tropiques; mais il est à peu près certain qu'après son extraction il est traité par l'acide sulfurique et additionné ensuite de matières azotées.

D'après MM. Bobierre et Barral, il renferme :

 de 2,68 à 2,95 d'azote,
 de 31,73 à 36,00 de phosphate de chaux soluble,
 de 8,94 à 4,39 de phosphate de chaux des os.

Il n'y a pas d'engrais qui contiennent autant de phosphates solubles. Par sa composition immédiate, il rappelle le guano Jarvis, auquel il est supérieur cependant par sa richesse en phosphates solubles, et par ses substances organiques azotées. L'azote, d'après M. Barral, s'y trouve en très-grande partie engagé sous forme de sulfate d'ammoniaque.

Woelcker, Anderson, Cameron, Way, dans la Grande-Bretagne; Liebig, en Allemagne; MM. Malaguti et Houzeau, en France, ont trouvé à peu de chose près la même composition.

« Je m'abstiendrai, dit M. Malaguti, de comparer cet engrais avec le bon guano du Pérou, puisque celui-ci est un agent essentiellement azoté, tandis que l'autre est un agent principalement phosphaté. Néanmoins, il faut reconnaître qu'il n'y a pas à hésiter, quand il s'agira de cultures granifères, entre un engrais comme le guano du Pérou, qui pousse au développement des feuilles, à cause de son azote, et un autre engrais comme le phospho-guano qui, à cause de ses phosphates solubles, doit principalement favoriser le développement des graines. »

En Angleterre, où l'on en fait un très-grand usage, on en met par hectare :

Pour les prairies naturelles, les pâturages, les fèves, les pois, les céréales	250 kil.
Pour les colzas et navettes	300
Pour les racines (navets, pommes de terre, betteraves, carottes)	300 à 500
Pour les prairies artificielles	500

Un engrais du même genre est vendu en Angleterre sous le nom de *Mono-phospho-guano* par une compagnie qui s'intitule : *Biphosphated guano Company limited* et qui a des correspondants au Havre, à Nantes et à Bordeaux. D'après les analyses de MM. Bobierre et Barral, il renferme :

    2,67 pour 100 d'azote,
    37,42 de phosphate de chaux soluble,
    5,17 de phosphate de chaux des os.

Comme le phospho-guano, il a une réaction acide, et tous deux se distinguent ainsi par un caractère nettement tranché du guano du Pérou qui est alcalin. Ils se rapprochent, par conséquent, des superphosphates qui sont recherchés pour tous les terrains de nature siliceuse.

Voici les prix actuels des guanos dont il vient d'être question :

Les 100 kilogr.	Guanos du Pérou.	Phospho-guano.	Mono-phospho-guano
Pour quantités de 30000 kil. et au-dessus	34,89	»	»
— au-dessous.	34,89	»	»
— au-dessus de 50000 kil.	»	29,25	»
— de 30 à 50000 kil	»	30	28,50
— inférieures à 30000 kil.	»	31	30
Au détail	»	»	31

Ces engrais sont fort chers, quoi qu'on en dise, si on les compare au fumier de ferme, car les guanos du Pérou font revenir le kilog. d'azote à plus de trois francs, et avec le phospho-guano les phosphates reviennent à 1 fr. 33 c. le kilog., prix bien différents de ceux que ces mêmes agents de fertilité ont avec le fumier ordinaire.

Le guano est certainement l'engrais qui se rapproche le plus, par ses qualités fertilisantes, de ce dernier, dont il offre, sous une forme concentrée, la plupart des éléments efficaces réunis; toutefois, il faut bien retenir qu'il ne peut le remplacer complétement, car il n'apporte au sol aucune trace d'humus, si nécessaire pour maintenir la puissance de production de celui-ci, parce qu'en outre la durée de son action est pour ainsi dire éphémère et que dans tous les cas son emploi est bien plus dispendieux.

Néanmoins il est utile pour un cultivateur d'avoir toujours à sa disposition, en les achetant à prix d'argent, des engrais puissants sous un petit volume. En effet, si l'on a des terres éloignées de la ferme ou d'un abord difficile; si si les charrois ont été retardés ou par des temps pluvieux, ou parce que les chevaux sont surchargés de travail, il est très-avantageux de remplacer le fumier qu'on n'a pas pu charrier par des engrais n'exigeant, pour ainsi dire, aucune dépense de transport, ni aucune façon pour leur emploi. Si la récolte des pailles a été peu considérable, soit à cause des intempéries des saisons, soit à cause de l'extension des récoltes autres que les céréales, si le bétail n'est pas suffisant pour produire des fumiers assez abondants, si les bâtiments ne permettent pas d'augmenter la quantité du bétail, si, enfin, quelques pièces de terre sont moins fertiles que les autres, ou si le domaine est agrandi par l'adjonction de terres labourables, on est trop heureux de trouver immédiatement, à des conditions avantageuses et sans augmenter son capital, le complément d'engrais nécessaire pour obtenir tout de suite de belles récoltes et maintenir le sol dans un état croissant de fertilité.

Ainsi c'est uniquement comme un auxiliaire qu'il faut employer les guanos, l'engrais flamand, la poudrette, de même que les nitrates, les sels ammoniacaux, le noir des raffineries, les phosphates fossiles et les superphosphates. Vouloir en faire la base des fumures d'une exploitation, ce serait s'exposer à de cruels mécomptes.

La meilleure manière d'utiliser les engrais riches, c'est, comme l'a dit avec raison M. Bobierre, de les répartir dans des composts de telle sorte que l'ensemble des conditions si heureusement réalisées par les fumiers soit autant que possible obtenu (1).

Il s'est introduit dans le commerce du guano des abus contre lesquels je dois mettre en garde les cultivateurs qui sont si souvent victimes de leur trop grande confiance.

La forme pulvérulente de cet engrais prête beaucoup à la falsification et certains marchands ne s'en font pas faute. Les matières qui ont servi et qui servent encore à le frauder sont : la terre à briques, des argiles jaunes et brunes, des cendres de tourbe ferrugineuse, de la tourbe rousse, des poussières d'os, des sciures de bois durs, des poils et débris de tannerie, de la craie, du plâtre cru, du sel marin, du sable, des graviers.

Souvent aussi la fraude s'exerce en introduisant dans les guanos du Pérou une quantité plus ou moins grande des guanos terreux de la plus basse qualité, et même en substituant complétement ces derniers aux premiers.

D'un autre côté, beaucoup de marchands ont eu la mauvaise idée de faire du mot *guano* un terme générique, un synonyme d'*engrais ;* de là les dénominations vicieuses qui ont cours aujourd'hui, telles que : *guano artificiel, guano*

---

(1) Bobierre, *Loco citat.*, p. 489.

urineux, *guano indigène*, *guano Derrien*, *guano de Nantes*, *guano humifère*, *guano d'Aubervilliers*, *guano Fichtner*, *guano Abendroth*, *guano des Docks*, *guano de la Motte*, *guano agénais*, *guano de poissons*, *guano anglais*, *guano-phosphate*, *guano Millaud*, *guano animalisé*, etc.

Les engrais, désignés sous ces noms divers, ne sont autre chose que des mélanges de débris organiques de toute nature, de substances salines, de sels ammoniacaux, de matières inertes (sable, terre, plâtre, calcaire, etc.); mélanges composés avec plus ou moins d'intelligence, dans l'intention de remplacer dans la culture les guanos naturels; en un mot, ce sont des engrais artificiels qui n'ont de commun avec ces derniers que le nom.

Il est bien évident que les auteurs ou vendeurs de ces compositions n'ont adopté cette fausse nomenclature que pour donner une haute idée de leurs mélanges et en faciliter plus aisément l'écoulement, parce qu'ils savent que les cultivateurs connaissent très-bien aujourd'hui la puissante action des véritables guanos naturels.

Ainsi que je le disais dès 1864, dans une lettre adressée à M. Dumas, vice-président de la Commission appelée à préparer une loi destinée soit à prévenir, soit à réprimer les fraudes commises dans le commerce des engrais (1), « il y a là un mal plus grand qu'on ne suppose, attendu que bon nombre de praticiens, trop confiants et alléchés surtout par une légère différence de prix, acceptent ces faux guanos comme guanos véritables et ne s'aperçoivent de

---

(1) Voir les *Archives de l'Agriculture du nord de la France*, publiées par le Comice agricole de Lille pendant l'année 1864; et *l'Enquête sur les engrais industriels*, t. II, p. 25. Imprimerie impériale, 1866.

leur erreur que lorsqu'il n'est plus temps d'y remédier. La plupart ne savent pas encore ce que c'est que l'azote, les phosphates, les sels alcalins; et comme ils ont obtenu avec les guanos du Pérou, avec le *Phospho-Guano*, de très-bons résultats, sans trop se préoccuper des causes qui les ont amenés, ils n'hésitent pas à acheter les faux guanos, qu'on a grand soin de leur vanter comme aussi efficaces, si ce n'est même comme identiques avec les premiers. Ils ne s'attachent qu'au mot *guano* qui ressort en gros caractères sur les prospectus et affiches des marchands; et ils deviennent ainsi victimes de leur ignorance et de leur trop grande sécurité. De là, plus tard, lorsqu'ils sont désabusés par les insuccès qui les ont punis de leur légèreté, des procès devant les tribunaux qui les détournent de leurs occupations et ajoutent encore, alors même qu'ils ont gain de cause, *ce qui n'a pas toujours lieu cependant*, aux pertes d'argent et de temps qu'ils ont éprouvées.

Tant que la loi, tant que les tribunaux par des arrêts sévères, n'interdiront pas l'emploi du mot *guano* comme terme générique, et son application aux engrais artificiels, l'agriculture française pâtira d'un fléau qui pèse lourdement sur elle : *la tromperie sur la nature de la marchandise* » (1).

Voici comme exemples des graves inconvénients qui ressortent de cette confusion de noms, les prix de vente et la composition d'un certain nombre d'engrais artificiels, décorés du nom de *guanos*, vendus tant en Normandie qu'en Flandre comme pouvant remplacer le guano du Pérou :

(1) Voir à *l'Appendice*, la loi édictée en 1867 pour réprimer la fraude dans la vente des engrais.

	Azote sur 100.	Phosphates sur 100.	Matières organiques et sels solubles.	Matières insolubles, sable, argile.	Prix des 100 kil.
Engrais complet venant de Paris.	3,10	15,90	48,50	13,90	38 fr.
Guano anglais, —	3,55	43,80	43,10	4,60	»
Guano-phosphate, —	2,26	57,50	23,45	1,80	»
Engrais azoté et phosphaté, dit guano Millaud de Paris......	4,60	18,75	40,87	22,60	34
Engrais concentré, dit guano animalisé de la maison Bedarrides	2,485	7,98	42,00	23,86	32

Or, le guano du Pérou (de Guañape ou de Macabi), dosant de 10 à 12 pour 100 d'azote et de 26 à 32 pour 100 de phosphates, et ne coûtant actuellement que 33 ou 36 fr. les 100 kilogr., il est évident qu'en livrant comme identiques ou comme équivalant à ce guano les mélanges précédents, aux prix de 32, 34 et 38 fr. les 100 kilogr., on a grossièrement trompé les cultivateurs sur la nature et la valeur de la marchandise, puisque ces mélanges ne peuvent être substitués au guano du Pérou dans les mêmes doses et les mêmes conditions de prix.

La substitution des *guanos terreux naturels* aux *guanos ammoniacaux* est tout aussi dommageable, car, comme je l'ai dit précédemment, les deux sortes de guano, par suite de leur composition si distincte, n'ont pas du tout la même action sur les plantes et ne doivent pas être employées de la même manière.

Par conséquent, vendre aux cultivateurs de la Flandre, où les engrais riches en phosphates restent inertes, les guanos terreux d'Afrique, de Patagonie, de Jarvis et Baker, comme identiques aux *guanos ammoniacaux du Pérou*, c'est les induire en erreur, c'est leur porter un préjudice considérable en argent : c'est enfin les tromper aussi grossièrement qu'en leur vendant des engrais artificiels décorés du nom de guano.

Donc les cultivateurs qui acceptent de confiance les engrais que le commerce leur propose, qui achètent comme on dit *chat en poche*, s'exposent à perdre de l'argent en payant la marchandise bien au-dessus de sa valeur; mais, en outre, ils courent les chances d'avoir de fort mauvaises récoltes. Ce qu'il y a de plus grave, c'est que ce n'est qu'à la fin de la saison qu'ils s'aperçoivent, par les tristes résultats de leurs cultures, qu'ils ont été trompés. Or, rien ne peut compenser ce temps perdu, car en agriculture surtout, le *temps* est un capital peut-être encore plus précieux que l'argent déboursé; il ne faut pas l'oublier.

Il y a donc nécessité que les praticiens, avant d'acheter un guano, en fassent l'essai, ou s'ils ne peuvent s'y livrer eux-mêmes, faute d'habitude, en confient l'examen à un chimiste. Il y a maintenant en France un certain nombre de *stations agronomiques* et de *laboratoires d'essais*, dans lesquels des chimistes font, pour des prix très-modérés, la vérification des engrais.

Dans tous les cas, les cultivateurs ne devraient s'adresser qu'aux maisons honorables qui vendent les guanos, ainsi que les autres matières fertilisantes, à un titre déterminé sous le quadruple rapport de l'azote, des phosphates solubles, des phosphates insolubles et de la potasse.

§ 2. — Excréments des herbivores.

Les excréments des herbivores, auxquels je réunis ceux du porc pour plus de simplicité, sont bien moins actifs que les précédents, par la raison qu'ils contiennent moins de parties azotées et solubles, et une plus forte proportion de fibres végétales qui résistent davantage à la décomposition. Plus les aliments sont élaborés dans l'appareil digestif, plus ils sont imprégnés de sucs animalisés, plus aussi les résidus de la digestion sont pourvus de propriétés énergiques.

Généralement, on range les excréments des herbivores dans l'ordre suivant, en ayant égard à leur énergie toujours croissante :

> Fiente de porc,
> Bouse de vache et de bœuf,
> Crottin de cheval,
> Fiente de mouton.

I. *Excréments du porc.* — Cependant, en Angleterre, on regarde le fumier de porc comme aussi énergique, sinon plus, que le fumier des bêtes à cornes.

Cette divergence pourrait bien provenir de ce que, partout ailleurs qu'en Angleterre, les porcs ne sont pas nourris avec tout le soin convenable. Chez nous, comme leur nourriture est presque toujours aqueuse, leurs excréments sont par cela même très-fluides et frais.

Ces animaux ont besoin d'une litière plus abondante que les vaches et les chevaux, parce qu'en travaillant continuellement du groin, ils brisent davantage la paille ; et cependant cette paille ne pourrit pas aussi promptement que celle des vaches, des chevaux, ce qui prouve que les excréments du cochon sont plus aqueux.

Mais les porcs nourris avec des pommes de terre, des glands, du son, des graines, etc., ainsi que cela a lieu en Angleterre, produisent un meilleur fumier que lorsqu'ils ne reçoivent que les déchets ordinaires de la cuisine. Schwerz a reconnu expérimentalement que le fumier des porcs à l'engrais produit, pendant deux années, un effet plus grand, dans les mêmes terres et sur les mêmes plantes, que le fumier de vaches.

Ce qu'on peut seulement reprocher avec raison au premier, c'est, d'une part, que l'animal rendant non digérées la plupart des graines qui entrent dans sa nourriture, on rapporte sur les champs, avec ses déjections, une grande quantité de semences de mauvaises herbes;

D'autre part, que ce fumier manifeste une propriété stimulante, corrosive et nuisible aux plantes, provenant de la plus grande quantité de *purin* qu'il retient, purin doué d'une très-grande énergie.

Ce qu'il y a de certain, c'est que Boenninghausen a constaté que le fumier de porc, donné en couverture, ne le cède que peu à aucun autre sur toutes les plantes, à l'exception des plantes à cosses, probablement parce qu'ainsi exposé à l'air il perd promptement son âcreté. Quelques cultivateurs affirment l'avoir employé avec avantage dans les houblonnières et les chènevières; mais ils le repoussent pour les récoltes-racines, attendu qu'il communique à celles-ci une saveur désagréable. On dit même que l'arôme du tabac en souffre.

Il ressort de ces observations que, si le fumier frais du porc ne doit pas être appliqué inconsidérément aux terres arables, à cause de la grande quantité de graines et de l'âcreté des urines qu'il contient, ces circonstances ne s'opposent nullement à ce qu'il soit répandu avec utilité sur les prairies; que, loin de nuire à cette application, la fluidité de cet engrais lui est particulièrement appropriée.

Néanmoins, il n'y a qu'un bien petit nombre d'exploitations dans lesquelles il soit fait usage du fumier en question isolément, et le mieux, dans les circonstances ordinaires, est encore de l'employer en mélange avec un autre, surtout avec celui du cheval; on corrige ainsi ses mauvaises qualités et on le rend propre à tous les sols et à toutes les récoltes.

En Chine, à Chusan surtout, on mélange les excréments de porc, par parties égales, avec des terres argileuses, et on leur donne la forme de petits cylindres du poids de 5 à 600 grammes, sous laquelle on les conserve. Quand on veut s'en servir, on les délaie dans de l'eau, de façon à pouvoir les répandre sur les plantes. Cet engrais est réservé pour les terres maigres et pierreuses des montagnes, quelles que soient les récoltes qu'elles supportent. On l'emploie à la dose de 200 kilogr. par *méou* de terre (un dixième d'hectare), qui remplacent 150 kilogr. de matières fécales, l'engrais par excellence dans le Céleste-Empire; ils reviennent à 250 ou 300 sapèques (1 fr. 25 à 1 fr. 50) les 100 kilogr., soit à l'hectare 2000 kil., valant 25 à 30 francs. Mais on n'emploie pas ordinairement les excréments de porc seuls; on complète cet engrais par une légère fumure de matières fécales, que l'on répand quinze jours ou trois semaines après (1).

D'après M. Boussingault, un porc de huit mois et demi, pesant 60 kilog., auquel il donnait, dans les vingt-quatre heures, 7 kilog. de pommes de terre cuites, délayées dans de l'eau additionnée de 25 gr. de sel marin, rendait :

1^{kil}. d'excréments solides,
Et 3 050 d'urine.

(1) Déposition de M. Simon, consul de France à Ning-Pô, dans *l'Enquête sur les engrais industriels* faite en 1864, par ordre du gouvernement, t. I, p. 607.

II. *Excréments des bêtes à cornes.* — Ces excréments, toutes choses égales d'ailleurs, sont toujours moins actifs, moins prompts à fermenter, plus aqueux, plus spongieux et plus aptes à retenir l'humidité ambiante, à entretenir plus de *fraîcheur* à la terre, que les crottins des chevaux et des bêtes à laine; aussi les premiers sont-ils rangés parmi les *engrais froids*, et les seconds parmi les *engrais chauds*. Les premiers agissent donc plus lentement, mais aussi d'une manière plus continue et plus égale, et, s'ils donnent des récoltes moins belles, elles sont plus prolongées; car c'est un fait hors de toute contestation que le pouvoir fertilisant qui se manifeste avec le plus de promptitude et d'énergie est aussi celui qui est le plus promptement épuisé.

Un des avantages de la bouse des bœufs et des vaches, c'est de pouvoir, en raison de son plus grand état de mollesse, supporter une addition de litière plus considérable que les crottins de cheval et de mouton; et comme, d'un autre côté, le premier de ces excréments est presque toujours produit en plus grande quantité que les derniers, c'est celui dont on tire le meilleur parti dans les exploitations; d'autant plus qu'on peut, pour ainsi dire, l'appliquer à tous les terrains et à toutes les cultures.

En raison de sa nature aqueuse, la bouse de vache produit d'excellents résultats sur les terrains calcaires, surtout dans les années de sécheresse. Il faut éviter, au contraire, de l'employer là où il y a déjà excès d'humidité.

Dans les pays d'herbages, quand les animaux sont au pâturage, leurs bouses restent presque toujours à la place où les bêtes les ont déposées; elles se dessèchent alors en pure perte ou, du moins, elles ne servent utilement qu'à un espace fort restreint.

Il faut avoir l'attention ou de les enlever de suite pour les porter au tas de fumier, ou de les délayer dans l'eau pour les répandre également à la surface de la prairie. C'est ainsi qu'on agit en Flandre et on s'en trouve bien.

D'après M. Boussingault, une vache qui consomme en vingt-quatre heures :

$$15^{kil}. \text{ de pommes de terre,}$$
$$7\;500 \text{ de regain de foin,}$$
$$\text{Et } 60 \text{ d'eau,}$$

rend en moyenne :

$$28^{kil}. 413 \text{ d'excréments à l'état humide,}$$
$$\text{Et } 8\;200 \text{ d'urine.}$$

III. *Excréments des chevaux.* — S'il est vrai que le fumier de cheval enfoui en terre à l'état frais, c'est-à-dire avant toute fermentation, soit très-énergique et plus chaud que celui des bêtes à cornes, il n'en est pas moins certain qu'après sa fermentation au contact de l'air et en tas il donne un engrais inférieur à celui des étables. Cela provient de ce que les excréments du cheval, généralement plus secs, s'échauffent rapidement et considérablement lorsqu'ils sont mis en tas, et qu'alors ils se dessèchent en perdant une forte proportion des principes les plus utiles, notamment des sels ammoniacaux.

D'après M. Boussingault, le fumier frais de cheval contient, lorsqu'il est desséché immédiatement, 2,7 p. 100 d'azote. Le même fumier, disposé en couche épaisse et abandonné à une décomposition complète, laisse un résidu qui, desséché au même degré, ne renferme plus que 1 pour 100 d'azote; par cette fermentation, 100 parties de fumier se réduisent à 10, c'est-à-dire qu'il y a perte des 9/10 du poids primitif.

On peut juger, d'après ces nombres, combien a été grande la perte en principes azotés. Le traitement du fumier de cheval exige donc beaucoup plus de soins et d'attention que celui des bêtes à cornes; et, comme habituellement le premier n'est pas mieux traité que le second, on conçoit facilement que, malgré sa supériorité relative à l'état frais, il devienne, après plusieurs mois de conservation, bien inférieur au fumier d'étable : aussi, dans la pratique, le considère-t-on comme étant moins actif.

Puvis a constaté que, pour obtenir de bons résultats dans la confection du fumier de cheval, il faut lui donner plus d'humidité qu'il n'en peut recevoir par les urines de l'animal, et qu'en l'entretenant constamment humide, il produit un engrais, à demi consommé, de qualité supérieure, et au moins égal en poids à celui qui provient des vaches.

On peut aussi retarder la déperdition des principes utiles de ce fumier, et lui conserver une grande partie de ses qualités, en le tassant fortement, et en prévenant l'accès de l'air, au moyen d'une couche de terre.

C'est même le seul moyen de s'opposer à la production de ces végétations cryptogamiques, connues sous le nom de *moisissure*, *chancissure* et *blanc*, qui l'envahissent si facilement et diminuent singulièrement sa valeur.

Obtenu par la méthode ordinaire, le fumier de cheval ne convient qu'aux sols argileux, profonds, humides, ou aux terrains qu'on appelle *froids*. Il est nuisible dans les sols sablonneux et calcaires, où les excréments des bêtes à cornes sont, au contraire, très-avantageux. Mais lorsqu'il a été préparé avec les soins que je viens d'indiquer, il est propre à tous les sols, et ne diffère du fumier d'étable que par sa qualité supérieure. Plus riche en phosphates terreux, il convient davantage à la culture des céréales, dont les grains ont un si grand besoin de ces sels minéraux. Dans le Beaujolais, c'est uniquement avec lui qu'on fume les vignes.

On voit, sur toutes les grandes routes, des femmes et des enfants ramasser les crottins de cheval pour les livrer, soit à la petite, soit à la grande culture. Ils peuvent ainsi en recueillir jusqu'à 3 hectolitres par jour, qu'ils vendent à raison de 1 fr. à 1 fr. 25 l'hectolitre.

En 1840, M. Dailly en a fait ramasser 1070 hectolitres au prix de 44 centimes l'hectolitre. Après le transport et l'épandage sur le champ l'hectolitre lui revint à 53 centimes. Il en fit mettre 164 hectolitres 30 par hectare. La fumure lui coûta donc 88 fr. 56.

Les expériences de M. Boussingault démontrent qu'un cheval qui consomme en vingt-quatre heures :

$$7^{kil}.\ 500\ \text{de foin,}$$
$$2\ \ \ \ 270\ \text{d'avoine,}$$
$$\text{Et } 16\ \ \ \ \text{d'eau,}$$

produit dans cet espace de temps :

$$14^{kil}.\ 200\ \text{de crottins à l'état humide,}$$
$$\text{Et } 1\ \ \ \ 330\ \text{d'urine.}$$

Dans l'Enquête agricole de 1864, on trouve pour le poids du fumier produit dans un jour par un cheval des chiffres assez différents, ainsi que vous allez le voir par le tableau suivant :

Dans les casernes de Lyon, d'après M. l'ingénieur Bonnet, chargé des travaux publics de la ville............	10 à 12 kil.
— — de Meaux pour la cavalerie légère, d'après M. Lavaux, cultivateur à Choisy le-Temple (Seine-et-Marne).......................	16
— — — pour la cavalerie de ligne......	18
— — — pour la cavalerie de réserve....	19
— — de Vincennes pour l'artillerie d'après M. Buignet.	25
Dans les écuries de M. Dailly à Paris.......................	26,50
— de M. Buignet, cultivateur à Chelles (Seine-et-Marne)...	30

D'après ce dernier, les chevaux d'artillerie donnent de meilleurs fumiers que ceux de cavalerie ordinaire.

Le fumier de la Compagnie des omnibus de Paris contient plus de paille que les fumiers de Vincennes. S'il est plus cher, c'est qu'il est bien plus recherché par les maraîchers de la banlieue par la raison qu'il contient plus de paille, ce qui le rend préférable pour les couches qui conservent plus longtemps leur chaleur, quand elles sont faites avec du fumier plus long, dans lequel la paille peu consommée domine.

Le meilleur fumier pour l'engrais du sol, est celui qui contient, non pas le plus de paille, mais le plus de crottins et d'urine.

La valeur commerciale du fumier, dans les environs de Paris, est, en moyenne, de 10 francs les 1000 kilogr., pris sur place. Le prix du transport sur le chemin de fer de l'Ouest est de 2 fr. 50.

C'est également 10 francs qu'on paye les 1000 kilogr. au fond de la Bourgogne, ainsi qu'à Lyon. Dans cette dernière ville, les fumiers des écuries particulières se vendent 11 à 12 francs.

IV. *Excréments des bêtes à laine.* — Ces excréments sont plus substantiels que ceux des autres bestiaux. Conservés habituellement, jusqu'au moment de leur emploi, dans les bergeries, où ils sont fortement tassés par les pieds des animaux et où ils reçoivent peu d'humidité, ils n'entrent que fort difficilement en fermentation. En raison de leur forme et de leur dureté, ils ne se mêlent que très-imparfaitement à la litière, et, comme celle-ci est toujours en très-forte proportion, il est utile, avant d'employer du fumier de mouton, d'en former des tas et de les arroser fréquemment, afin que la masse étant moins serrée et plus humide, la paille puisse y trouver les conditions nécessaires à sa décomposition.

Moins chaud que le crottin de cheval, celui du mouton a, dans le sol, une action plus durable; mais cette action n'excède pas deux ans, et ne se manifeste même très-sensiblement que pendant la première année.

Il ne convient pas, toutefois, indistinctement à tous les sols et à tous les végétaux. C'est dans les terres argileuses, lourdes et froides qu'il opère le mieux, et les plantes pour lesquelles il est préférable, comparativement aux autres excréments, sont le chanvre, le tabac et toutes les crucifères, chou, navette, colza, etc. Il altère la qualité des produits de la vigne; il donne une saveur désagréable aux plantes délicates, destinées à la nourriture de l'homme; il fait mûrir le lin trop vite; les blés fumés par lui sont plus sujets à verser, et la farine du grain offre plus de difficulté à être travaillée; la betterave donne moins de sucre qu'avec le fumier d'étable; l'orge fournit moins d'amidon et germe avec irrégularité; aussi les brasseurs n'aiment-ils pas l'orge venue sur engrais de mouton.

En Flandre, cependant, on fait un très-grand cas de ce fumier et on l'applique, à peu près, à toutes les natures de récoltes, surtout dans les terrains maigres. Dans cette région, les fermiers en état de débourser les sommes nécessaires entretiennent un troupeau de cent moutons et davantage. Ceux qui n'ont pas assez de fonds, et dont, néanmoins, les terres maigres réclament cette sorte d'engrais, cherchent à s'arranger avec un marchand de moutons qui n'ait ni terre ni étables. Le fermier fournit à ce marchand un local et de la paille pour loger ses bêtes, et il n'exige, en retour, que le fumier qui en provient. Le marchand paye 270 francs par an pour logement et nourriture de son berger avec deux chiens. Pendant l'hiver le fermier fournit, aux prix du marché, les féveroles et le grain pour les moutons qu'il faut engraisser, et, pour les autres, l'avoine, le foin et les racines.

Dans ces conditions, cent moutons bien nourris donnent, dans l'année, 50 à 60 voitures de fumier, que les fermiers belges estiment valoir autant que 80 à 90 voitures de tout autre fumier. Les récoltes qu'on trouve sur les champs des cultivateurs qui ont pu se procurer cette sorte d'engrais sont toujours, d'après Van Aelbræck, d'une beauté et d'une abondance remarquables.

Dans le pays de Côme (Italie), on fait sécher les crottins de moutons et on les réduit ensuite en poudre; c'est ce qu'on appelle *pulverino*, qu'on emploie avec avantage dans toutes les cultures.

Le fumier des bêtes à laine est plus souvent appliqué directement à la terre au moyen du *parcage*. On appelle ainsi le laps de temps que passe un troupeau dans une enceinte découverte, que l'on transporte successivement dans les différentes parties d'un champ pour les fertiliser par la fiente et l'urine que les animaux y répandent.

Le parcage n'est établi que dans quelques parties de la France, son emploi y remonte déjà fort loin; mais, dans certaines autres localités, son introduction est récente. La division des propriétés s'oppose, dans les départements riches du Nord, à ce qu'on y tienne des troupeaux nombreux, les seuls qui rendent le parcage profitable, attendu que les frais sont d'autant plus considérables que le nombre des têtes de bétail est plus restreint.

Dans les contrées méridionales, on commence à parquer les moutons dès le mois d'avril; dans les autres régions, c'est vers le milieu ou la fin de mai, et cela dure jusqu'aux premières pluies abondantes d'automne : de fin d'octobre au 15 novembre. Dans les terrains secs, pierreux, ou sablonneux, on peut prolonger sans inconvénient le parcage tant que le berger peut supporter le froid dans sa cabane; mais comme, en définitive, toutes les bêtes trouvent alors peu de nourriture dans les champs, et que, pour s'échauffer, elles s'amassent en peloton et ne fument ainsi que très-inégalement la surface du parc, il est préférable de les ramener à la bergerie dès les premiers froids.

L'enceinte mobile, ou le *parc* (fig. 2), dans laquelle on

Fig. 2. — Parc à moutons avec cabane de berger.

tient les moutons enfermés pendant la nuit, pour qu'ils

répandent l'engrais sur une surface déterminée et, en même temps, pour les soustraire aux attaques des loups, est différente suivant les pays; la meilleure est la plus simple et la plus économique.

Dans certaines localités, où les loups sont rares et le pays à découvert, cette enceinte est un filet à larges mailles (fig. 3), soutenu de distance en distance par des piquets.

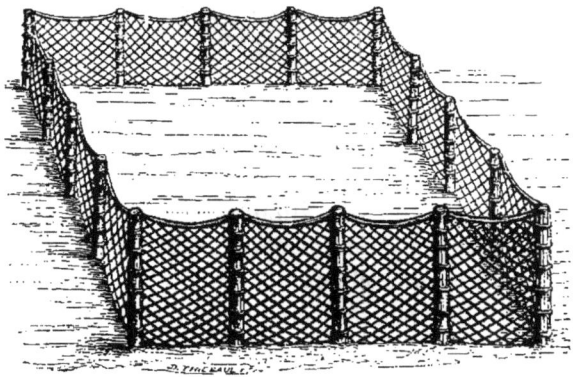

Fig. 3. — Parc du midi, en filets.

Dans les pays du Nord, l'enceinte est formée par des claies en bois, que l'on dresse les unes au bout des autres, sur quatre lignes formant un carré (fig. 4 et 5), et que l'on soutient au moyen de bâtons courbés par l'un des bout, *a, a, a*, et que l'on appelle *crosses*.

Ces claies sont tantôt des treillages d'osier ou de coudrier, comme dans la figure 4,

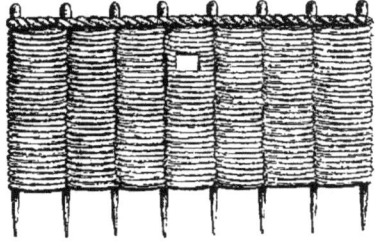

Fig. 4. — Parc du Nord, en treillages.

tantôt des lattes assemblées et clouées sur des montants carrés comme dans la figure 5, tantôt enfin des barreaux

Fig. 5. — Parc du Nord, en lattes et avec crosses posées en terre.

arrondis, d'un petit diamètre, fixés entre des barres plates bien assujetties. Les meilleures claies sont les dernières, parce qu'elles ne donnent point de prise au vent. Dans tous les cas, on donne à chaque claie 1^m,50 de haut sur 2 à 3 de longueur; elles peuvent être ainsi facilement déplacées par un seul homme.

Les claies en bois de chêne, fendu et non scié, de première qualité, telles qu'on les emploie dans le pays de Bray (Seine-Inférieure), valent de 3 fr. 50 à 4 francs. Elles durent de douze à quinze ans. Les claies en treillage, qu'on obtiendrait à 1 fr. 50 ou 1 fr. 75, ne sont presque plus employées, parce qu'elles sont plus lourdes et ne durent pas plus de trois à quatre ans. Les *crosses*, que l'on fait en toutes sortes de bois blancs, se vendent de 40 à 50 centimes. On les fixe au moyen d'une cheville de bois ou de fer.

Pour obtenir un parcage régulier, on divise l'enceinte du parc en deux parties, dans chacune desquelles les moutons passent la moitié de la nuit. Dix-huit claies, pour chacune de ces parties, suffisent à renfermer 100 moutons. Dans la belle saison, on fait entrer les bêtes dans le parc une heure après le soleil couché, et on les y laisse jusqu'à neuf ou dix heures du matin. Dans l'automne, les moutons prennent le parc un peu avant que le soleil se couche. Le berger doit avoir soin, pour la santé des animaux, et pour la régularité de la fumure, de *harrier*, ou de faire lever plusieurs fois les animaux pendant la nuit, et une demi-heure avant leur sortie, afin qu'ils se vident en changeant de place. En général, on attend que la rosée soit dissipée pour les faire sortir, parce que, sans cette précaution, la voracité avec laquelle ils se jettent sur la nourriture humide leur serait très-préjudiciable.

Avant de commencer à parquer une pièce de terre, on doit la labourer deux fois, afin de la mettre en état de recevoir les urines et la fiente des animaux. On proportionne l'étendue du parc au nombre des bêtes, à leur taille, à leur nourriture plus ou moins aqueuse, et à l'état plus ou moins amendé du sol. On se base sur ce principe qu'un mouton de taille moyenne peut fumer, pendant une nuit, une surface d'un mètre carré. Dans le pays de Bray, on estime que 100 moutons fument, en moyenne, par nuit, 1 are 60 cent., ce qui fait à peu près 1 mètre 2/3 par mouton.

Il n'est pas avantageux de parquer avec moins de 300 bêtes, ou sur un champ peu étendu, parce que les frais sont proportionnellement trop élevés. D'un autre côté, il faut éviter les parcs trop grands, car la terre est alors très-inégalement fumée, les moutons, comme on sait, se rassemblant toujours les uns contre les autres, d'un côté de l'enceinte.

On regarde un champ comme très-fortement fumé, lorsque les moutons, ayant chacun un mètre carré de surface, restent pendant deux nuits au même endroit, et comme fortement fumé, lorsqu'ils n'y restent qu'une nuit. On n'agit ainsi que sur les terrains épuisés. La fumure est moyenne lorsque pendant la nuit on donne un *coup de parc*, c'est-à-dire qu'on change une fois de place ; dans ce cas, les effets du parc se font sentir pendant deux années. La fumure est faible lorsqu'on donne deux coups de parc dans une nuit. Le résultat de cette dernière peut être évalué à environ 12 milliers de fumier par hectare.

Une fois que les moutons sont mis au parc, on ne les rentre plus dans les bergeries, quelles que soient les conditions atmosphériques. Dans les années très-humides, les animaux couchent presque continuellement dans la boue, surtout dans les terrains argileux ; il en résulte des maladies qui déciment les troupeaux, font périr les agneaux dont le tempérament n'est pas encore formé, et en tout cas, détériorent les toisons. Ce sont surtout les moutons mérinos qui souffrent du parcage.

On devrait toujours rentrer les troupeaux à la bergerie pendant les grandes pluies, et lorsque le temps reste mauvais pendant plusieurs jours. Mais, comme la plupart des bergeries ont une température trop élevée dans l'été, en raison de leur mauvaise construction, il serait plus avantageux de remiser les animaux sous des hangars construits économiquement, dans les cours de ferme ou dans le voisinage des autres bâtiments de l'exploitation. On couvrirait de litière le sol de ces hangars, ou, à défaut, de sable ou de terre sèche, renouvelée chaque jour. Des râteliers seraient attachés aux claies de ces parcs couverts. On y rentrerait encore les moutons toutes les fois que la chaleur du soleil serait trop forte. Au moyen de ces simples précautions, on élèverait plus facilement les agneaux, et la santé générale des troupeaux serait meilleure.

Presque partout les bergers, pour leur commodité personnelle, ne sortent les animaux du parc, pour les conduire pâturer, que fort tard dans la matinée, à dix ou onze heures, par exemple, et ne les ramènent, le soir, que vers huit et neuf heures. De là, deux inconvénients : les bestiaux, en se reposant dans la journée, soit le long des haies, soit auprès d'un fossé, perdent une partie de l'engrais, et, d'un autre côté, ils restent trop longtemps sans manger, puisqu'ils sont enfermés au parc pendant treize et quatorze heures. On devrait toujours forcer les bergers à faire sortir les moutons aussitôt après que la rosée est tombée, et à les ramener sous le parc couvert pendant la grande chaleur du jour.

On parque avant ou après la semaille. Dans le premier cas, on enfouit l'engrais aussi promptement que possible et par un labour superficiel. Plus il fait chaud, plus il faut hâter ce labour : il en est de même lorsque le temps tourne à la pluie, car l'engrais est facilement entraîné par les eaux.

Quand on parque après la semaille, on évite soigneusement un temps trop humide, ou une grande sécheresse, et l'on cesse lorsque la semaille lève partout. Quelquefois, mais seulement dans les sols légers, on laisse les moutons manger les feuilles du blé déjà levé, et tasser le terrain par leur piétinement, tout en l'engraissant. Cette méthode est suivie surtout pour les céréales de printemps. Dans ce cas, l'engrais reste à nu sur le sol, pendant un certain temps ; les praticiens affirment qu'il n'éprouve pas de déperdition notable, mais il doit y avoir erreur de leur part.

Voici, à cet égard, les réflexions fort justes que m'adressait, à la date du 9 janvier 1846, M. H. Barbet, alors président de la Société d'agriculture pratique de Valmont :

« D'après ce que j'ai remarqué, un grand nombre de fermiers ne préparent pas convenablement le sol sur lequel ils font parquer. Le plus ordinairement, c'est sur un terrain uni et dur qu'ils font séjourner les troupeaux, et ils ne le labourent pas ensuite assez promptement après le déplacement du parc. Il en résulte un double inconvénient. Les urines ne pénètrent que difficilement en terre, une partie s'évapore; le crottin, en se desséchant, arrive à n'être plus qu'une matière végétale presque sans effet. Il m'a paru et quelques essais ont confirmé mon opinion, que l'on éviterait cette double cause de déperdition des engrais, en hersant ou en labourant fort légèrement avant de parquer les moutons et en faisant de nouveau passer la charrue après le changement du parc, mais avec la précaution de ne pas retourner la terre assez profondément pour que ce labour puisse nuire à celui que l'on doit donner avant l'ensemencement. »

M. de Douhet dit s'être très-bien trouvé de faire répandre du plâtre en poudre le matin sur le parcage de la nuit. C'est une pratique à adopter, car elle est sanctionnée par la théorie, ce plâtre fixant très-bien l'ammoniaque produite par la fermentation des urines.

On parque également les prés, les luzernes, les sainfoins et les trèfles après la coupe : mais il faut que les prairies soient sèches, afin de ne pas exposer les animaux à la cachexie ou pourriture. Dans le Nord, on applique de préférence le parc aux plantes dont la végétation est prompte, comme le colza. D'après plusieurs cultivateurs, le parcage donné aux céréales d'hiver produit une augmentation de paille. Les pièces de terre où les troupeaux ont séjourné sont toujours plus propres que celles qui n'ont point été parquées, et elles sont débarrassées des mulots et des insectes.

Le piétinement des animaux tassant et consolidant la terre, on conçoit que le parcage convienne principalement aux terres légères. Il peut devenir nuisible aux sols argileux, surtout dans les temps humides, car ces sortes de terrains ont toujours besoin d'être ameublis plutôt que consolidés.

Dans beaucoup d'endroits, on ne peut tenir le parc pendant plus de trois à quatre mois, à cause de la suppression presque générale des jachères, ce qui rend la nourriture au dehors de plus en plus difficile. Il y a un moyen de parer à cet inconvénient, c'est de semer des fourrages : vesce mêlée de pois, bizaille et avoine, destinés à être mangés sur place par les troupeaux.

Le parcage offre l'avantage très-réel d'épargner le travail et le charroi des engrais, et cet avantage est d'autant plus grand que les champs sont plus éloignés, les chemins qui y conduisent plus difficiles. C'est ce qui fait qu'on y a surtout recours dans les contrées montueuses. On est aussi réduit à l'employer lorsqu'on manque de paille ou d'autres substances propres à servir de litière, et qu'il y a nécessité de créer le plus promptement possible, avec peu de fourrage et de litière, une masse considérable de produits; circonstances qui se présentent surtout au début d'une exploitation.

Mais, hors de ces cas, il est préférable de rentrer les troupeaux à la bergerie ou au moins sous des hangars, pendant toute l'année; la santé des animaux y gagne, et l'on évite une perte considérable d'engrais : car la quantité d'engrais fait à la bergerie, dans le même espace de temps, fume une plus grande étendue de terre, et surtout d'une manière plus durable que l'engrais du parcage des champs. C'était là l'opinion de Thaër, de Mathieu de Dombasle et de Morel-Vindé; c'est aussi la mienne.

Dans une partie de l'Auvergne, on fait parquer, pêle-mêle, les chevaux, les ânes, les bœufs, les porcs, les moutons, et on se trouve fort bien de cet usage; on devrait l'imiter dans beaucoup d'autres localités, principalement dans celles où les champs sont clos.

En Angleterre, on tient, en automne, sur les chaumes, les bœufs à l'engrais, dans des parcs où on leur donne, chaque jour, le complément de leur nourriture, comme turneps, betteraves, pommes de terre, etc., qu'on répand sur le sol. Lorsqu'ils ont consommé l'herbe du parc, on les conduit dans un autre, et on les remplace dans le premier, d'abord par des vaches, puis par des moutons, et enfin par des porcs; de sorte que rien de mangeable n'est perdu et que le terrain est engraissé autant que possible. L'avantage de cette pratique économique est très-grand sur les sols légers, et devrait déterminer à l'employer plus généralement en France.

Dans le pays de Bray (Seine-Inférieure), on fait parquer les vaches sur les herbages. Les claies, de 2 mètres de long sur $1^m,33$ de haut, sont faites avec des lattes. Elles sont employées en nombre proportionné à la quantité de vaches que l'on veut y enfermer, et leur nombre s'accroît à mesure que celui des bestiaux diminue. Ainsi dix vaches exigeront, pour être à l'aise, un parc de cinquante claies de périmètre, tandis qu'un troupeau de quarante vaches n'exigera que quatre-vingt-dix à cent claies. En moyenne, dix vaches peuvent parquer par jour 1 are 50 centiares de terrain, ce qui produit des effets très-sensibles pendant deux ans.

Ce parcage des bêtes à cornes est une excellente pratique qui améliore singulièrement les herbages en faisant disparaître peu à peu les plantes peu alimentaires, telles par exemple que la *fétuque dure* et le *nard serré*.

Il serait certainement très-utile de faire une étude approfondie des propriétés spéciales de chaque espèce de fumier, de connaître la rapidité, la mesure et la durée de leur action; de déterminer avec exactitude à quelle sorte de culture, à quelle nature de sol chacune d'elles doit être préférablement appliquée.

Ce qui a retardé jusqu'ici l'acquisition de ces connaissances, c'est l'usage où l'on est, dans la plupart des fermes, dans celles surtout où les bêtes à cornes prédominent, de jeter pêle-mêle tous les fumiers dans une même fosse ou sur un même tas, parce qu'on a reconnu que ce mélange est un moyen certain d'obtenir le meilleur engrais possible, chaque espèce recevant, alors, des autres, les qualités qui lui manquent pour former un composé propre à tous les terrains (1).

(1) « Plusieurs conseillent de ne mesler les fumiers; ains les ranger à part par espèces séparées, et après les employer selon leurs propriétés. Cela se fait aisément de ceux du colombier, du poulailler, de la bergerie, mais des autres, la chose ne se peut accommoder, pour la

Cette pratique est bonne dans les pays de plaines, où les terres arables sont toutes assises à peu près sur un même sol et ne présentent que des variations insignifiantes; mais dans les vallées, où le sol diffère, pour ainsi dire, à chaque pas; mais dans les grandes exploitations, où l'on se livre nécessairement à certaines cultures industrielles, on devrait peut-être ne pas opérer le mélange des différents excréments, et appliquer à chaque nature de terre l'espèce qui lui convient le mieux : la fiente de porc, la bouse de vache et de bœuf, aux sols secs, sableux et chauds; les crottins de cheval et de mouton, aux sols froids et humides.

Les excréments du bétail sont un mélange de bile, de sécrétions intestinales, de matières organiques non digestibles, de substances nutritives échappées à la digestion, d'eau en très-forte proportion. Voici, d'après mes analyses, ce qu'ils contiennent, sur 100 parties, en poids :

	Vache.	Cheval.	Porc.	Mouton.
Eau.	79,724	78,36	75,00	68,71
Matières organiques.	16,046	19,10	20,15	23,16
Matières minérales, salines ou autres.	4,230	2,54	4,85	8,13
	100,000	100,00	100,00	100,00

difficulté de telle distinction ; parce qu'estant tout l'autre bétail presque logé ensemble en estables contigües, leurs fumiers se meslent ès lieux où des estables sont portés reposer. Aussi telle pénible curiosité n'est nullement nécessaire, voire plutôt nuisible, d'autant que bons ne peuvent faillir d'être les fumiers de diverses sortes de bêtes, unis et assaisonnés en un corps, les uns faisans valoir les autres; ce qu'on ne peut dire de séparés, dont s'en treuvent de peu de valeur. »

Olivier de Serres.

Les matières salines consistent en sulfates, phosphates, carbonates et chlorures alcalins et terreux, c'est-à-dire à bases de potasse, de soude, de chaux et de magnésie.

M. Boussingault a trouvé dans les excréments d'une vache laitière nourrie avec du foin et des pommes de terre :

Bile, albumine, mucus (1)...................	20,0
Phosphates et substances minérales.............	16,9
Ligneux, aliments non digérés.................	103,7
Eau..	859,4
	1000,0

La bile, l'albumine et plusieurs des matières salines étant en dissolution, on peut calculer que la partie liquide de la bouse de vache forme près des 960/1000es.

MM. Boussingault et Payen fixent ainsi qu'il suit la richesse en azote et en acide phosphorique des excréments en question, et par suite leurs *équivalents*, c'est-à-dire les nombres qui expriment les rapports en poids dans lesquels ces engrais peuvent être substitués l'un à l'autre, de manière à produire le même effet fertilisant que 100 parties de bon fumier de ferme.

---

(1) Ces matières sont riches en azote, puisque le mucus en contient 8,5 pour 100, la bile, 14,7 et l'albumine 15,6 pour 100.

	Azote sur 100 de la matière à l'état normal ou non desséchée.	Acide phosphorique sur 100 de la matière à l'état normal.	Équivalents d'après l'azote rapportés à 100 de fumier contenant 0,587 d'azote.	Nombre de kilog. pour remplacer 30000 kil. de fumier dans la fumure d'un hectare.
Excréments solides de vache..	0,32	0,74	183,4	55020
— mixtes de vache (1)	0,41	0,55	143,0	42900
— solides de cheval.	0,55	1,22	106,7	32010
— mixtes de cheval..	0,74	1,12	79,2	23760
— solides de porc...	0,70	3,87	83,8	25140
— mixtes de porc...	0,37	3,44	158,6	47580
— solides de mouton.	0,72	1,52	81,4	24420
— mixtes de mouton.	0,91	1,32	64,4	19120

On voit, par ces chiffres, combien la valeur des divers excréments est différente. Les données scientifiques s'accordent parfaitement avec les résultats pratiques.

§ 3. — Urines des animaux.

Les urines des animaux doivent être considérées comme l'une des parties les plus actives des fumiers, et ce n'est pas sans regret qu'on voit le peu de soin que l'on met, en France, à recueillir cet engrais si précieux.

L'activité prodigieuse qu'elles communiquent à la végétation, lorsqu'elles sont employées convenablement, est due tout à la fois aux substances salines dont elles sont très-

(1) Urine et fiente réunies.

chargées, et aussi à des matières azotées assez abondantes. Ces dernières fournissent, par leur décomposition rapide, une forte proportion de carbonate d'ammoniaque, immédiatement assimilable.

Du reste, la composition chimique de ces liquides varie, non-seulement autant que les espèces animales, mais encore, dans chaque espèce, suivant l'état de santé, le genre de nourriture, le séjour plus ou moins long dans l'intérieur du corps, etc. Le tableau suivant montre les différences que l'analyse a dévoilées dans l'urine des principaux animaux :

	Cheval.	Bœuf.	Vache.	Veau.	Mouton.	Chèvre.	Porc.
Eau............	91,076	91,756	92,132	99,380	96,00	98,203	97,880
Matières organiques........	4,831	5,548	4,198	0,236	2,80	0,877	0,524
Matières minérales........	4,093	2,696	3,670	0,384	1,20	0,920	1,596
	100,000	100,000	100,000	100,000	100,000	100,000	100,000

Les matières organiques se composent de mucus de la vessie, de matières indéterminées, d'acides organiques (urique, lactique, hippurique), et, surtout, d'un principe cristallisable, très-riche en azote, spécialement propre à l'urine, et que les chimistes désignent par le nom d'*urée*.

Les matières minérales consistent en sulfates, carbonates et lactates de potasse et de soude, chlorure de sodium, lactate et chlorhydrate d'ammoniaque, carbonates de chaux et de magnésie, silice, avec traces de fer et de manganèse. Il n'y a pas de phosphates, si ce n'est dans l'urine du porc.

D'après le tableau précédent, les urines peuvent être

classées ainsi qu'il suit, d'après leur plus grande richesse :

En matières solides.	En matières organiques.	En matières minérales.
Urine de cheval,	Urine de bœuf.	Urine de cheval.
— de bœuf,	— de cheval,	— de vache,
— de vache,	— de vache,	— de bœuf,
— de mouton,	— de mouton,	— de porc,
— de porc,	— de chèvre,	— de mouton,
— de chèvre,	— de porc,	— de chèvre,
— de veau.	— de veau.	— de veau.

Sous les rapports de l'azote et de l'acide phosphorique, les urines présentent les différences suivantes ; j'ai mis en regard leurs équivalents :

	Azote sur 100.	Acide phosphorique sur 100.	Équivalents.	Nombre de kil. pour la fumure de 1 hectare.
Urine d'un cheval buvant très-peu...............	2,61	»	15,30	4590
Urine d'un autre, nourri au foin et à l'avoine........	1,55	»	25,80	7740
Urine d'un autre, nourri au trèfle vert et à l'avoine....	1,48	»	27,10	8130
Urine de mouton............	1,31	0,03	30,53	9159
Urine d'une vache nourrie avec du regain et des pommes de terre.............	0,965	»	41,45	13035
Urine d'une vache laitière...	0,44	»	90,90	27270
Urine d'un porc nourri de pommes de terre un peu salées...................	0,229	2,09	174,67	52401

On voit que le genre d'alimentation influe considérablement sur la nature des urines du même animal. Les animaux nourris avec des fourrages secs donnent moins d'urines que ceux qui broutent des herbes fraîches, mais les urines des premiers sont plus riches en sels et en principes azotés que celles des derniers. L'urine rendue immédiatement après les repas est moins animalisée que celle du matin; dans tous les cas, elle a une réaction légèrement alcaline, due à la présence du bicarbonate de potasse.

M. Boussingault donne ainsi qu'il suit la composition immédiate des urines de vache et de cheval :

	Urine d'une vache nourrie avec du foin et des pommes de terre.	Urine d'un cheval nourri avec du trèfle vert et de l'avoine.
Urée (contenant 17,5 p. 100 d'azote).	18,5	31,0
Bicarbonate de potasse	16,1	15,5
Autres sels alcalins et terreux	44,1	41,7
Eau	921,5	911,8
	1000,0	1000,0

Généralement les étables et les écuries sont si mal disposées, qu'on perd la plus grande partie des urines rendues par les animaux, et qu'on ne met à profit que celles qui imprègnent les excréments solides et la litière. Si l'on réfléchit cependant que :

Chaque vache donne 8$^{kil.}$,200 d'urine par jour, soit près de 3000 kil. par an, c'est-à-dire de quoi fumer 24 ares de terrain;

Un cheval émet 1$^{kil.}$,500 d'urine par jour, soit 547 kilogr. par an, c'est-à-dire de quoi engraisser 7 ares;

On pourra se faire une idée des pertes énormes que notre production agricole éprouve annuellement par l'incurie des cultivateurs!

Il est cependant certaines parties de la France où l'on recueille avec soin cet engrais précieux ; ainsi presque toutes les fermes, dans le département du Nord, sont pourvues de citernes, réservoirs ou *pissotières*, construits ordinairement sous les étables et les écuries pavées et en pente, et dans lesquels viennent se rendre les urines qui n'ont point été absorbées par la litière; après un séjour plus ou moins long dans ces réservoirs, on les répand sur les champs, sous forme d'arrosement.

En Suisse, on opère de même.

Partout où l'on ne produit pas assez de paille, et où, par conséquent, on n'a pas assez de litière pour faire absorber toutes les urines, ainsi que cela se pratique en Belgique, la méthode de la Flandre française et de la Suisse devrait être adoptée, car elle donne les moyens de multiplier économiquement les produits des prairies naturelles et artificielles.

Dans le Palatinat, où les urines sont recueillies à part, on a constaté qu'elles forment de 7 à 11 pour 100 du fumier fait dans les fermes.

Dans tous les pays où on les emploie directement, on les laisse fermenter pendant quelques mois avant d'en faire usage et l'on regarde cette précaution comme fort importante, afin, dit-on, qu'elles perdent tous leurs principes corrosifs. Sir H. Davy a émis une opinion entièrement opposée, et je suis de son avis, car la plus grande partie de la matière animale soluble disparaît par la putréfaction, et l'action fertilisante du liquide en est fortement affaiblie.

En effet, l'*urée*, le principe essentiel de l'urine, se convertit assez rapidement en carbonate d'ammoniaque, sel excessivement volatil; aussi, lorsqu'on porte l'urine putréfiée ou *pourrie* sur les terres, ce carbonate alcalin se vaporise dans l'air, et l'on perd par là presque la moitié du poids de l'urine. Il faut songer que chaque kilogramme d'ammoniaque qui se dissipe sans être utilisé équivaut à une perte de 60 kilogr. de blé, et qu'avec chaque kilogr. d'urine fraîche on peut gagner 1 kilogr. de froment.

Pour s'opposer à cette dispersion du carbonate d'ammoniaque, on a conseillé d'ajouter aux urines pourries du plâtre en poudre fine, ou de la couperose verte (*sulfate de fer*), ou du sel de Glauber (*sulfate de soude*), ou des acides à bas prix dans le commerce, tels que les acides sulfurique (*huile de vitriol*) et chlorhydrique (*esprit de sel*).

Il est certain que, par ces additions, on convertit tout le carbonate d'ammoniaque en sulfate ou chlorhydrate, qui n'est plus susceptible de se volatiliser; mais, ainsi que l'a fait observer M. Boussingault, on détruit en même temps le bicarbonate de potasse des urines, en le changeant en sulfate de potasse ou chlorure de potassium; or, d'après ce savant chimiste agronome, le bicarbonate de potasse serait un des auxiliaires les plus énergiques de la végétation, sa valeur commerciale serait tout aussi grande que celle du carbonate d'ammoniaque, tandis que le sulfate de potasse et le chlorure de potassium seraient à peu près inertes ou moins facilement assimilables que le sel ammoniacal. Ce dernier point n'est pas complétement éclairci, et la pratique a confirmé les bons effets de l'addition des acides ou de la couperose aux urines devenues ammoniacales.

Ce qui vaut mieux, toutefois, c'est d'employer les urines de préférence pendant qu'elles sont fraîches, autant que faire se pourra. Mais alors il convient de les étendre de quatre fois leur volume d'eau, pour qu'elles n'agissent pas avec trop de force et ne brûlent pas les plantes. Cela devient inutile, si on les mélange avec des matières solides, si on les fait entrer dans la formation des *composts*, ou si on les répand sur les terres en jachère.

On pourrait, dans tous les cas, ajouter aux urines *fraîches*, quelques centièmes de chaux éteinte, puisque, comme l'a reconnu Payen, cette base alcaline prévient toute fermentation préalable et s'oppose énergiquement à la production des sels ammoniacaux. Cette action antiseptique remarquable s'exerce jusqu'au moment où le mélange, étant répandu sur le sol, absorbe l'acide carbonique de l'air; alors celui-ci s'empare de la chaux pour la convertir en carbonate, et ce dernier devient aussitôt un agent énergique de la transformation des matières azotées en carbonate d'ammoniaque assimilable par les plantes (1). Mais il est bien entendu que cette addition de chaux doit cesser dès que les urines sont devenues ammoniacales puisqu'on en ferait dissiper l'alcali volatil.

Employées avant les ensemencements, les urines pénètrent dans le sol qui, par sa porosité, retient assez bien les produits ammoniacaux volatils. Il est à observer, toutefois, qu'elles conviennent moins aux céréales qu'aux autres récoltes, parce que les premières sont sujettes à verser. Pour les pommes de terre, on les répand après la plantation, et quelquefois seulement avant le buttage. Pour les prairies artificielles, si l'on alterne cet engrais avec du plâtre, on obtient des récoltes magnifiques, même dans les sables les plus stériles.

C'est surtout pour les sols très-légers, sablonneux ou calcaires, qu'il faut réserver les urines. Les effets en sont

---

(1) *Effets de la chaux sur les urines*, par Payen (*Journal d'Agriculture pratique*, 3ᵉ série, t. VII, p. 265 et 377, année 1853).

très-rapides, mais beaucoup moins durables que ceux produits par le fumier.

Toujours est-il que les cultivateurs feront bien de paver le sol de leurs étables et écuries, et de lui donner une légère inclinaison pour que les urines non absorbées par la litière puissent se rendre par une rigole dans un citerneau placé en contre-bas en dehors des bâtiments. Ils pourront ensuite les utiliser pour arroser, soit les tas de fumier, soit les prairies naturelles et artificielles au printemps.

M. Daudray, habile cultivateur des environs de Dunkerque, qui sait bien à quoi s'en tenir sur l'importance des urines, achète pour 100 francs celles que rendent douze vaches pendant cinq mois et demi, et, pour la même somme, le purin de toute l'année d'une autre vacherie de huit bêtes.

§ 4. — Excréments de l'homme.

Les excréments de l'homme qu'on connaît sous le nom de *gadoue*, quand ils sont mous ou liquides, et sous celui de *poudrette*, quand ils sont desséchés ou pulvérulents, constituent un engrais très-actif.

L'importance qu'on y attache en Chine, en Flandre, à Nice, à Lyon, à Grenoble, etc., partout enfin où l'agriculture est avancée, est justifiée, parce que, d'une part, c'est l'engrais qu'on peut se procurer avec le plus d'économie, et d'autre part, parce que sa composition fort complexe permet de l'appliquer, à peu d'exceptions près, à tous les sols et à toutes les cultures.

L'efficacité de ces résidus de la digestion provient de ce

que, sous une forme concentrée et dans un état de division infinie, ils renferment toutes les substances organiques et salines dont les plantes ont besoin pour se développer. Les enfouir en terre comme engrais, c'est donc restituer à celle-ci tous les matériaux qui lui ont été enlevés par les récoltes antérieures, et qui ont ensuite passé dans le corps des individus qui se sont nourris de ces récoltes.

Pour vous prouver la valeur comme engrais des matières fécales et des urines de l'homme, qu'on néglige presque partout, laissez-moi vous citer les résultats si concluants des expériences de deux agronomes allemands. D'après Hermstaed et Schubler, un sol qui reproduit, sans aucun engrais, trois fois la semence qui lui a été confiée, donne, pour une superficie égale, lorsqu'il est fumé avec :

Des engrais végétaux..........................	5	fois la semence.
Du fumier d'étable............................	7	—
De la colombine..............................	9	—
Du fumier de cheval..........................	10	—
De l'urine humaine...........................	12	—
Des excréments humains solides................	14	—

MM. Boussingault et Liebig ont constaté que chaque individu produit, en moyenne et par jour, 750 grammes d'excréments, à savoir : 625 grammes d'urine et 125 grammes de matière fécale, dosant ensemble 3 pour 100 d'azote (1).

(1) Ces chiffres sont loin de représenter la *production physiologique* des excréments, qui est, d'après M. Boussingault, de 1300 grammes en 24 heures à savoir, : 1200 grammes d'urine et 100 grammes de matières solides. Dans les circonstances habituelles de la vie, une grande partie de l'urine ne va pas à la fosse d'aisance. M. Boussingault a voulu se rendre compte des déjections émises pendant une évacuation, en pe-

EXCRÉMENTS DE L'HOMME.

Cela fait, au bout de l'année, 274 kilog. d'un engrais excessivement riche, suffisant pour fournir d'azote 400 kil. de blé, ou représentant la fumure annuelle de 20 ares de terre.

La population de la France est de 36 millions d'habitants; en la réduisant à 20 millions à cause des enfants, des malades et des pertes inévitables d'engrais, on trouve que 20 millions d'habitants donneraient 20 millions de fois 274 kil. d'engrais ou 5480000000 kilog. avec lesquels on obtiendrait 20 millions de fois 400 kil. de blé ou 8000000000 kilog. — L'hectolitre pesant 75 kilog., on aurait $\frac{8000\,000\,000}{75}$, ou 106666666 hectolitres; c'est-à-dire plus de 10 fois le déficit ordinaire des récoltes de céréales en France.

On a calculé qu'on perd, en France, pour plus de 4 milliards d'engrais, environ deux fois la valeur du budget, qui n'est pas mince. Supposez qu'au lieu de les perdre, on les utilise, et envisagez l'accroissement de fécondité qu'en retirerait le sol!

N'est-il pas déplorable de constater qu'en présence d'un pareil gaspillage de forces productives, notre agriculture ne peut pas produire assez pour donner du pain à nos 36 millions d'habitants!

« Si, comme Schattenmann le faisait remarquer avec juste raison, on utilisait tous les excréments humains, les cendres de bois, la tourbe, les matières végétales et animales qui

---

sant un certain nombre de personnes à l'entrée et à la sortie des latrines. En moyenne, il a trouvé pour des hommes en bonne santé, 334 grammes par individu, un peu plus du quart de ce qu'il appelle la *production physiologique* (*Enquête agricole* de 1864, t. I, p. 605).

abondent, on pourrait se passer, sinon entièrement, du moins en grande partie, du fumier des bestiaux. Ce résultat, qui rendrait libres les combinaisons de l'agriculture, serait fort important, car il résoudrait l'une des questions les plus difficiles, en dispensant le cultivateur de l'entretien d'un bétail nombreux dans les localités où les fourrages sont rares et où les terres peuvent être employées plus utilement à produire les aliments nécessaires à une population agglomérée. »

« Ce qu'on perd faute de soins, disait de son côté maître Jacques Bujault, à propos des matières fécales, ce qu'on manque de gagner faute de savoir, est incalculable. »

L'agriculture chinoise pose en principe que tout individu produit en excréments de quoi reconstituer sa nourriture : « Je crois qu'elle a raison », dit M. Boussingault, et il ajoute : « En supposant un certain nombre d'hommes, sur un espace donné, ils doivent pouvoir reproduire leurs aliments en fumant cet espace de terre avec leurs excréments ». (1)

Il y a donc nécessité, vous le voyez, de propager dans toute la France les bonnes pratiques qui sont restées jusqu'ici circonscrites dans un trop petit nombre de localités, et notamment l'emploi comme engrais des excréments humains, qui pourraient si facilement suppléer à l'insuffisance du fumier des bestiaux, accroître dans une proportion considérable la force productive du sol, et qui ne seraient plus une cause permanente d'insalubrité dans tous nos grands centres de population.

(1) *Enquête sur les engrais industriels*, de 1864, t. I, p. 617.

EXCRÉMENTS DE L'HOMME.

Examinons maintenant avec soin la composition de ces matières, solides et liquides.

D'après Berzélius, 100 parties d'excréments humains, d'une consistance ferme, contiennent :

Eau..		73,3
Matières solubles dans l'eau. { Bile........................ 0,9 Albumine................... 0,9 Matière extractive particulière. 2,7 Sels........................ 1,2 }		5,7
Résidu insoluble des aliments digérés (débris organiques)...........		7,0
Matières insolubles qui s'ajoutent dans le canal intestinal, telles que mucus, résine biliaire, graisse, matière animale particulière, etc...		14,0
		100,0

Les sels avaient pour composition :

Carbonate de soude...................................	29,4
Chlorure de sodium...................................	23,5
Sulfate de soude......................................	11,8
Phosphate ammoniaco-magnésien.......................	11,8
— de chaux.......................................	23,5
Silice, sulfate de chaux................................	traces.
	100,0

M. Barral a trouvé, pour la composition de la matière fécale fraîche, comme moyenne de quatre séries d'observations faites sur trois personnes différentes, deux hommes et une femme :

Eau..	77,0
Matières organiques...................................	19,0
— minérales.....................................	4,0
	100,0

On s'est livré, dans le laboratoire de Giessen, sous l'inspiration de Liebig, à une étude comparative des cendres des aliments de l'homme et de ses excréments mixtes. Voici les résultats de cette comparaison :

	Dans les aliments.	Dans les excréments.
Potasse	39,75	26,69
Soude	3,69	5,53
Chaux	2,41	12,48
Magnésie	7,42	6,66
Oxyde de fer	0,79	0,97
Acide phosphorique	42,52	35,62
— sulfurique	1,86	9,05
— carbonique	1,12	2,97
Silice	0,44	»

Vous voyez qu'il y a d'assez grandes différences pour la potasse, pour la chaux, pour l'acide sulfurique. Peut-être quelques-unes tiennent-elles à l'influence des boissons, dont les matières salines n'ont pas été comptées dans les expériences précédentes.

Il est certain, du reste, que la qualité des matières fécales comme engrais, que les proportions relatives de leurs divers principes organiques et salins dépendent beaucoup de la nature et de l'abondance des aliments consommés par les individus qui les ont rendus, comme aussi de l'état de santé de ceux-ci. D'Arcet rapporte à ce sujet un fait curieux ; le voici :

Un agriculteur des environs de Paris avait acheté, pour les appliquer à ses cultures, les matières des latrines d'un des restaurateurs les plus en vogue du Palais-Royal. Encouragé par le succès qu'il obtint de l'emploi de cet engrais et voulant en étendre l'application, il se rendit adjudicataire des vidanges de plusieurs casernes de Paris. Mais l'engrais provenant de celles-ci produisit un effet infiniment moindre que le premier. La raison de cette singularité est toute simple : les repas des soldats ne sont pas aussi succulents, à beaucoup près, que ceux que l'on fait au Palais-Royal.

Aux environs de Lille, les cultivateurs ont remarqué, depuis longtemps, que les excréments des pauvres ne valent pas, comme engrais, ceux des riches, ce qui ne peut évidemment provenir encore que de la nature des aliments.

Les mêmes différences dans la composition se présentent avec les urines de l'homme.

Dans l'état normal, ces urines fraîchement rendues, renferment, d'après Berzelius :

Eau.	93,30
Urée.	3,01
Acide urique.	0,10
Matières animales indéterminées.	1,71
Acide lactique et lactate d'ammoniaque.	
Mucus de la vessie.	0,03
Sulfate de potasse.	0,37
— de soude.	0,32
Phosphate de soude.	0,29
— d'ammoniaque.	0,17
— de chaux et de magnésie.	0,10
Chlorure de sodium.	0,45
Chlorhydrate d'ammoniaque.	0,15
Silice.	traces.
	100,00

ou, en termes plus simples :

Eau.	93,3
Matières organiques très-riches en azote.	4,9
— minérales.	1,8
	100,0

Les phosphates de chaux et de magnésie, sels insolubles, sont tenus en dissolution par l'acide qui se trouve dans l'urine à l'état de liberté ; aussi, quand cet acide est saturé par l'ammoniaque, développée lors de la putréfaction, ces phosphates, plus le phosphate ammoniaco-magnésien qui s'est formé à ce moment, se déposent en un sédiment plus ou moins abondant.

Comme les substances azotées de l'urine finissent par se transformer en ammoniaque, agent si actif des engrais, il est utile de rapporter ici quelques déterminations d'azote faites par M. Boussingault sur des urines rendues le matin :

Origine.	Caractères.	Azote sur 100.
Homme de 46 ans.	Acide.	1,84
Idem.	Idem.	1,57
Homme de 24 ans.	Idem.	1,02
Idem.	Idem.	1,02
Enfant de 8 ans.	Légèrement acide.	0,70
Idem.	Idem.	0,45
Enfant de 8 mois.	Très-peu acide.	0,16
Idem.	Idem.	0,15
Homme de 35 ans, graveleux.	Neutre.	0,50
Femme diabétique.	Idem.	1,00

D'après les analyses de divers chimistes, l'azote serait dans le rapport suivant :

Dans l'urine normale du matin............................	1,45
— des pissoirs publics........................	0,72
Dans les excréments solides seuls........................	0,40
— réunis aux urines du même individu.....	1,33

L'urine de l'homme est bientôt, comme celle des bestiaux, envahie par la fermentation ammoniacale ; mais comme elle ne contient pas de bicarbonate de potasse, si abondant dans cette dernière, on n'a pas à craindre d'en diminuer la valeur, comme engrais, en la neutralisant par les substances salines ou acides dont j'ai parlé précédemment. Il est donc convenable d'ajouter à chaque hectolitre d'urine fraîche :

40 à 50 gr de plâtre en poudre très-fine,
ou 40 à 50 gr. de sulfate de soude,
ou 35 à 40 gr. de couperose verte,
ou 35 à 40 gr. de sulfates bruts de zinc et de magnésie,
ou 30 à 40 gr. d'acide chlorhydrique,
ou 12 à 15 gr. d'acide sulfurique.

Après l'addition de la substance qu'on choisit, on agite avec un bâton; pour le plâtre, seulement, on réitère plusieurs fois cette manœuvre, attendu qu'en raison de son peu de solubilité il tend à se déposer; mais en moins de 24 heures il est totalement dissous.

Il vaut mieux employer les sels que les acides, qui sont corrosifs et dangereux à manier. Le mélange des sulfates bruts de zinc et de magnésie est l'une des substances les plus efficaces; il offre, en outre, l'avantage de ne pas rougir les urinoirs publics comme la couperose verte, à laquelle on avait d'abord songé.

Ainsi traitées, les urines se conservent très-bien sans perte d'ammoniaque, et on peut les garder aussi longtemps que cela est nécessaire dans les réservoirs; toutefois, à mesure qu'il en arrive de nouvelles, il est convenable d'ajouter une nouvelle dose proportionnelle de la substance désinfectante et conservatrice.

Dans toutes les villes bien administrées on devrait établir des urinoirs publics au-dessus de réservoirs souterrains étanches qui, grâce à l'emploi des sels bruts de zinc et de magnésie, n'exhaleraient aucune odeur désagréable. Ils fourniraient ainsi périodiquement des quantités considérables d'engrais, dont les municipalités pourraient retirer un notable revenu, tout en rendant service et à l'agriculture et à l'hygiène publique. N'est-il pas déplorable de voir partout vider dans les égouts ou conduire dans les rivières le produit journalier des urinoirs publics et dépenser des sommes d'argent encore assez fortes pour un service généralement mal fait?

Lorsque la question de transport vient faire obstacle à ce qu'on tire parti des grandes masses d'urine que peuvent fournir les ateliers, les prisons, les hôpitaux, les colléges, il y a un moyen de les transformer en un engrais très-efficace, sous une forme qui en facilite le transport : c'est, ainsi que M. Stenhouse l'a conseillé le premier, d'ajouter, dans l'urine fraîche, un lait de chaux, tant qu'il s'y forme un précipité. Le dépôt, mis à égoutter et à dessécher, est ainsi composé, d'après MM. Moride et Bobierre :

Chaux..	40,96
Magnésie...	1,32
Acide phosphorique..............................	40,18
Matière organique (dosant 2 pour 100 d'azote) et eau.....	17,54
	100,00

M. Boussingault a proposé, il y a quelques années, un autre moyen de recueillir à la fois les phosphates de l'urine et une grande partie de l'ammoniaque qui se développe pendant sa putréfaction. C'est d'y verser une dissolution de chlorure de magnésium, en agitant. Au bout de quatre ou cinq jours, l'urine devient laiteuse, et, à partir de ce moment, le dépôt de phosphate ammoniaco-magnésien augmente rapidement; il est terminé au bout d'un mois au plus. On fait écouler la partie liquide, et on recueille le dépôt, qu'on fait sécher à l'air ou au soleil. Ce dépôt, qui s'élève à environ 7 pour 1000 du poids de l'urine ainsi traitée, est un des engrais les plus puissants pour les céréales et autres cultures, puisqu'il renferme les deux principes les plus utiles à la végétation : l'acide phosphorique et l'ammoniaque.

Ces procédés ne peuvent offrir d'utilité dans les établissements placés dans le voisinage d'exploitations agricoles, car il tombe sous le sens que, lorsque la difficulté de transport ne se présente pas, ce qu'il y a de mieux, quand on dispose d'une grande masse d'urine, c'est de l'employer directement, sans préparation aucune. La seule chose à faire, c'est d'y ajouter un peu de sels bruts de zinc et de magnésie pour s'opposer à la dispersion des vapeurs ammoniacales, et encore, ainsi que le fait observer M. Boussingault, ne faut-il pas exagérer cette déperdition qu'éprouverait l'urine putréfiée avant d'être absorbée par le sol, car elle est peu importante à cause de la grande quantité d'eau que comporte la matière.

Je vous l'ai déjà dit, les déjections humaines sont utilisées par l'agriculture sous deux formes :

1° A l'état frais, c'est-à-dire telles qu'on les trouve dans les fosses des maisons particulières ;

2° Après une dessiccation préalable.

Dans le premier cas, elles prennent le nom spécial *d'engrais flamand;* dans le second, celui de *poudrette.* J'examinerai successivement ces deux méthodes.

A. **Engrais flamand**. — En Chine, en Toscane, en Hollande, en Belgique, dans le Palatinat, en Alsace, à Lyon, à Grenoble, à Vienne en Dauphiné, dans la banlieue de Brest, à Nice et à Grasse dans les Alpes Maritimes, dans le nord de la France, c'est presque toujours à l'état frais qu'on emploie les matières fécales. Mais c'est surtout aux environs de Lille et de Grenoble qu'on sait le mieux tirer parti de ces matières, qu'on désigne sous les noms de *Courtegraisse*, de *vidanges*, de *gadoue*, de *tonneaux*, et partout ailleurs sous celui plus convenable d'*engrais flamand*.

Dans tout l'arrondissement de Lille et dans la ville même, les fosses d'aisance de chaque maison sont citernées avec soin, de manière à prévenir l'infiltration des urines et à maintenir les vidanges dans un état de fluidité complète.

Chaque cultivateur possède, près de sa ferme ou sur le bord de son champ le plus voisin de la route, une ou plusieurs citernes ou caves en briques (fig. 6), ou bien des fosses creusées dans un sol argileux et recouvertes de planches. Ces caves ou fosses contiennent moyennement de 600 à 700 tonneaux; les plus grandes vont jusqu'à 1100 et 1200, et, comme le tonneau représente environ 2 hectolitres, il s'ensuit qu'elles peuvent renfermer 2 400 hectolitres ou 240 mètres cubes de matières. Chaque cave présente deux ouvertures, l'une vers le milieu de la voûte A, l'autre sur l'une des parties latérales, celle du nord; la première sert à introduire et à enlever les substances; elle se ferme par un volet épais, en chêne, por-

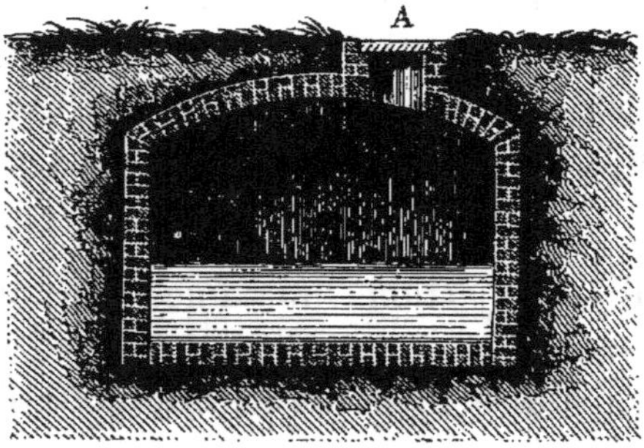

Fig. 6. — Citerne à engrais flamand.

tant cadenas ; la seconde, plus petite, est destinée à donner accès à l'air.

Toutes les fois que les travaux de la ferme le permettent, le cultivateur envoie à la ville ses *Beignots* (espèce de chariot particulier au département du Nord) chargés de tonneaux, pour en rapporter des vidanges (fig. 7). A mesure

Fig. 7. — Beignots pour le transport de l'engrais flamand.

que les voitures arrivent, on vide les tonneaux dans les caves et l'on attend que la fermentation se soit manifestée, avant d'employer l'engrais. On ne vide jamais entièrement les caves ; on y introduit de nouvelles matières à mesure qu'on en tire pour le service. La fermentation leur donne plutôt de la viscosité que de la liquidité.

Si les matières sont trop liquides, ou en trop faible quantité pour les besoins, les cultivateurs jettent dans leurs citernes des tourteaux de colza, d'œillette ou de caméline réduits en poudre grossière, et ils remuent, de temps en temps, le mélange à l'aide de grandes perches. Ces tourteaux, contenant des principes azotés, sont très-propres par eux-mêmes à servir d'engrais ; ils s'imprègnent d'ailleurs fortement du liquide des fosses, et cèdent peu à peu les produits de leur décomposition aux plantes sur lesquelles on les verse.

Lorsque la *courte-graisse* est trop épaisse, on la délaye avec de l'eau, ou avec des urines de bestiaux.

On reconnaît la qualité de l'engrais flamand à son odeur, à sa viscosité au moment de l'extraction des fosses, à sa saveur piquante et salée.

A Lille, où les *vidanges* forment le profit des domestiques, ceux-ci cherchent à en multiplier le volume, attendu que chaque hectolitre leur est payé 30 à 40 centimes, selon la demande; ils y introduisent donc le plus d'eaux ménagères qu'ils peuvent. La fraude est telle, que les cultivateurs commencent à adopter l'usage du *densimètre*. Cela vaut mieux, sous tous les rapports, que de recourir à la dégustation.

L'engrais flamand, tel qu'il se trouve dans les citernes des cultivateurs des environs de Lille, marque de 1 à 3 degrés à l'aréomètre de Baumé. Or il est constant que les matières excrémentitielles des latrines, sans aucune addition, marquent, en moyenne, $4°,5$ au même aréomètre, ce qui correspond à une densité de 1 032. Il en résulte donc que le produit des vidanges des fosses de la ville contient une forte proportion d'eau ajoutée qui affaiblit singulièrement son pouvoir fertilisant (1).

Il résulte des expériences de M. Corenwinder et des

---

(1) A Lyon, où les Compagnies chargées de la vidange des fosses sont obligées par arrêté municipal à opérer la désinfection des matières avant leur enlèvement, le titre aréométrique est entre 1 et $2°$: il atteint rarement $3°$. On emploie de 4 à 5 kil. de couperose par mètre cube de matières, qu'on vend 1 fr. 50. A Grenoble où l'on désinfecte comme à Lyon, le mètre cube revient à 5 francs, en y comprenant l'extraction et le transport dans un rayon de 5 à 6 kilomètres. A Paris, outre la couperose on se sert de goudron ou de résidus de chlorure de manganèse.

traditions de la pratique agricole que l'on peut attribuer approximativement à 10 hectolitres d'engrais flamand, pesant 4 degrés à l'aréomètre de Baumé, une valeur comparable à celle de 100 kil. de tourteaux de colza (1). Les cultivateurs prennent de préférence les tourteaux comme terme de comparaison, parce que ceux-ci sont moins variables dans leur composition que le fumier de ferme.

Les analyses suivantes, que j'ai faites en 1860 (2), montrent qu'il n'est pas indifférent d'employer toute espèce de *vidanges*, sans modifier les dosages habituels qu'on suit, puisque la richesse de l'engrais flamand en principes fertilisants peut varier dans des limites très-étendues, suivant que les fosses ont reçu plus ou moins de liquides étrangers, ce qui n'est que trop fréquent :

Le n° 1 est de l'engrais pur, c'est-à-dire un mélange d'urine et d'excréments solides, sans aucune eau étrangère, pris dans une fosse particulière de Quesnoy-sur-Deûle. Il était épais, de couleur verdâtre, d'une odeur caractéristique ; il bleuissait fortement le papier rouge de tournesol ; sa densité était de 1031.

Le n° 2, provenant d'une maison bourgeoise de Lille, avait dû recevoir 12 à 15 pour 100 d'eau ; il était plus fluide que le précédent, trouble et de couleur brune ; il était très-alcalin au papier ; sa densité était de 1017,5.

Le n° 3, extrait d'une fosse d'une grande fabrique des environs de Lille, était tel qu'on le vend aux cultivateurs. La fosse reçoit de l'eau en assez fortes proportions par voie d'infiltration. Il était très-fluide, trouble, d'une couleur brune, avec réaction alcaline ; sa densité n'était que de 1007.

(1) Corenwinder, *Rapport sur l'emploi de l'engrais flamand en agriculture dans l'arrondissement de Lille*, et *Considérations sur l'emploi de l'engrais flamand* (Archives de l'Agriculture du nord de la France, 1860, 2e série, t. IV, p. 292, et Journal d'Agriculture pratique, 1860, t. I, p. 151 ; 1861, t. II, p. 311).

(2) *Analyse de l'engrais flamand*, par M. J. Girardin (Archives de l'Agriculture du nord de la France, 8e année, 1860, 2e série, t. IV, p. 535, et Journal d'Agriculture pratique, 1861, t. I, p. 13).

DE LA NATURE DES EXCRÉMENTS DES ANIMAUX.

Voici la composition de ces échantillons, par litre :

	I.	II.	III.
Eau.	980,37	998,63	996,450
Matières organiques (colorante, visqueuse, grasse, azotée et non azotée)	26,59	5.37	0,514
Ammoniaque.	7,63	5,69	2,090
Potasse.	2,14	1,53	0,159
Acide phosphorique..	3,43	1,01	0,271
— azotique.	traces	traces	traces
Chlore			
Acide sulfurique.			
— carbonique.			
— sulfhydrique.	5,77	4,65	7,487
Alumine.			
Chaux			
Magnésie.			
Soude.			
Silice et oxyde de fer..	5,07	0,62	0,027
	1031,00	1017,50	1007,000

L'azote contenu dans un litre de ces engrais est réparti ainsi qu'il suit :

	I.	II.	III.
Azote des sels ammoniacaux	6gr293	4gr692	1gr725
— de la matière organique	2 870	1 960	0 123
— des azotates	traces	traces	traces
Azote total.	9gr163	6gr652	1gr848

En convertissant l'acide phosphorique en sous-phosphate de chaux des os, un litre de ces engrais en contiendrait :

Le n° I. 7gr090
Le n° II. 2 090
Le n° III. 0 559

Si, pour rendre les comparaisons plus sensibles et permettre de rapprocher le pouvoir fertilisant de l'engrais flamand de celui du fumier de ferme, on rapporte, non plus au litre, mais au kilogramme, les résultats principaux des analyses précédentes, voici les chiffres que l'on obtient :

	Engrais pur n° I.	Engrais additionnés d'eau	
		de Lille, n° II.	des environs, n° III.
Eau.....................	950,89	981,55	980,52
Matières solides.........	49,11	18,45	10,48
	1000,00	1000,00	1000,00
Azote total	8,888	6,537	1,835
Sous-phosphate de chaux.	6,857	2,054	0,555
Potasse.	2,075	1,503	0,157

On voit donc que l'engrais flamand, tel que les cultivateurs l'emploient le plus habituellement, renferme 5 fois moins de matières solides, près de 5 moins d'azote, 12 fois moins de phosphate et 13 fois moins de potasse que l'engrais flamand pur; et qu'entre deux sortes de *vidanges* achetées le même prix, telles, par exemple, que les numéros II et III, il peut y avoir des différences allant :

Pour les matières solides........................	de 1 à 2.
Pour l'azote.................................	de 1 à 3 1/2.
Pour le phosphate...........	de 1 à 4.
Pour la potasse..............................	de 1 à 10.

Si, maintenant, l'on veut fixer la valeur agricole réelle de ces trois sortes d'engrais flamand d'après les prix de l'azote, du phosphate de chaux et de la potasse, tels que les offre le fumier de ferme, on arrive aux chiffres suivants pour 1000 kil. d'engrais :

	Azote à 1 fr. 36 le kil.		Phosphate de chaux à 0 fr. 25 le kil.		Potasse à 0 fr. 80 le kil,		Valeur totale des 1000 kil.
	Quantité.	Prix.	Quantité.	Prix.	Quantité.	Prix.	
		fr. c.		fr. c.		fr. c.	fr. c.
Engrais flamand pur n° I............	8,888	12 08	6,857	1 71	2,075	1 66	15 45
Engrais additionné d'eau, n° II.....	6,537	8 89	2,054	0 51	1,503	1 20	10 60
Engrais additionné d'eau, n° III. ...	1,835	2 52	0,555	0 13	0,157	0 12	2 77

A Lille, le tonneau (mesure habituelle pour cet engrais), contenant 125 kil. de matière, coûte moyennement 30 c. d'achat, ce qui met les 1000 kil. à 2 fr. 40 c. Ce prix est donc au-dessous de la valeur véritable de l'engrais pris sur place.

Mais à ces 30 c. d'achat il faut ajouter 30 c. de transport et 30 c. pour l'emploi, c'est-à-dire pour les frais d'épandage. En réalité, chaque tonneau d'engrais mis sur champ revient au cultivateur à 1 f. 20 c., soit 9 fr. 60 c. les 1000 kilogrammes.

On voit donc que ce n'est qu'en achetant de l'engrais pur ou du moins ne marquant pas au-dessous de 3°, que le cultivateur ne perd pas sur sa marchandise, car, lorsqu'il achète des vidanges à 1°, ce qui est le cas habituel, il paye 9 fr. 60 c. ce qui ne vaut que 2 fr. 77 c., c'est-à-dire deux fois plus qu'il ne faut.

Ce qui précède prouve bien que le cultivateur éprouve des pertes en argent assez notables, en achetant, sans titrage exact, toutes les sortes d'engrais flamand qu'on lui offre, et, de plus, des pertes en produits végétaux, puisque l'engrais étant toujours répandu sur les champs en quantités semblables, quelle que soit sa nature, il ne donne pas lieu à la même quantité de produits récoltés. Il serait donc nécessaire d'acheter les *vidanges* au degré aréométrique, pour ne pas être trompé dans le prix d'acquisition et pour ne pas se tromper soi-même dans les dosages que l'on fait de l'engrais flamand.

C'est principalement sur le lin, le colza, l'œillette, le tabac, la betterave, c'est-à-dire sur les cultures industrielles qui ont le plus de valeur, qu'on emploie cet engrais, et cela tient à ce que l'achat, le transport et l'application ne laissent pas que d'être dispendieux.

On le répand avant ou après les semailles, souvent aussi après le repiquage. Dans le premier cas, peu de jours avant d'arroser le terrain on donne un labour, on passe la herse et le rouleau à différentes reprises, afin que la terre soit bien meuble et bien nivelée, et l'on charrie ensuite l'engrais.

A l'une des extrémités de la pièce, on apporte une cuve

Fig. 8 et 9. — Baquets pour le transport et l'épandage de l'engrais flamand.

ou baquet (fig. 8 et 9) d'un quart de mètre cube environ ;

110 DE LA NATURE DES EXCRÉMENTS DES ANIMAUX.

un *carton* (garçon de ferme) y verse un tonneau de courte-graisse ; un ouvrier répand alors le liquide à 7 mètres environ autour de lui, au moyen d'une écope dont le manche a quelquefois 3 mètres de longueur. Les garçons de ferme du Nord, qui sont de vrais philosophes et que les odeurs les plus repoussantes n'effrayent pas, ont une dextérité étonnante pour manœuvrer l'écope (fig. 10 à 13),

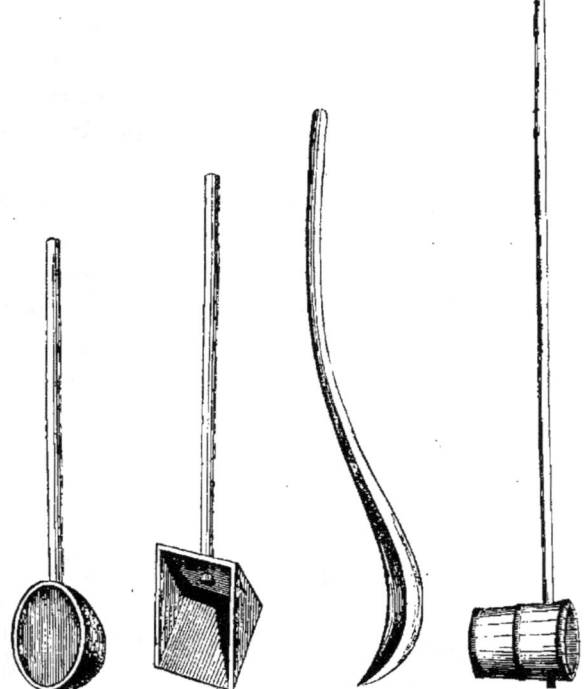

Fig. 10 à 13. — Écopes de différents modèles.

de manière à opérer la plus égale dispersion du liquide, qu'ils font retomber à la volée comme une pluie.

Souvent aussi, pour faire les arrosements sur les terres non recouvertes, on se sert d'une voiture à tonneau, semblable aux voitures des porteurs d'eau (fig. 14).

Derrière le tonneau se trouve une longue caisse en bois fixée en travers, et dont le fond est percé de trous. Le liquide qui sort du tonneau, au moyen d'un robinet ou d'un chenal en bois, tombe dans la caisse et de celle-ci sur le sol; on arrose ainsi une largeur de 1^m,5 à 2 mètres, à

Fig. 14. — Tonneau d'arrosement.

mesure que le chariot chemine sur le champ ou sur le pré.

D'autres fois, le robinet du tonneau conduit le liquide dans un tube horizontal percé de trous, et placé immédiatement au-dessous et derrière la voiture (fig. 15). C'est alors

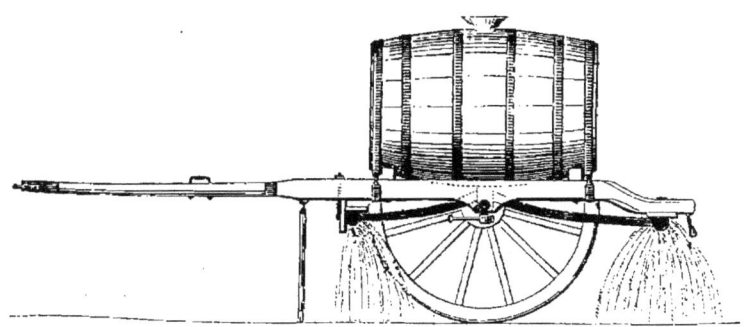

Fig. 15. — Tonneau d'arrosement des rues.

le même système que celui des voitures d'arrosement qui servent pour les rues et places publiques de nos villes.

Parfois aussi on substitue à la caisse ou au tube perforé un bout de planche incliné, maintenu sous le jet du tonneau, et qui fait rejaillir le liquide de tous les côtés. La figure 16

Fig. 16. — Tonneau flamand pour les engrais liquides.

donne une idée du tonneau employé en Flandre pour les arrosements.

Tous ces tonneaux portent au milieu de leur longueur, dans le haut, un trou par lequel on les emplit de liquide au moyen d'une espèce d'entonnoir en bois.

Dans ces divers appareils, l'écoulement du liquide est déterminé par une pression variable, celle mesurée par la distance du centre de l'orifice au niveau du liquide ; cet écoulement est, en conséquence, nécessairement irrégulier : il est plus abondant au commencement, et très-faible à la fin. L'arrosage se fait donc d'une manière très-inégale. M. Stratton a imaginé un chariot à engrais liquide (fig. 17), dans lequel l'écoulement est rendu uniforme et plus ou moins abondant, selon la volonté du conducteur.

Ce chariot consiste en un tonneau cylindrique, *a a a* monté sur deux roues dont l'essieu passe par l'axe b du cylindre ; il porte sur l'une des douves dont il est formé une ligne

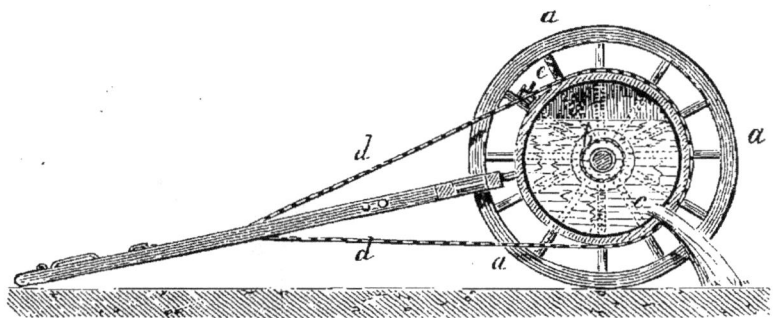

Fig. 17. — Coupe du chariot de M. Stratton.

d'orifices, c, à travers lesquels le liquide s'écoule, lorsque cette ligne occupe une position inférieure au niveau du liquide. Par le moyen d'une corde ou d'une chaîne $d\ d$, on fait tourner graduellement et facilement le cylindre jusqu'à ce que les orifices c soient à la distance que l'on désire du niveau supérieur, que l'on peut toujours examiner, et auquel on donne de l'air par l'ouverture e, munie d'une bonde ou d'un robinet. En faisant tourner le cylindre à mesure qu'il se vide, on rend l'écoulement à peu près uniforme.

Les mêmes résultats sont obtenus, d'une manière plus parfaite encore, dans le chariot de M. Chandler (fig. 18), qui est souvent accouplé à un semoir, de telle sorte que la semence et l'engrais sont distribués en même temps. Outre une chaîne mue par une vis sans fin $d\ d$ et une roue dentée qui permet d'incliner plus ou moins la caisse à engrais $a\ a$, il y a dans cet appareil une noria dont la chaîne à godets tourne autour de deux poulies. Le liquide, puisé par les godets, est projeté à travers un orifice que présente la cage *e* contre une planche *f* pour s'écouler par *g*. Il est évident

Fig. 18. — Coupe du chariot de M. Chandler.

que, suivant la plus ou moins grande inclinaison de la caisse, il se videra dans le même temps un plus ou moins grand nombre de godets à travers l'orifice *g*, mais que l'écoulement sera le même, quel que soit le niveau intérieur du liquide.

M. Lefebvre, constructeur à Trye-Château (Oise), a imaginé un tonneau pneumatique dans lequel on peut faire le vide au moyen d'une pompe aspirante, et qui se remplit ensuite de lui-même en ouvrant le robinet du tuyau qui plonge dans le réservoir contenant l'engrais liquide. A ce tonneau est jointe une pompe à incendie dont l'adjonction peut rendre de grands services aux propriétaires et aux fermiers. Le prix de cet appareil, avec la pompe, est de 650 fr. La figure 19 en donne une idée.

M. Mulot jeune, constructeur d'instruments aratoires à

Saint-Martin du Vivier, près de Darnetal (Seine-Inférieure),

Fig. 19. — Tonneau pneumatique d'arrosement de M. Lefebvre.

vient d'inventer un système de tonneau qui est exempt des deux inconvénients qu'on reproche à tous les appareils de ce genre, à savoir : irrégularité ou même suspension du jet par suite de corps étrangers ou de matières épaisses, et impossibilité d'augmenter au delà de certaines proportions la quantité de liquide à répandre sur une surface donnée.

Le tonneau de M. Mulot jeune a en outre l'avantage

d'être monté très-bas, ce qui a le double avantage, en abaissant le centre de gravité, d'accroître la stabilité et de faciliter l'emplissage. Il est disposé dans un sens diamétralement opposé à celui des tonneaux d'arrosage ordinaires (fig. 20); son grand axe, en effet, est parallèle à l'essieu

FIG. 20. — Tonneau mobile à purin, de M. Mulot.

qui le traverse et perpendiculaire à l'axe de la voie que suit l'appareil. La disposition est telle, que ce tonneau tourne autour de l'essieu au gré du conducteur, de façon à placer le seul orifice d'entrée et de sortie du liquide, et qui s'étend dans toute la longueur du tonneau, tantôt en haut lorsqu'il s'agit d'emplir celui-ci, tantôt en bas lorsqu'il s'agit de le vider.

Cet orifice longitudinal s'ouvre et se ferme plus ou moins au moyen d'une planche ou espèce de trappe à charnière mise en mouvement par une vis à volant, qui permet ou d'ouvrir assez l'orifice pour qu'il forme une sorte d'entonnoir longitudinal par lequel le liquide est introduit dans le tonneau, ou de le fermer complétement de manière qu'aucune partie du liquide ne s'échappe jusqu'au lieu où l'on veut le répandre. A ce moment, on amène, au moyen d'un mouvement de bascule, l'orifice supérieur du tonneau en bas et on le fixe dans cette position au moyen d'un arrêt qui se manœuvre avec facilité, puis à l'aide de la vis d'appel on ouvre autant et aussi peu que l'on veut l'orifice longitudinal pour que le liquide contenu se déverse en formant une nappe non interrompue ayant toute la longueur du tonneau. Lorsque des corps étrangers ou des matières épaisses tendent à oblitérer l'orifice, un levier à charnières, placé à l'arrière de l'appareil, permet au conducteur d'imprimer à celui-ci un mouvement de va-et-vient et d'avant en arrière, ce qui produit le dégorgement.

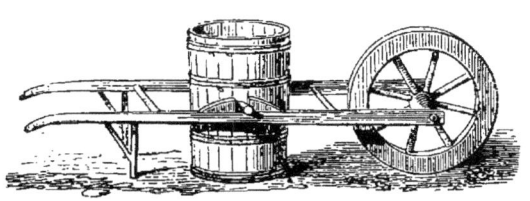

Fig. 21. — Brouette allemande pour le transport des engrais liquides.

Un tonneau de 600 litres de capacité coûte 350 francs. Deux hommes munis de seaux ne mettent que 5 minutes à l'emplir.

Lorsque les champs à arroser ne sont pas accessibles aux voitures, on fait usage de la *brouette allemande à bras* (fig. 21) ou *à cheval* (fig. 22).

La tinette fixée à la *brouette à bras* est mobile, et deux

hommes vont vider son contenu dans le baquet placé au centre ou à l'un des bouts du champ.

Dans la *brouette à cheval*, la tinette peut basculer sur deux axes latéraux, situés un peu au-dessus de la ligne médiane qui marquerait la séparation de la charge. Quand on est arrivé à destination, on renverse la tinette en arrière et elle se vide seule.

Certains cultivateurs, peu de temps après que la surface du champ a été arrosée, y font passer la herse pour recouvrir légèrement l'engrais; mais la plupart regardent cette précaution comme superflue, les matières liquides étant promptement absorbées par une terre parfaitement ameublie.

Fig. 22. — Brouette allemande à cheval.

La méthode que l'on suit pour répandre l'engrais sur les plants repiqués de colza ou de tabac n'est pas la même pour l'une et l'autre récolte. Pour le colza, on se contente de répandre l'engrais sous forme de pluie, au moment où, au printemps, la végétation s'apprête à partir. Quant au tabac, un ouvrier fait, avec un plantoir, un trou près du pied de chaque plante, et un autre y verse une cuillerée d'engrais sur laquelle il rabat un peu de terre avec son pied. Dans ce cas, on se sert d'un arrosoir portatif dont on se fera une idée satisfaisante au moyen de la figure 23.

C'est également au moyen de cette méthode qu'on applique la *courte-graisse* aux betteraves, carottes, choux, choux-fleurs, etc.

Dans les environs de Lille, on emploie habituellement, avec du fumier et des tourteaux, environ 330 hectolitres d'engrais flamand par hectare de tabac. Il y a même des cultivateurs qui prétendent obtenir de bons tabacs en arrosant la terre destinée à cette plante avec 1000 à 1100 hectolitres de cet engrais par hectare, outre le fumier;

Fig. 23. — Arrosoir portatif pour l'engrais flamand et les urines.

seulement ils appliquent les 3/4 de la fumure en hiver et le 1/4 restant au printemps, avant de planter les jeunes sujets.

La betterave fourragère est fumée avec profusion, souvent avec une proportion de 500 à 600 hectolitres d'engrais liquide par hectare; aussi n'est-il pas rare d'obtenir des récoltes de 80000 à 90000 kilogrammes de racines (1).

Quant à la betterave destinée à la sucrerie, il est reconnu

---

(1) En 1852, M. Jules Reiset, à Écorchebœuf près Dieppe, a obtenu avec 30 mètres cubes d'engrais flamand sur compost de blé, 102 000 kil. de betterave par hectare. C'est ce savant chimiste agronome qui, dans la Seine-Inférieure, a donné l'exemple de l'utilisation sur une grande échelle des matières fécales vertes.

qu'une proportion raisonnable d'engrais flamand ne nuit pas à sa qualité comme richesse saccharine, à la condition expresse qu'elle ait été versée sur le sol avant l'ensemencement, et qu'elle remplace une quantité relative de fumier et de tourteaux. La levée des graines est alors plus régulière. Mais on proscrit avec raison les arrosages sur les betteraves en pleine végétation, car alors elles donnent des racines détestables, parce qu'elles sont chargées de sels qui empêchent quelquefois, d'une manière complète, la cristallisation du sucre.

Pour le blé qui succède à la betterave, on cultive souvent sans fumure. — En d'autres circonstances, en hiver ou au printemps, on verse des tonneaux sur les parties languissantes, pour leur donner une nouvelle vigueur. Lorsqu'on fait succéder le blé à l'avoine, on verse sur le sol environ 165 hectolitres de courte-graisse par hectare.

Pour la pomme de terre, on met ordinairement le fumier en hiver et on arrose, avant de planter, avec 165 hectolitres du même engrais par hectare. Dans la petite culture, comme on ne fait pas intervenir le fumier, on applique 200 à 300 hectolitres d'engrais, avant ou après la plantation; mais, dans ce cas, la qualité et le rendement des tubercules laissent à désirer.

Quant au colza, on applique du fumier d'abord et on arrose avec une proportion de 165 hectolitres environ d'engrais flamand par hectare après la plantation, soit en hiver, soit au printemps.

On emploie la même fumure pour le lin, en ayant soin de répandre l'engrais en hiver, assez longtemps avant les semailles.

Pour les prairies artificielles, le trèfle par exemple, qui doit être suivi d'une récolte de blé, on verse l'engrais liquide entre deux coupes.

Les prairies naturelles reçoivent des tonneaux en abondance. Sur les herbages de la Deûle, il est certain qu'appliqué en hiver ou au printemps, cet engrais détruit les plantes nuisibles, les mousses, les rumex, et donne une vigueur nouvelle aux feuilles des graminées.

Les navets reçoivent 330 hectolitres d'engrais liquide, s'il n'a pas été fait usage de fumier pour ces racines; mais, quand ils succèdent au lin, qui a reçu du fumier, on ne les arrose qu'avec 165 hectolitres. Pour les choux-collet, qui demandent beaucoup d'engrais, on leur en donne souvent, outre du fumier, de 300 à 350 hectolitres par hectare.

Du fumier d'étable et 350 hectolitres environ d'engrais flamand, c'est ce qu'on emploie ordinairement pour les œillettes. On peut avoir ensuite un bon blé sans rien fournir à la terre.

Pour la cameline, on sème à la fin de mai, après avoir arrosé le sol avec environ 165 hectolitres de gadoue par hectare.

Pour les terrains humides et dans les années pluvieuses, on ménage la fumure, surtout pour le blé. On évite, d'ailleurs, pour toute espèce de culture, d'employer la courte-graisse par un temps de sécheresse, parce qu'on a remarqué que l'influence de la chaleur ou des rayons solaires lui est préjudiciable, de même qu'à tous les autres engrais liquides formés de particules très-divisées de substances organiques.

En général, il vaut mieux, lorsque rien ne s'y oppose, utiliser cet engrais avec l'ensemencement. Il n'est pas douteux que la qualité de la récolte ne soit meilleure lorsqu'on opère ainsi. Au contraire, l'engrais flamand, répandu sur les plantes en pleine végétation, active le développement d'une manière anormale; les blés tallent outre mesure et donnent des tiges au détriment du grain; le tabac et la betterave produisent des feuilles volumineuses, et la maturité des plantes est ajournée au delà du terme régulier. Tous les cultivateurs du Nord ont cette conviction que la terre doit avoir fait subir une certaine métamorphose à l'engrais, pour que celui-ci se trouve dans des conditions favorables d'assimilation. C'est aussi l'opinion de MM. Boussingault et Corenwinder.

L'engrais flamand répand au loin une odeur infecte qui persiste pendant plusieurs jours, mais elle n'est qu'incommode et aucunement insalubre. On n'a pas remarqué, d'ailleurs, que cette odeur se communiquât aux plantes et aux légumes. Les maraîchers du nord de la France, qui font presque abus de l'engrais en question, récoltent des choux-fleurs, des choux, des asperges, des petits pois, etc., aussi bons que partout ailleurs.

Dans les terres fortes, compactes, argileuses, il serait déraisonnable de faire un usage exclusif de l'engrais flamand, parce qu'employé sans le concours des fumiers d'étable, il tend à donner au sol une compacité que l'on combattrait vainement par des labours multipliés. Ce n'est que dans les terres légères qu'on peut sans inconvénient fumer pendant de longues années avec les seules matières excrémentitielles et y maintenir une végétation intensive.

C'est ainsi qu'on agit dans le hameau de Rosendael (canton de Dunkerque), dont le sol sablonneux est en partie conquis récemment sur des dunes stériles; on y obtient tous les ans des récoltes abondantes en fruits et en légumes dont la réputation est étendue au loin. Là, pour éviter une déperdition qui pourrait être considérable, on répand les vidanges sur les plantes en voie de développement, ce qui leur fait acquérir souvent des proportions inusitées; tandis que, dans les terres argileuses, c'est de préférence avant les semailles, le plus souvent même dans le courant de l'hiver, qu'il faut appliquer l'engrais.

Dans toute exploitation un peu importante, on aurait tort de considérer l'engrais flamand autrement que comme un auxiliaire précieux des fumures ordinaires. Il ne doit pas seulement être utilisé avec discernement, mais, en certains cas, aussi avec ménagement, car on pourrait, par un emploi inconsidéré, compromettre les récoltes en raison même de l'excès de leur vigueur. C'est ainsi que, si l'on en fait abus sur les céréales, on amène infailliblement la verse.

Il ne faut pas oublier, d'ailleurs, que, comme toutes les matières organiques dont la fermentation putride est achevée, il a une action instantanée qui est épuisée dans l'année où il est mis en terre. C'est un engrais *annuel* qui a pour lui la célérité d'action, si précieuse dans un grand nombre de cas, mais qui ne saurait être comparé ni aux tourteaux, ni à plus forte raison au fumier de ferme, et qui ne pourrait remplacer complètement ces engrais de plus longue durée.

Il est cependant certains terrains dans lesquels son action se prolonge pendant plusieurs années; c'est ce qui a lieu dans les environs de Grenoble, dont le sol, constitué par un limon argileux, retient si bien l'engrais qu'avec 80 mètres cubes de matières fécales par hectare, répandues en une ou deux fois, on obtient cinq récoltes successives, à savoir deux chanvres consécutifs, un gros blé barbu, un trèfle, et en cinquième année un blé ordinaire. Les chanvres sont magnifiques et sont une source de richesse pour le pays. On n'y associe jamais, comme dans le Nord, le fumier de ferme à l'engrais en question.

En Alsace et dans le Palatinat, on met constamment sur le même terrain les matières fécales vertes, mais on en fait un véritable fumier d'étable par l'addition de pailles qui apportent à la terre l'humus qui fait défaut dans ces matières.

Ce que j'ai dit jusqu'ici de l'emploi et des effets de l'engrais flamand s'applique aux urines des pissoirs publics. Les cultivateurs placés à la porte des villes devraient acheter toutes celles qu'on y produit chaque jour, et s'en servir, soit pour arroser leurs fumiers, soit pour augmenter la masse de leurs *vidanges*, soit pour activer la fermentation des débris végétaux destinés à faire des engrais ou des composts, soit enfin à arroser les prairies naturelles ou artificielles. Ils multiplieraient ainsi leurs récoltes sans beaucoup de frais, et suppléeraient à la disette des fumiers qui se fait sentir partout. Il est bon qu'ils sachent qu'en Flandre et en Belgique, où l'on utilise si bien les urines, les prairies artificielles dans lesquelles on alterne leur emploi avec celui du plâtre, donnent des récoltes magnifiques dans les plus mauvais terrains, et, d'un autre côté, que la récolte d'un demi-hectare de lin, arrosé en naissant, avec ce liquide, se vend sur pied jusqu'à 2500 francs !

Voici un autre exemple de la puissance de l'urine employée en arrosement sur les prairies. M. Dickenson, loueur de chevaux à Londres, répand sur des prairies d'ivraie d'Italie de l'urine de cheval, à raison de 125 hectolitres par hectare, mais après les avoir mélangées avec 250 hectolitres d'eau. Ses terres sont très-fertiles, mais très-fortes et naturellement humides; elles lui fournissent, par ce moyen, jusqu'à neuf coupes de fourrage vert dans l'année. Lorsqu'il laisse monter en graines trois coupes de ces prairies ainsi arrosées, il en obtient par chaque hectare jusqu'à 91 hectolitres de semence, qu'il vend 2730 francs !

Il y a depuis un quart de siècle et plus, autour d'Édimbourg, environ 150 hectares de prés, qui sont arrosés avec les urines et les eaux de vidanges de cette ville. Ces prés donnent de 5 à 7 coupes par an, et sont loués de 1100 à 1500 francs l'hectare. Chaque hectare fournit de 150 à 200 tonnes de fourrages verts.

Le rendement moyen d'un hectare de betteraves est, vous le savez, de 40000 kil. Chez les cultivateurs soigneux de la Seine-Inférieure, mais dans des terres exceptionnelles, il est vrai, j'ai vu récolter jusqu'à 69 et même 81 000 kil. de racines. Eh bien, en arrosant les plantes au pied, dans les premiers mois de leur végétation, avec de l'urine humaine coupée d'eau de manière qu'elle ne marque que 1 degré au pèse-sels et en renouvelant ce *purinage* trois ou quatre fois, on arrive à obtenir des rendements en racines bien plus considérables. L'un de mes anciens élèves, M. Daniel Fauquet, à Déville-lez-Rouen, a récolté, en 1849, jusqu'à 90000 kilogr.

Arrosez de 2 à 3 litres d'urine affaiblie chaque mètre carré de betteraves dans les plus mauvais sols, et vous en obtiendrez des racines aussi belles que celles qui viennent dans un bon terrain. Sur les argiles, les urines, qu'on dit d'une action très-fugace, laissent des traces visibles après plusieurs années.

Tous ces faits parlent assez haut en faveur des engrais liquides dont je viens de parler. Et ne croyez pas que la construction d'une citerne pour emmagasiner l'engrais flamand ou les urines soit chose difficile et dispendieuse. Dans tous les sols, mais dans ceux qui sont calcaires ou sablonneux, les dispositions suivantes permettent d'éviter les infiltrations. Une couche d'argile bien corroyée, de $0^m,12$ à $0^m,15$ d'épaisseur, est appliquée sur le fond et les côtés de l'intérieur de la fosse; une maçonnerie d'une demi-brique sur chacun des côtés, une brique à plat dans le fond, terminent la construction.

Dans les vidanges de Paris, on sépare le contenu des fosses d'aisances en deux parties, l'une liquide, l'autre solide; la première est ce qu'on appelle les *eaux vannes*, la seconde les *matières lourdes*, entrant pour 1/5 environ dans la masse totale.

D'après M. l'Hôte, les eaux vannes contiennent, par litre, depuis $2^{gr},48$ à $6^{gr},20$ d'azote; la moyenne de douze échantillons a été de 3,74. Celles prises au débouché de la conduite de Bondy, et qui proviennent du dépôt de toutes les vidanges de Paris, ont donné $4^{gr},42$. Dans un litre pesant 1023 grammes, on a trouvé :

Matières organiques azotées............	12gr.80	
Ammoniaque toute formée, à l'état de sel..	5 24	
Acide phosphorique...................	1 35	= 2,92 de phosphate de chaux.
Chaux...............................	1 59	
Silice et sable.......................	0 79	
Eau..................................	991 20	
	1012 97	

Je vous dirai quelques mots du système qui a été adopté, il y a une quinzaine d'années, dans beaucoup d'exploitations de la Grande-Bretagne pour répandre les engrais liquides. Il est connu sous le nom de *système Chadwick* ou *Kennedy*. Il consiste à opérer le transport souterrain et la distribution des liquides fertilisants (eaux vannes, vidanges des fosses d'aisances, purin des étables et des écuries, urines des pissoirs publics, eaux des égouts des villes, etc.), sur les diverses parties d'une ferme, à l'aide de tuyaux en poterie ou au moyen d'une machine hydraulique locomobile, qui puise ces liquides dans un vaste réservoir et les lance dans une suite de tuyaux flexibles portatifs dont la longueur peut varier à volonté et avec lesquels l'arrosement des terres s'effectue à raison de 22 à 258 mètres cubes de liquide par hectare.

Avec ces moyens nouveaux de distribution qui permettent d'opérer sur une très-grande superficie, les dépenses reviennent à 525 fr. par hectare, avec les tuyaux souterrains fixes, un tube flexible et une lance, et à 384 fr. quand on doit élever le liquide par une machine à vapeur et qu'on emploie les tuyaux portatifs et la machine de distribution de M. Love. Mais les cultivateurs anglais n'hésitent pas devant des frais aussi considérables, parce qu'ils ont la conviction que si l'application d'une certaine dose d'engrais pulvérulent sur un herbage produit une augmentation d'une certaine quantité de fourrage, celle de la même quantité d'engrais dissoute dans l'eau et employée en arrosement sur l'herbage donne une augmentation quintuple.

En poussant ce principe vrai jusqu'à sa dernière conséquence, certains cultivateurs anglais, par suite d'un engouement irréfléchi, en sont arrivés à soutenir qu'il ne faut donner d'engrais aux terres que sous forme liquide; ils en sont même venus jusqu'à liquéfier le fumier lui-même, à le noyer dans une telle quantité d'eau, qu'il serait devenu inefficace sans l'addition du guano, et l'on a pu dire avec raison que ces lavages n'avaient de valeur que par le guano qui s'y trouvait.

Mais ces exagérations n'ôtent rien au mérite et à l'efficacité des véritables engrais liquides, c'est-à-dire les vidanges et les urines, et lorsqu'on les emploie dans les conditions où se placent les cultivateurs de la Flandre, de l'Alsace, de la Suisse, on est assuré de réaliser des bénéfices, quel que soit le mode de distribution qu'on adopte.

MM. Moll et Mill ont fait l'application, dès 1856, du système tubulaire à l'épandage des vidanges de Paris sur la ferme de Vaujours, près de Bondy. Ces matières étaient apportées par des bateaux, où des pompes les puisaient pour les répandre sur les terres de la ferme à l'aide de tuyaux fixes et de tuyaux mobiles. Le dessus du réservoir principal dominant le niveau de la propriété de 10 à 15 mètres, il en résultait une pression suffisante pour que le liquide pût s'échapper avec force à l'extrémité du tuyau de décharge, d'autant plus que les matières fécales n'étaient jamais employées qu'étendues de trois à quatre fois leur volume d'eau; on parvenait, par ce moyen, à répandre, en un jour, jusqu'à 1620 hectolitres. A la fin de 1859, 60 hectares sur 90, qui forment la propriété de Vaujours, pouvaient recevoir les engrais liquides à l'aide d'une conduite de 11 centimètres de diamètre, dont la longueur atteignait 3000 mètres; le reste était arrosé à l'aide d'un tonneau rempli à peu de distance de l'un des regards de la conduite. L'installation de tout le système coûta 45 000 fr., soit 500 fr. par hectare.

Ces essais ne furent pas heureux, au point de vue financier, et on les abandonna après quelques années. Ceux qu'on a entrepris postérieurement dans la presqu'île sableuse de Gennevilliers, je vous en parlerai plus tard, présentent de meilleurs résultats.

Il a été fait à Vaujours des expériences pour savoir ce que coûte l'épandage dans les différents systèmes d'arrosement, et l'on a trouvé que pour 100 hectares la dépense est de :

6 fr. 85 quand on répand à la lance le liquide fourni par la conduite;
8   75 quand le champ, n'étant pas à la portée de la conduite, il faut en outre employer un tonneau conduit par deux chevaux;
16   90 quand on remplit le tonneau à l'aide d'une pompe à bras;
35   30 quand, au lieu de répandre l'engrais en faisant circuler le tonneau débouché à travers le champ, on vide le tonneau à proximité dans des tinettes qu'on porte à bras d'homme, et dont le contenu est versé sur le sol à l'aide d'une écope.

Ce dernier système est celui qu'on suit généralement dans le nord de la France; mais comme les fermes y ont peu d'étendue, et qu'on réserve les engrais liquides pour les champs les moins distants, les frais sont moindres qu'ils l'étaient à Vaujours.

« Je viens, dit l'habile Demesmay père, de Templeuve,

de faire répandre les urines de mon étable sur un champ de 60 ares qui y est contigu; il a été employé 240 hectolitres d'urine, en dépensant 14 journées d'homme à 1 fr. 50, ou 21 francs; le coût pour 100 hectolitres est donc de 8 fr. 75. Mais, je le répète, la citerne touche au champ; un homme a suffi pour extraire l'urine et la mettre dans les tinettes que deux hommes ont portées au champ, et un quatrième les a vidées; le travail a été ainsi réduit au minimum. En eût-il été de même si la citerne avait été séparée du champ par 2 kilomètres de mauvais chemins, comme cela se présente à Vaujours? Eh bien! avec les tuyaux, les mauvais chemins disparaissent, et 2 kilomètres sont franchis sans dépense additionnelle, pourvu que le réservoir soit à une hauteur suffisante (1) ».

L'écueil à craindre, c'est la *verse*, qui se produit sous l'influence des engrais liquides. M. Moll avait cru pouvoir employer 1000 hectolitres de vidanges par hectare; il a vite reconnu que cette dose est beaucoup trop forte, même pour les récoltes fourragères, et à plus forte raison pour le blé et l'avoine. Il faut donc modérer le dosage d'un engrais qui trompe par son extrême énergie, et ne l'appliquer qu'aux plantes qui ne craignent pas la *verse;* après elles, l'avoine et le blé pousseront encore sans nouvelle fumure.

B. Poudrette — Dans les grands centres de population, notamment à Paris, à Rouen, à Bordeaux, à Lyon, à

---

(1) *Examen du rapport sur l'emploi des engrais liquides à la ferme de Vaujours*, par M. Demesmay (Archives de l'Agriculture du nord de la France, 8e année, 1860, 2e série, t. IV, p. 82).

Nantes, etc., on traite les matières fécales par un procédé qui est en opposition avec les plus simples notions de la science, de l'hygiène et de l'économie. On les convertit en *poudrette*. Voici, en très-peu de mots, comment on opère :

On transporte dans de vastes bassins creusés en terre les matières extraites des fosses par les entrepreneurs de vidange; ces bassins, peu profonds mais très-larges, sont disposés en étages, de manière qu'ils puissent déverser leurs produits les uns dans les autres. Les matières étant déposées dans le bassin supérieur, on fait écouler les parties liquides dans celui qui est immédiatement au-dessous, aussitôt que les matières solides se sont déposées; on opère de même pour un second bassin, dont les liquides s'épanchent plus tard dans le troisième, et ainsi de suite. Les dernières eaux vont se perdre dans des égouts, dans un cours d'eau, ou dans des puits artésiens absorbants. En opérant ainsi, il ne reste plus dans les bassins que des matières pâteuses, que l'on enlève avec des dragues, pour les placer sur un terrain battu, disposé en dos d'âne, où, à mesure qu'elles se sèchent, on les retourne à la pelle pour favoriser la dessiccation. Celle-ci ne dure pas moins de quatre à six ans, selon les saisons. C'est alors une poudre brune qu'on emmagasine sous des hangars.

La fabrication de la poudrette, qui est fort simple, entraîne de grands inconvénients et des pertes énormes en substances utiles. Pendant la durée de la dessiccation, toute la masse est en proie à une fermentation qui développe les émanations les plus infectes jusqu'à plusieurs kilomètres de distance, et qui détruit, en pure perte pour l'agriculture, la majeure partie des substances organiques qui auraient pu concourir à la nutrition des plantes. Ces substances organiques sont converties principalement en sels ammoniacaux que la vapeur d'eau entraîne avec elle. D'un autre côté, on se prive de la moitié au moins de la valeur de l'engrais, en perdant, sous le nom d'*eaux vannes*, tous les liquides, c'est-à-dire les urines et les eaux chargées de toutes les substances salines solubles, parties les plus précieuses de la gadoue.

La transformation de la gadoue en poudrette est une opération monstrueuse. Réduire, comme l'observe judicieusement Schwerz, à la capacité d'une tabatière un tombereau d'excréments, est d'un résultat trop puéril, à raison de la quantité de substance perdue, pour pouvoir se justifier autre part que dans les villes, d'une étendue démesurée, et autrement que par l'impossibilité d'emmagasiner des masses trop considérables. Partout ailleurs, un pareil procédé est à considérer comme le *nec plus ultra* du gaspillage.

En Chine, où les matières fécales jouent absolument, dans la culture, le même rôle que le fumier de ferme chez nous, indépendamment de l'emploi qu'on en fait à l'état liquide, on s'en sert parfois aussi à l'état pulvérulent; mais, plus habiles que nous, les cultivateurs chinois les mêlent dans ce cas avec de la terre sèche; le mélange humide est desséché au soleil et on lui fait absorber encore de nouvelles matières; on le connaît alors sous le nom de *Taffo*. On comprend que ce produit vaut beaucoup mieux que notre poudrette (1).

(1) Sous les noms de *taffo azoté*, de *taffo phosphaté*, la Compagnie chaufournière de Basse-Normandie a mis dans le commerce, depuis

Celle-ci, telle qu'on la trouve dans le commerce, est une substance pulvérulente, de couleur brune, sur laquelle on distingue quelques points blancs, qui paraissent être des efflorescences salines. Elle répand une odeur empyreumatique, mais peu sensible; elle est humide et grasse au toucher; aussi se présente-t-elle sous la forme de petites agglomérations de la grosseur d'une noisette, et est-elle susceptible de devenir compacte par la pression, comme pourrait le faire une matière argileuse. Elle pèse de 65 à 67 kilog. l'hectolitre ras, et 78 kilog. l'hectolitre comble. On la vend généralement à raison de 4 fr. 50 l'hectolitre. La poudrette de Montfaucon ou de Paris est composée ainsi qu'il suit, d'après Soubeiran (analyse de 1847) :

Eau...	280,0
Matière organique...	290,0
Sels solubles alcalins...	4,3
Carbonate et sulfhydrate d'ammoniaque...	quantité indéterminée.
Sulfate de chaux...	38,7
Carbonate de chaux...	38,7
Phosphate ammoniaco-magnésien...	65,5
Phosphates estimés à l'état de phosphates de chaux des os...	34,6
Matières terreuses...	248,2
	1000,0

quelques années, des engrais façonnés en briquettes, qui ont pour base les matières fécales additionnées de boues, de détritus des marchés, de coques de cacao pulvérisées, de phosphates fossiles, en proportions variables suivant les cultures. C'est, comme on le voit, une imitation du procédé chinois. Ce *taffo français* pèse, en moyenne, 55 kilogr. l'hectolitre; il contient 2,2 à 2,4 pour 100 d'azote et 5,6 de phosphate de chaux.

Elle contient 1,78 pour 100 d'azote, ainsi réparti :

	Azote.	Ammoniaque. correspondante.
Dans la matière animale..................	1,18	1,440
Dans le phosphate ammoniaco-magnésien.	0,36	0,440
Dans les sels ammoniacaux solubles.....	0,24	0,293
	1,78	2,175

Mais la composition de la poudrette varie très-notablement d'un lieu de fabrication à un autre Ainsi, sous le rapport de l'azote total, on a constaté les différences suivantes :

	Azote sur 100.	Auteurs des analyses.
Poudrette de Montfaucon................	1,88	Jacquemart.
— id....................	1,78	Soubeiran.
— de Bondy....................	1,52	L'Hote.
— id....................	1,5 à 2,0	Meugy.
— de Bordeaux..................	1,59 à 1,78	Bandrimont.
— de Nantes..................	1,5 à 2,3	Bobierre.
— d'Orléans.	1,39	Gaucheron.

Ces variations continuelles dans la composition d'un engrais sont très-préjudiciables. Un autre inconvénient, c'est que celui-ci est rarement pur de tout mélange. Le plus souvent, on y ajoute des poussiers de tourbe, des matières terreuses ou sableuses, dans le but d'activer sa dessiccation. Il est donc indispensable, quand on l'achète, de vérifier le poids de l'hectolitre ras; quand il dépasse 68 kilogr., c'est qu'il y a eu fraude.

M. Chodzko a eu l'idée, en 1856, de séparer toutes les matières fixes contenues dans les eaux vannes en employant un bâtiment de graduation semblable à ceux qui servent à l'évaporation des eaux des salines d'une faible densité. Avant tout, il les désinfecte au moyen d'une solution saturée de sulfate de magnésie et de sulfate de fer à parties égales, employées dans la proportion de 5 à 10 litres par mètre cube. Lorsque le mélange est fait, on y ajoute un ou deux décilitres d'une solution saturée de carbonate de potasse contenant 5 centièmes de goudron et de benzine. C'est alors qu'on fait circuler les eaux désinfectées sur les fagots d'épines. Les matières fixes se déposent par incrustations sur ceux-ci, que l'on bat lorsqu'ils sont encroûtés, pour en détacher l'engrais adhérant.

La poudrette obtenue par ce procédé est de couleur brune, sèche au toucher, et possède une légère odeur de matière fécale. M. l'Hôte en a fait l'analyse comparativement à la poudrette fabriquée à Bondy par les anciens procédés. Voici les résultats obtenus :

	Poudrette de Bondy à l'état normal.	Poudrette de M. Chodzko à l'état normal.
Matières organiques azotées.........	32,81	53,53
Ammoniaque toute formée..........	0,59	0,65
Acide azotique...................	0,30	traces.
— phosphorique.................	4,18	4,48
— sulfurique...................	3,50	»
— carbonique..................	2,87	»
Chlore.........................	0,36	»
Potasse et soude.................	2,15	»
Chaux.........................	6,70	4,07
Magnésie et oxyde de fer...........	2,72	»
Silice, sable, argile...............	13,62	4,50
Eau...........................	30,20	17,25
	100,00	84,48
Azote total.	1,52	4,20

On voit qu'en soustrayant les liquides des fosses à cette fermentation destructive à laquelle sont soumises les matières fécales accumulées dans les bassins de la voirie de Bondy, on en retire, par le traitement imaginé par

M. Chodzko, tout ce qu'ils peuvent donner, et qu'on en obtient ainsi un engrais de qualité supérieure.

M. Chodzko appliqua d'abord son procédé à Pantin, en 1859, puis au camp de Châlons en 1861. Chargé de la désinfection de ce camp, il y construisit une usine dans laquelle on pouvait transformer par an 1500 mètres cubes de vidanges en engrais. Celui-ci était livré à la culture au prix de 10 à 12 fr. l'hectolitre, soit 24 à 27 fr. les 100 kilogr. Dans les sols arides de la Champagne pouilleuse, on l'employait à la dose de 4 à 6 mètres cubes par hectare; dans les terres en bonne culture 2 à 3 mètres cubes suffisaient (1).

M. Mosselmann avait eu l'idée de solidifier les matières fécales et les urines fraîches avec de la chaux éteinte et tamisée. C'était ce qu'il appelait de la *chaux animalisée*. Mais, comme celle-ci ne renfermait guère que 0,5 pour 100 d'azote, sa valeur était trop faible pour qu'on pût l'expédier à de grandes distances, aussi cessa-t-on bientôt de la fabriquer.

Guidés par les expériences de M. Boussingault sur la désinfection des urines pourries au moyen des sels de magnésie, je vous en ai parlé précédemment, MM. Blanchard et Chateau ont appliqué ce procédé aux matières fécales contenues dans les fosses mobiles et à demeure; mais ils ont substitué au chlorure de magnésium employé par M. Boussingault un mélange de phosphate acide de magnésie et de phosphate acide de fer, dont la dissolution marquant 35 degrés à l'aréomètre est versée directement dans les fosses au

---

(1) *Enquête agricole de 1864* (*Loc. cital.*, t. 1, p. 821).

fur et à mesure qu'elles reçoivent des matières. La fixation de l'ammoniaque se fait par le phosphate de magnésie, qui se trouve transformé en phosphate ammoniaco-magnésien qui se dépose peu à peu, et la désinfection est terminée par le phosphate acide de fer.

Les eaux-vannes qui surnagent les parties lourdes sont évacuées, et la masse pâteuse est desséchée à l'air libre. On obtient ainsi une poudrette blonde et grenue, inodore, qui renferme en moyenne 4,77 d'azote, mais qui est loin de contenir tout l'acide phosphorique qui devrait s'y trouver. Cela tient à ce que le phosphate ammoniaco-magnésien produit, étant soluble dans les liqueurs acides, est entraîné en grande partie par les eaux vannes. C'est, sans doute, cette circonstance qui a rendu trop onéreux pour les inventeurs un procédé qui offre d'assez sérieux avantages pour qu'on cherche à le rendre plus économique et plus parfait.

On répand la poudrette ordinaire sur le sol à l'époque des labours. On en emploie de 18 à 25 hectolitres combles, ou, en poids, 1400 à 2000 kilogr. par hectare. La dose la plus habituelle est de 1750 kilogr. ou 22 hectolitres 43.

Elle imprime une grande activité à la végétation, mais son action ne se fait bien sentir que sur la première récolte. On lui reproche de communiquer aux végétaux, et notamment aux feuilles, un goût désagréable. C'est pour cette raison que les jardiniers n'en font jamais usage pour les légumes destinés à la nourriture de l'homme, et qu'en Lombardie, où l'on tient à conserver l'excellente qualité des herbages, on y a complétement renoncé.

Pour éviter cet inconvénient, contesté toutefois par

beaucoup de praticiens, et, d'ailleurs, aussi pour solidifier instantanément la matière fécale, tout en la désinfectant et la convertissant en une poudrette inodore, facile à extraire des fosses, plus riche en puissance fertilisante, croyait-on, que la poudrette ordinaire, un chimiste industriel, du nom de Salmon, avait imaginé, dès 1826, de préparer une substance charbonneuse absorbante qu'il jetait dans les fosses avant la vidange.

Cette poudre était obtenue en calcinant, dans des cylindres ou dans des fosses, la vase ou boue des rivières, étangs et fossés, ou des terres argilo-calcaires associées à des débris organiques (tourbe, vieux terreau, sciure de bois, tannée, etc). Ces matières organiques, en se décomposant, fournissaient un charbon très-poreux, les terres argilo-calcaires subissaient elles-mêmes une espèce de demi-cuisson, et il en résultait un mélange poreux, trés-propre à retarder la putréfaction des vidanges auxquelles on le mêlait à parties égales. Et, en effet, dès qu'il était incorporé à la masse toute odeur fétide disparaissait.

C'étaient ces matières fécales, ainsi solidifiées et désinfectées, qui parurent, pendant un assez grand nombre d'années dans le commerce sous les noms de *noir animalisé*, *d'engrais Salmon*, *d'engrais Baronnet*, etc. On les préparait en grand à Paris, à Lyon, à Marseille, à Tours, à Bordeaux, au Havre et dans beaucoup d'autres villes de France.

Dans plusieurs localités, on a aussi appliqué la poudre absorbante charbonneuse à la désinfection de toute espèce de matière animale infecte; en sorte qu'il y eut différentes espèces de *noir animalisé*. Ainsi, aux environs de Lyon on aurait aux cultivateurs de *l'engrais hollandais*; aux environs de Paris, de l'*engrais Ducoudray*, préparé avec du sang et les résidus charbonneux du bleu de Prusse etc.

On rend la désinfection des matières fécales plus prompte et plus complète en y mélangeant, avant l'addition de la poudre charbonneuse, une petite quantité de couperose, ou de chlorure de manganèse ou de sels bruts de zinc, 5 kilogr. environ par mètre cube, qu'on verse en dissolution aussi concentrée que possible. Ces substances s'emparent instantanément de l'hydrogène sulfuré et de l'ammoniaque, causes ou véhicules de l'odeur infecte, et produisent des sels ammoniacaux fixes. Ce n'est qu'après 3 ou 4 jours de contact de ces sels métalliques avec les vidanges et qu'après avoir aspiré les liquides, qu'on ajoute à la partie solide la poudre charbonneuse qui doit enlever à la matière animale son odeur *sui generis* et rendre complète et durable la désinfection commencée par les sels métalliques : 15 kilogr 500 de menus poussiers de charbon de tourbe suffisent par 100 kilogr. de vidange.

Le *noir animalisé* du commerce, bien qu'on en ait dit, n'est pas à comparer, pour l'action sur la végétation, à la poudrette, et encore moins au *noir des raffineries*. En effet, cet engrais, dont la base est une substance à peu près inerte, terre calcinée ou charbon, contiendra peut-être à poids égal une plus forte proportion d'éléments ammoniacaux que n'en renferme la poudrette, mais évidemment on n'y trouvera jamais une dose aussi élevée de phosphates. La comparaison avec le noir des raffineries est encore plus défavorable au *noir animalisé*, dont la teneur en phosphates est incomparablement moindre.

Il vaut donc mieux acheter de la poudrette ou du noir de

raffineries que du noir animalisé. La pratique l'a reconnu, aussi cette sorte d'engrais commercial ne se montre-t-elle plus que rarement dans le commerce. Mais dans l'intérieur de chaque ferme, on peut en préparer avec avantage, lorsqu'on n'a pas encore ou qu'on ne veut pas adopter l'usage des matières fécales fraîches.

Depuis 1846, j'ai fait accepter à Rouen et dans les environs le mélange suivant pour la désinfection des fosses d'aisances dans les maisons particulières :

Pour trois hectolitres de matières stercorales, on projette dans les latrines, en remuant avec un grand bâton :

12 kil. de poussier de charbon,
1 kil. de plâtre cru en poudre,
1 kil. de couperose de basse qualité, également en poudre.

Ces trois substances ont été intimement mélangées à l'avance. Les matières de la fosse peuvent être ensuite extraites sans qu'il se répande au dehors la moindre émanation désagréable. La dépense ne s'élève pas à 1 fr. 50; c'est toutefois encore trop cher; on la diminue singulièrement en remplaçant le charbon par des matières absorbantes et poreuses, telles que tourbe, tan, sciure de bois, balles d'avoine, poussière des greniers à foin et à grains, bonne terre sèche.

M. Meurein, de Lille, indique le mélange suivant pour la désinfection d'une fosse contenant 80 hectolitres de matières fécales :

Couperose.......................... 25 kil.
Terre argileuse.................... 50
Plâtre............................. 10
Charbon animal..................... 2

La couperose est dissoute dans son poids d'eau, puis introduite dans la fosse par quantités de 5 kilog. On laisse un intervalle d'un jour avant l'introduction d'une nouvelle quantité. Les autres ingrédients se répandent en poudre à la surface du contenu de la fosse. La terre argileuse doit être calcinée légèrement avant son emploi.

M. Quénard emploie depuis longtemps le *frasil* ou résidu des grilles à charbon de terre, auquel il ajoute quelquefois, pour augmenter, s'il y a besoin, l'efficacité des propriétés de ce résidu, 5 à 10 pour 100 de petite braise pilée ou autre menu poussier de charbon de bois.

M. Rohart conseille de 3 à 5 pour 100 de couperose en nature, mise quelques jours avant l'extraction, puis assez de tannée ou de sciure de bois pour solidifier le mélange.

On peut donc partout convertir la gadoue en un terreau inodore, analogue au noir animalisé.

Dans les exploitations un peu considérables, on aura des fosses particulières dans lesquelles on déposera successivement les différentes matières pour les retourner et les entasser lorsque leur mélange devra être bientôt appliqué.

Dans les exploitations peu considérables et où la production de la gadoue sera nécessairement assez bornée, on aura soin de jeter, toutes les semaines, voire même tous les jours, le mélange de plâtre et de substances végétales absorbantes ci-dessus indiquées, dans la proportion de la masse des excréments. Lors de la vidange, on mêlera bien toutes les matières, on les disposera en tas et on les couvrira avec de la terre.

Il faudra éviter de jeter dans les fosses des herbes ou des gazons, parce que ces matières végétales fraîches s'y décomposent très-difficilement, et gênent plus tard pour répandre l'engrais également.

Au lycée impérial de Caen, l'ancien recteur, l'abbé Daniel, a fait employer la tourbe pour absorber et désinfecter les matières fécales et tous les liquides chargés de matières facilement putrescibles. On s'en trouve parfaitement. Les paysans des environs qui apportent la tourbe au lycée ne demandent aucune rétribution. Après un temps convenu, ils la remportent et s'en servent pour fumer leurs terres.

En Irlande, on revêt avec des briquettes de tourbe desséchées les fosses à purin et les latrines. Au bout de quelque temps, ce revêtement devient un très-bon engrais.

Deux parties de tourbe desséchée, une partie de plâtre en poudre et une partie de matière fécale non séparée des urines composent un engrais très-énergique, qui a sur le fumier de ferme l'avantage d'agir immédiatement sur les plantes, et de pouvoir être employé aussitôt après sa fabrication.

La tourbe carbonisée vaut encore mieux que la tourbe simplement desséchée. On fait à Bondy, avec cette sorte de charbon et les matières solides des vidanges, des briquettes presque sans odeur et d'un transport facile.

Un propriétaire cultivateur, M. Bodin de la Pichonnerie, fait jeter tous les jours, dans une fosse bétonnée et bien close, les déjections de cinq personnes qui composent sa maison; de temps en temps il y fait mêler de la poussière de charbon, et, au bout de l'an, il en retire de quoi fumer 2 hectares de terre. Voilà, assurément, une fumure qui coûte bien peu de dépenses et de soins!

M. Lucas, inspecteur des jardins à Hohenheim, prépare un excellent engrais, tant pour les plantes d'agrément cultivées en pot que pour les légumes de pleine terre, en faisant jeter dans les fosses, chaque jour en été, tous les deux ou trois jours quand il fait froid, quelques pelletées de poussier de charbon et de balayures des bûchers, de sciure de bois, de débris d'écorces, etc. La matière brune, presque homogène, qu'on retire des fosses, est brassée, passée au crible et additionnée de 2 à 3 pour 100 de cendres de bois. Quand on l'applique aux rosiers, aux pélargoniums, etc., on la mélange par moitié avec du terreau de feuilles. Cet engrais active d'une manière surprenante la végétation, et il mérite quelquefois la préférence sur le guano, parce que, grâce aux matières charbonneuses qu'il renferme, il maintient la terre tout à la fois plus chaude et plus meuble.

Pourquoi, d'ailleurs, ne pas faire ce que pratique l'habile M. Villeroy, cultivateur à Rittershorf (Bavière), qui sait éviter ce qu'il y a de dégoûtant et de dangereux dans la vidange des fosses? Il place debout sur un traîneau un tonneau peu élevé, d'une contenance de quatre hectolitres environ, et il l'enferme dans le cabinet d'aisances. Quand il est plein, on y attelle deux bêtes et on le traîne jusqu'à l'endroit peu éloigné où il doit être vidé. Là, on mêle le contenu à de la tourbe ou à de la terre, et on obtient une poudre excellente, surtout pour le colza et les autres crucifères. Cet engrais sert aussi à beaucoup de jardiniers, qui ne s'en vantent pas, pour produire de très-beaux légumes, particulièrement des asperges d'une grosseur remarquable.

Aux environs de Leipsick, à Altenburg, en Saxe, on

voit près de chaque maison une citerne à purin; les lieux d'aisances sont construits sur cette citerne.

Chez un certain nombre de cultivateurs et de propriétaires agronomes de la Seine-Inférieure, j'ai fait adopter depuis longtemps l'usage d'établir sur le tas de fumier une baraque mobile où tous les agents de l'exploitation vont se renfermer pour y déposer les produits de la digestion. Les matières sont recouvertes à mesure par une légère couche de fumier ou de menue paille.

Voilà des habitudes que je voudrais voir adopter partout, afin de recueillir et de mettre à profit l'engrais le plus facile à se procurer, et dont l'emploi généralisé accroîtrait, d'une manière inespérée, la production agricole et par suite la richesse publique. On rompt souvent ses habitudes pour gagner de l'argent, pourquoi n'en ferait-on pas autant pour cesser d'en perdre?

CHAPITRE II

INFLUENCE DE LA NOURRITURE ET DE L'ORGANISATION DES ANIMAUX

Les différences remarquables qu'on a observées depuis longtemps dans les propriétés et le mode d'action des fumiers des divers animaux, dépendent en partie de l'organisation spéciale de chacun d'eux, car ces différences ne cessent pas de se montrer alors même que tous sont soumis au même régime alimentaire et sont placés dans les mêmes conditions. Mais il faut reconnaître aussi que le mode de nourriture, la qualité plus ou moins sèche des aliments influent d'une manière notable tant sur la nature que sur la quantité des fumiers produits.

Les bêtes ne produisent rien par elles-mêmes; elles ne peuvent que convertir en chair et en fumier le fourrage qu'on leur donne. Une partie de ce fourrage est assimilée par les bêtes pour leur entretien; l'autre, rendue sous forme d'excréments, forme ce que l'on appelle le fumier.

Il est hors de toute contestation que :

Plus la nourriture donnée aux animaux est substantielle, plus le fumier contient de principes fertilisants;

Une bête bien nourrie produit deux fois autant de fumier qu'une bête mal nourrie;

Les animaux sains, et surtout les animaux gras donnent des fumiers bien meilleurs et plus abondants que les animaux maigres ou malades;

Les vaches laitières ou saillies donnent un fumier moins riche, c'est-à-dire moins azoté et moins phosphaté, que les bœufs de travail, parce que les principes azotés et phosphatés de la nourriture sont distraits des sécrétions pour concourir à la production du lait ou au développement du fœtus;

Par une raison analogue, les élèves procurent un engrais moins riche que les animaux adultes.

La quantité de fumier à produire ne dépend donc pas tant du nombre de têtes de bétail que de la quantité des fourrages qu'on lui fait manger; elle dépend encore de son âge, de son état de santé, ainsi que du mode de nourriture suivi, soit à l'étable, soit au pâturage, attendu que dans ce dernier cas une très-grande partie des excréments ne peut être recueillie.

« Dans le plus grand nombre des exploitations, où les bestiaux sont nourris à la pâture pendant l'été, dit Mathieu de Dombasle, et où la paille forme une portion considérable de la nourriture de l'hiver, on ne tire pas annuellement plus de 4 voitures de fumier par tête de gros bétail, tandis qu'on en peut tirer 20, et même davantage, de bien meilleur fumier par une nourriture copieuse donnée à l'étable.

» Il y a, dans cette augmentation, de quoi doubler, dans presque toutes les circonstances, le produit de toutes les récoltes de l'exploitation, et, par conséquent, augmenter le produit net dans une bien plus grande proportion, puisque les frais de culture sont les mêmes pour une terre richement amendée et pour une terre pauvre.

» La proportion des fourrages artificiels se trouvera augmentée de moitié par l'effet de l'amélioration des terres de l'exploitation, ce qui permettra non-seulement de nourrir copieusement le même nombre de bestiaux, mais d'en entretenir davantage.

» C'est sous ce point de vue qu'on doit considérer la nourriture à l'étable, si l'on veut apprécier toute l'importance de cette méthode pour la prospérité d'une exploitation agricole.

» D'un autre côté, l'augmentation de nourriture qu'on fait consommer au bétail, pour en obtenir une plus grande abondance d'engrais, n'est jamais onéreuse, parce que l'augmentation des autres produits, comme le lait, la graisse, la laine, la viande, ou le travail par les bêtes de trait, paye toujours largement cette augmentation de dépense. En effet, il n'y a pas de bestiaux, de quelque espèce qu'ils soient, qui donnent moins de profit que des bestiaux maigrement nourris. On pourrait cependant ici pécher aussi par l'excès, mais il est bien facile de s'en garantir (1). »

Le système de culture alterne, combiné avec la nourriture à l'étable, est celui qui procure le fumier en plus grande abondance, de meilleure qualité et au plus bas prix. Malheureusement, ce système n'est pas celui qui prédomine en France. Presque partout le bétail est insuffisant, mal nourri, et fort souvent on l'envoie paître dans les bois ou sur les communaux. On se prive ainsi gratuitement de ce qu'il y a de

---

(1) *Calendrier du bon cultivateur*, ou *Manuel de l'Agriculteur pracien*, par Mathieu de Dombasle, 7e édition, 1843, p. 478.

plus nécessaire pour obtenir un riche et copieux fumier, les excréments et les urines. On ne peut justifier cette détestable pratique par le manque de fourrages, puisqu'il est facile de créer des prairies artificielles pour parer à cet inconvénient.

Les cultivateurs disent qu'ils manquent d'engrais !. Mais à qui la faute? Font-ils des fourrages en rapport avec la superficie qu'ils cultivent? Pourquoi toujours la plus forte part pour les céréales, les colzas et autres plantes épuisantes? Pourquoi si peu de racines fourragères, de prairies naturelles et artificielles?... On ne réfléchit pas assez qu'avec de l'herbe et des racines en abondance on peut nourrir plus de bestiaux; qu'avec des bestiaux bien nourris on obtient plus de fumier, et qu'avec plus de fumier on peut avoir, sur une moindre surface de terre, autant et plus de grains qui remplissent la cassette du fermier. Aussi maître Jacques Bujault, ce praticien si consommé et si intelligent, disait-il dans son langage naïf et concis :

Le pré donne du fourrage, le fourrage nourrit le bétail, le bétail fait le fumier, le fumier produit le grain. A PETIT FUMIER, PETIT GRENIER.

Les chevaux, les bœufs, les vaches, les moutons, les porcs, ce sont des machines vivantes à fumier, qu'il faut multiplier le plus possible, et pour les multiplier avec le moins de dépense, que faut-il faire?... des prairies sèches ou arrosées, des trèfles, des luzernes, des sainfoins, des pois, des vesces, le tiers au moins du faire-valoir, parce que ces cultures-là, voyez-vous, consomment fort peu de fumier, et en produisent au contraire beaucoup.

On ne saurait trop le répéter, les bestiaux, c'est la véritable richesse du cultivateur, parce qu'ils rendent à la terre, par les fumiers, ce qu'ils lui ont emprunté pour leur nourriture, et que, tant par leur travail que par les divers produits qu'ils fournissent : lait, beurre, fromage, laine, chair, cuir, etc., ils payent avec usure les soins qu'on leur donne.

Donc l'extension des prairies, des cultures fourragères (légumineuses et racines sarclées), voilà quel est actuellement le point essentiel, parce qu'avec beaucoup de fourrage on peut faire prédominer le bétail, ce qui accroît forcément la masse des engrais, donne, par suite, la possibilité de mieux fumer, et, comme dernière conséquence, amène à avoir des récoltes de toute nature (céréales, lin, colza, etc.) plus abondantes, plus lucratives, qui s'échangent sur les marchés en beaux écus sonnants.

« Si nos cultivateurs, dit M. Gaucheron, professeur de chimie agricole à Orléans, avaient un peu plus de connaissances en économie agricole; s'ils s'étaient bien rendu compte de cette vérité que, sur les terres en labour, il n'y a que des récoltes *maxima* qui donnent des produits suffisamment rémunérateurs, et que ces fortes récoltes ne peuvent s'obtenir qu'au moyen de bonnes fumures, ils verraient, disons-nous, qu'il y aurait avantage pour eux à distraire de leurs terres en labour une certaine quantité de champs qui, transformés en prairies, leur donneraient le moyen de nourrir un bétail plus nombreux et par cela même d'augmenter les tas de fumier (1). »

Notre agriculture aurait besoin de disposer annuellement de 4 263 172 050 quintaux métriques de fumier de ferme.

---

(1) *Leçons de chimie agricole professées à Orléans.*

M. Rohart, à qui j'emprunte ces chiffres, affirme qu'en admettant les conditions les plus favorables, elle n'en saurait produire actuellement plus de 1 283 164 115 quintaux. D'où vient ce déficit annuel de près de 3 milliards de quintaux de fumier? Évidemment de l'insuffisance de notre bétail; et cette insuffisance, je le répète à dessein, tient uniquement à ce que nous ne consacrons pas assez de terres aux prairies naturelles et artificielles. L'Angleterre a plus du tiers de son sol en prairies, tandis qu'en France il n'y en a guère qu'un sixième !

Notre système cultural a donc besoin d'être profondément et radicalement modifié. Malgré l'attachement qu'on porte aux choses anciennes; malgré les dérangements qui peuvent résulter du changement, on ne peut repousser tous les perfectionnements qui se présentent par simple respect pour l'habitude. Ce serait donner raison à celui qui a dit : « *L'habitude est une difformité morale!* »

Le genre de nourriture administrée aux animaux a beaucoup d'influence sur les qualités du fumier qu'ils fournissent. Les bêtes à cornes ont toujours une nourriture très-aqueuse; en effet, même après la saison des herbages, on leur donne des carottes, des betteraves ou leur pulpe, des pommes de terre ou les marcs des féculeries, de la drêche et autres céréales germées des brasseurs. Les bêtes à laine et les chevaux ont généralement, au contraire, une alimentation plus sèche en grains et en fourrages. Il n'est donc pas étonnant que les fumiers des bêtes à cornes soient plus aqueux, moins actifs, plus *frais* que les fumiers des chevaux et des moutons.

Dans quelques pays cependant, en Flandre, par exemple, les vaches et les chevaux ont la même nourriture pendant la plus grande partie de l'année, c'est-à-dire du trèfle et de l'orge en vert en été; et, en hiver, de la paille hachée, de la drèche et autres céréales germées. Dans ce cas, le fumier de vache est moins *frais*, et celui des chevaux est moins *chaud* que dans les pays où la nourriture des uns et des autres est très-différente.

Marshall, dans sa *Description de l'agriculture du Norfolk*, donne au fumier du cheval nourri avec du foin et de l'avoine la préférence sur tous les autres; il place au second rang le fumier du bétail à l'engrais; il regarde comme de beaucoup inférieur le fumier du bétail maigre, et particulièrement celui des vaches laitières; enfin il tient pour le plus mauvais celui des bestiaux qui n'ont que de la paille pour nourriture d'hiver.

Mathieu de Dombasle, de son côté, a reconnu que le fumier produit par le bétail qui reçoit des tourteaux de graines oléagineuses est bien supérieur à tous les autres. Pendant l'été, les fumiers sont toujours de très-bonne qualité; mais quand les bêtes sont nourries de fourrages secs, les fumiers manquent d'humidité. Ceux qui proviennent des brebis portières, des vaches laitières n'ont pas ce défaut, parce qu'elles reçoivent des racines.

Plus les aliments sont riches en azote, plus le fumier qui en dérive est azoté. De là, la convenance de choisir, autant que possible, les matières végétales les plus riches en ce principe, ou de proportionner les doses de ces matières de manière qu'elles s'équilibrent entre elles sous le rapport de l'azote. On sait fort bien, en pratique, qu'il n'est pas indifférent de nourrir un animal avec 10 kil. de foin, ou de pommes de terre, ou de betteraves, et qu'il est nécessaire de le rationner suivant la nature de la matière alimentaire. Or la meilleure manière d'établir les rations équivalentes des différents aliments, c'est d'avoir égard à leur richesse comparative en azote, et d'en élever ou diminuer la quantité suivant cette richesse; de faire en sorte qu'avec toute espèce d'aliments les animaux reçoivent, en définitive, la même dose de principes azotés, puisque ce sont ceux-ci qui contribuent le plus à la nutrition et au développement des organes.

Si tout l'azote des aliments passait dans les déjections, on pourrait, par la nature de ces aliments, prévoir l'efficacité ou la qualité du fumier produit par chaque animal; mais il n'en est pas ainsi : une partie de l'azote ingéré est exhalée dans l'acte de la respiration sous forme gazeuze, et une autre partie est assimilée dans l'organisme, pour servir à la production de la viande, ou du lait. Il n'y a de rejetée avec les excréments que la partie qui n'a point été utilisée dans l'acte de la nutrition et de la digestion. Voici, à cet égard, ce que nous apprennent les expériences infiniment curieuses de M. Boussingault :

Un cheval adulte reçoit dans sa ration journalière en foin, avoine, paille et paille-litière, la valeur de 232 grammes d'azote. Or, en admettant 2 pour 100 d'azote dans l'engrais normal, à l'état sec, on voit que la nourriture consommée pourrait fournir théoriquement parlant, 11^{kil}, 6 de fumier de ferme, supposé sec. Mais comme, en 24 heures, le cheval expire en moyenne 25 gr. d'azote prélevés sur les aliments, et qui sont perdus par conséquent pour le fumier; comme ces 25 gr. d'azote représentent 1^{kil}, 25 d'engrais sec, il s'ensuit que le fumier sec, produit par le cheval à l'écurie, se trouve réduit à $10^{kil},3$, et que, dans une année, l'azote exhalé diminue le poids du fumier sec de 475 kil.

La quantité d'azote renfermée dans les aliments d'une vache, et perdue pour le fumier, est encore plus considérable, car à l'azote exhalé pendant la respiration se joint celui qui fait partie du lait. En effet, une vache laitière, qui donne dix litres de lait, consomme l'équivalent de 15 kil. de foin et 2 kil. de paille-litière, dans lesquels il y a 181 gr. d'azote, ce qui représente 9 kilog. de fumier normal sec. Mais, dans les 24 heures, cette vache a donné 10 litres de lait contenant 52 grammes d'azote, et elle a, en outre, expiré 25 gr. d'azote, ce qui fait en tout 77 gr. d'azote perdu pour les déjections; or, ces 77 gr. représentent $4^{kil},8$ de fumier sec; en sorte que les 15 kil. de foin digérés par la vache ne produisent, avec la litière, que $4^{kil},8$ de fumier au lieu de 9, d'où il suit que, dans une année, l'azote assimilé et exhalé occasionne une perte de 15 quintaux d'engrais sec.

Le même fait se reproduit pour les animaux qui sont en état de croissance, parce que, outre l'azote enlevé par la respiration, il y en a une autre portion qui doit contribuer au développement des organes.

L'engrais perdu par la fixation de l'azote des aliments est donc considérable lorsqu'il s'agit d'une vache laitière ou du bétail jeune. Il résulte des observations de M. Boussingault que, pour 100 kilog. de foin consommé,

Un cheval rend l'équivalent de 54 kil. de fumier normal sec.
Une vache laitière.......... 32   —
Un veau de six mois........ 40   —

D'après les calculs du même savant, 100 kilog. de *poids*

vivant, produit dans l'étable, privent l'exploitation de 180 kilog. de fumier normal sec, ou d'environ 9 quintaux de fumier humide (1).

L'appréciation exacte de la proportion de fumier produite par chaque espèce de fourrage présente beaucoup de difficultés et d'incertitude, en raison surtout du peu de notions positives qu'on a, quant à présent, sur les rapports des propriétés nutritives entre les diverses sortes de fourrages et de racines. Jusqu'ici, d'ailleurs, on a fait peu d'expériences directes pour éclairer cette question importante. Celles qui ont été tentées dans ce but paraissent démontrer que la masse de la nourriture sèche et de la litière réunies double de poids par la conversion de cette dernière en fumier.

Maître Jacques Bujault donne, ainsi qu'il suit, le rapport du fumier à la nourriture prise à l'étable, litière comprise :

100 kilogr. de paille produisent...	200 kilogr. de fumier.
100 — de foin...	220 —
100 — de racines...	100 —
100 — de récoltes vertes...	100 —

Voici quelques-uns des résultats obtenus par Schwerz, relativement à la proportion de fumier fourni par le fourrage vert et sec, recueilli sur un hectare. Si les chiffres indiqués n'ont pas une valeur absolue, ils ont toutefois encore assez d'importance, puisqu'ils mettent hors de doute l'influence que le genre de nourriture exerce sur la production du fumier.

(1) Boussingault, *Économie rurale*, t. II, p. 623.

Tableau du produit d'un hectare en fourrage, et du fumier qui en provient :

OS des ALIMENTS.	POIDS DU FOURRAGE ET DE LA PAILLE		PRODUIT EN FUMIER contenant 75 p. 100 d'eau
	Verts.	Secs.	
Choux-raves	35,000 kil.	7,700 kil.	13,415 k.
Pommes de terre	27,000	7,560	13,230
Luzerne	26,200	5,504	9,097
Navets	50,000	5,000	8,750
Trèfle	23,000	4,998	8,270
Carottes	35,000	4,550	7,962
Maïs	»	4,500	7,875
Betteraves	36,000	4,320	7,560
Seigle	»	3,500	7,000
Epeautre	19,000	3,990	6,982
Froment et épeautre	»	3,300	6,600
Colza	»	3,000	5,250
Avoine	»	3,000	5,250
Herbe des prés	13,300	2,793	4,888
Fèves	»	2,500	4,625
Pois et vesces	»	2,500	4,625
Orge	»	2,200	3,850

D'après les évaluations de Thaër, d'après les expériences de Flotow, de Pabst, de M. Boussingault, on peut estimer, avec une exactitude suffisante, la production du fumier dans une exploitation rurale par les fourrages secs entrés dans les étables, en ajoutant à leur poids celui de la paille de litière, et en doublant la somme. Exemple :

Une vache laitière du poids de 500 à 600 kilog., consomme, en stabulation, dans une année :

Fourrages de diverses natures équivalant à.... 5475 kil. de foin sec.
Paille de litière.............................. 740
                                              ─────
                                              6245

En multipliant cette somme par 2, on a 12 430 kilog.

pour la production annuelle du fumier, résultat conforme aux évaluations données par de bons praticiens.

La méthode de M. Heuzé pour évaluer la production du fumier par chaque sorte d'animal repose sur le même principe, mais elle est plus précise. Elle consiste à ramener à l'état de *siccité absolue* la somme de la nourriture et de la litière, de quelque nature qu'elles soient, et à multiplier cette somme de *matière sèche* par l'un des chiffres suivants :

Multiplicateur pour	les chevaux...............	1,30
—	les bœufs de travail.......	1,50
—	les vaches...............	2,30
—	les porcs................	2,50
—	les moutons...............	1,20
	Chiffre moyen........	1,80

Pour appliquer la formule, il faut donc connaître exactement les proportions d'eau et de matière sèche contenues dans les différents aliments et les diverses litières. Le tableau suivant donne ces renseignements :

DÉSIGNATION DES MATIÈRES.	EAU sur 100 kil.	MATIÈRE SÈCHE sur 100 kilog.
1° ALIMENTS.		
Foin à l'état de siccité commerciale......	15	85
Fourrage vert...............	75	25
Pomme de terre.............	75	25
Rutabaga..................	90	10
Betterave.................	85	15
Carotte...................	87	13
Topinambour..............	78	22
Panais...................	85	15
Navet....................	90	10
Feuilles de chou, de navet, etc.	90	10
Résidus de betterave............	70	30
— de pomme de terre.........	75	25
Fève de marais	16	84
Tourteaux de lin et de colza.........	10	90
Vesce...................	15	85
Son....................	25	75
Avoine..................	13	87
Sarrasin (graine).............	12	88
2° LITIÈRES.		
Paille de céréales.............	10	90
— de sarrasin.............	15	85
Sciure de bois...............	25	75
Feuilles mortes..............	25	75 (1)

J'emprunte à M. Bobierre, comme exemple d'application de la méthode de M. Heuzé, les documents suivants qui concernent une vache suisse ne sortant pas de l'étable et recevant par année :

2745 kil.	de pommes de terre, représentant en nombres ronds......................	686 kil. de matière sèche.	
5140	de trèfle vert......................	1285	—
1800	de betteraves.....................	270	—
180	de paille hachée...................	162	—
2364	de foin..........................	2009	—
90	de tourteaux de colza...............	81	—
912	de paille litière...................	820	—
	Total de la matière sèche......	5313	

(1) G. Heuzé, *Les matières fertilisantes*, 4e édition, p. 482.

Multipliant donc ces 5313 kil. de matières sèches par le chiffre 2,30, qui est le multiplicateur fixé par M. Heuzé pour les vaches, on trouve, pour le poids du fumier produit dans l'année par la vache suisse, 12215 kilog. (1).

On peut déduire des faits de pratique les mieux établis qu'une tête de bétail convenablement pourvue de fourrage et de litière rend environ 25 fois son poids de fumier par an.

Le tableau suivant montre le rendement approximatif des divers animaux d'une ferme :

DÉSIGNATION DES ANIMAUX.	POIDS de L'ANIMAL.	FUMIER produit dans l'année.
Vache laitière nourrie à l'étable...	400 kil.	11000 kil.
Bœuf à l'engrais.	500	25000
Cheval de trait.	600	9000
Bœuf de travail.	600	11000
Mouton allant au pâturage..	40	500
Porc adulte.	100	1400
Totaux	2240	57900
Rapports	1	25

(1) Bobierre, *Leçons de chimie agricole*, 2ᵉ édition, p. 418.

CHAPITRE III

DE LA NATURE DE LA LITIÈRE DONNÉE AUX ANIMAUX

La nature de la litière qu'on donne aux animaux influe aussi, de son côté, sur la qualité des fumiers qu'on en obtient. Et cela doit être, car toutes les pailles n'ont pas la même constitution chimique, comme cela a été mis en évidence par les analyses intéressantes du chimiste allemand Sprengel et par celles plus récentes de MM. Boussingault et Payen.

Les débris végétaux agissent d'autant mieux, comme litière, et par suite comme engrais, que leur tissu est plus spongieux, plus apte à retenir les parties liquides, à se mêler aux parties solides des excréments, et qu'ils sont plus riches en principes azotés et en substances salines.

Le plus ordinairement c'est la paille des céréales qu'on met sous les animaux. Dans 1000 kilog., on y trouve, en principes immédiats :

	Paille de blé.	Paille de seigle.	Paille d'orge.
Albumine	31 kil.	15 kil.	19 kil.
Phosphates et autres sels	60	30	40
Ligneux, substances non azotées	786	769	799
Eau	123	186	142
	1000	1000	1000

Ce n'est pas parce que les pailles des céréales sont les plus riches en substances azotées et en matières salines qu'on leur donne généralement la préférence comme litière, mais parce que leur conformation creuse et tubaire leur permet de mieux absorber les urines, de mieux retenir les déjections molles, de procurer un coucher convenable aux animaux, de perdre moins de leur volume, et de donner, par conséquent, un fumier plus abondant. Très-pauvres en azote et en sels alcalins, ces pailles sont bien inférieures, sous ce rapport, aux fanes ou tiges des légumineuses, des crucifères qu'on néglige comme litière et qui communiqueraient aux fumiers de meilleures qualités.

C'est ce dont vous allez être convaincus par le tableau suivant, qui fait connaître la richesse comparative des différentes pailles ou tiges en substances salines, en acide phosphorique et en azote :

DESIGNATION des MATIÈRES.	Sub-stances salines sur 100.	Acide phospho-rique sur 100.	Azote sur 100.	Équiva-lents.	Nombre de kilogr. pour la fumure de 1 hectare.
Paille de blé récente....	3,518	0,22	0,24	166,66	49 998
— — ancienne ..	»	0,21	0,49	81,60	24 480
— de seigle........	2,793	0,15	0,17	35,29	70 587
— d'orge..........	5,241	0,20	0,23	173,90	52 170
— d'avoine........	5,734	0,21	0,28	142,86	42 855
Balles de froment.......	»	0,57	0,85	47,05	14 115
Paille de millet........	4,855	0,03	0,78	51,28	15 384
— de maïs.........	3,985	0,86	0,19	210,50	63 150
Fanes de colza.........	3,873	0,30	0,75	53,33	15 999
— de vesce........	5,101	0,28	0,10	400,00	120 000
— de sarrasin	3,203	0,28	0,48	83,33	24 999
— de fèves........	3,121	0,22	0,20	200,000	60 000
— de lentilles	3,899	0,48	1,01	39,60	11 800
— de pois.........	4,971	0,40	1,79	22,34	6 702
— de haricots......	»	»	0,10	400,00	120 000
— de pommes de terre............	1,73	»	0,55	72,72	21 816
— de topinambours .	2,76	»	0,37	108,10	32 403
— d'œillette........	»	»	0,95	42,10	12 630

Il ressort bien évidemment de ce tableau que les fanes et les tiges des légumineuses, des crucifères, du sarrasin, des pommes de terre, du topinambour, sont préférables à toutes les autres, puisqu'elles sont plus riches en azote et en acide phosphorique; mais, d'un autre côté, comme elles sont très-aqueuses et peu consistantes, elles se réduisent presque à rien quand elles se dessèchent, et, à cause de cela, elles ne sont pas aussi propres à mettre sous les bestiaux que les pailles des céréales ; voilà pourquoi on a donné partout la préférence à ces dernières, et surtout aux pailles de seigle et de blé.

Celles-ci sont surtout caractérisées parce qu'elles contiennent plus de silice que toutes les autres; cette substance forme plus des 3/5 de leurs cendres. Aussi, lorsqu'elles pourrissent et sont converties en fumier, elles ne sont utiles à la végétation qu'en donnant à la terre de l'humus, car elles ne lui fournissent presque pas de principes salins et azotés. Ainsi, les agriculteurs qui avancent que la paille des céréales est un mauvais engrais, trouvent leur opinion fortifiée par l'analyse chimique. La partie la plus importante de cette sorte de paille est le phosphate de chaux, mais en supposant qu'un hectare donne 3077 kilog., de paille, on n'aura dans cette quantité que 10 kil. 577 de phosphate de chaux, tandis que dans la paille de colza, produite par un espace égal de terrain, on en a 21 kil. 154.

La paille d'avoine renferme beaucoup de potasse, d'où l'on peut conclure que, pour qu'un terrain produise de bel avoine, il faut qu'il renferme une proportion notable de cet alcali; l'expérience le prouve. Les montagnes de Sollingen sont renommées, dans tout le Hanovre, pour leur avoine, et il est reconnu que le sol de ces montagnes contient beaucoup de potasse.

La paille de sarrasin se distingue des autres par la quantité de magnésie qu'elle offre à l'analyse. On peut en inférer qu'un terrain, pour être favorable à cette plante, doit contenir beaucoup de magnésie. Donc, dans les terres magnésiennes qui, en général, sont bien inférieures à toutes les autres et fort peu productives, il y aura tout avantage à y cultiver, de préférence, du sarrasin.

Vous voyez, par ce qui précède, combien de renseignements précieux fournit l'analyse chimique, et sur combien de questions importantes la science peut éclairer la pratique agricole.

Dans les pays où l'on a l'habitude de battre l'œillette, le colza et le sarrasin dans les champs, beaucoup de cultivateurs rassemblent ces pailles en gros tas, y mettent le feu et abandonnent les cendres au vent. D'autres payent les frais de récolte du colza aux ouvriers avec les tiges et jambes de cette dernière plante. Les uns et les autres se privent ainsi d'excellents éléments pour la confection des fumiers. Il serait bien plus rationnel d'associer ces tiges aux pailles des céréales pour former la litière, afin d'apporter aux fumiers les sels alcalins et les phosphates dont les terres sont généralement pauvres.

Un grand nombre de cultivateurs normands ont adopté, d'après mes conseils, l'usage de consacrer leurs fanes de colza à faire des litières. Plusieurs même achètent les fanes de leurs voisins pour en enrichir leurs fumiers. C'est ce que faisait, notamment, Decrombecque père, à Lens (Pas-de-Calais) ; il achetait la paille de colza au prix de 6 francs le 100 bottes de 5 kilog. chacune.

Indépendamment de l'insuffisance des herbages et de la culture des plantes fourragères et sarclées, et par suite du manque de bétail dans presque toutes nos fermes, il y a une autre habitude qui n'est pas moins nuisible à la production des fumiers; c'est de vendre la plus grande partie des pailles qui doivent être consacrées aux litières. Pour un bien faible avantage on prive le sol d'un aliment qui naturellement devrait lui revenir, on déprécie sa propriété en l'épuisant. Ce sont là des choses qu'il faut savoir quand on veut cultiver.

« *Vendre sa paille,* dit un vieux proverbe de nos campagnes, *c'est vendre son fumier; et qui vend son fumier, vide son grenier.* »

Il n'y a qu'une seule circonstance dans laquelle on puisse vendre ses pailles; c'est lorsque, placé près d'un fort marché ou d'une grande ville, on trouve à les placer à un prix avantageux, 3 fr. 50 à 4 fr., les 100 kilog., et à acheter du fumier à raison de 8 à 10 fr. les 1000 kilog., ou, à bas prix, des tourteaux, de la chair en poudre, de l'engrais poisson, des râpures de cornes, des chiffons de laine, les balayures et déchets des filatures et des fabriques de drap, les débris et bourres des tanneries, les marcs de colle, les pains de creton, des phosphates fossiles, certains engrais commerciaux préparés loyalement (engrais Rohart, Coignet, Richer, Michelet, etc.), dont l'action fertilisante est bien autrement puissante que celle de la paille. Dans les conditions dont je parle, les cultivateurs ont tout avantage à vendre leurs pailles, mais pourvu toujours que ce soit pour en employer l'argent à l'achat d'engrais.

Il serait d'une pratique avantageuse, de couper, d'écraser, de meurtrir les pailles par un moyen mécanique avant de les placer sous les animaux; ceux-ci y trouveraient un coucher plus doux, et l'absorption des liquides et des autres matières serait plus facile et plus complète.

Dans nombre de localités, on devrait suppléer à la disette des pailles de seigle et de blé pour litière par une foule de plantes ou de débris végétaux qu'il est facile, dans bien des cas, de se procurer avec économie; tels sont, surtout, les bruyères, les fougères, les feuilles d'arbres, les genêts, les roseaux, la mousse, les gazons, la tourbe, les ajoncs, les ramilles, le buis, la sciure de bois, la tannée, etc.

La plupart de ces plantes ou de ces débris sont même plus riches en principes azotés et salins que les pailles, et, sous ce rapport, ils leur sont préférables comme engrais. C'est ce que l'on voit par le tableau suivant :

DÉSIGNATION des MATIÈRES.	Matières salines sur 100.	Acide phosphorique sur 100.	Potasse sur 100.	Azote sur 100.	AUTORITÉS.
Bruyère..............	3,61	0,18	0,48	1,00	Wolff.
Genêt à balais..........	1,89	0,16	0,60	»	—
Fougère..............	5,89	0,57	2,52	»	—
Prêle.	20,44	0,41	2,70	»	—
Varechs..............	11,80	0,37	1,71	»	—
Feuilles de hêtre.......	5,74	0,24	0,30	0,80	—
— de chêne......	4,17	0,34	0,15	0,80	—
Aiguilles de pin sylvestre...	1,18	0,19	0,02	0,50	—
— d'Abies excelsa.	4,89	0,40	0,07	0,50	—
Roseaux..............	3,85	0,08	0,33	»	—
Carex................	6,95	0,47	3,31	»	—
Joncs................	4,56	0,29	1,67	»	—
Scirpes...............	7,44	0,48	0,72	»	—
Feuilles de peuplier....	9,30	»	»	0,53	Boussingault et Payen.
— de poirier.....	»	»	»	1,36	
— de buis........	»	»	»	1,17	—
— d'acacia	»	»	»	0,72	—
Gazon de prairie........	»	»	»	0,53	
Sciure de chêne sèche ..	»	0,04	»	0,54	
— de sapin sèche...	»	0,03	»	0,16	
Tannée...............	6,48	»	»	0,69	—

La fougère, si abondante dans certaines localités et dans le voisinage des bois, est très-riche en sels alcalins ; d'après Berthier, elle contient plus de sulfate de potasse, de carbonate et de phosphate de chaux que les pailles des céréales. Bosc prétend qu'elle est si riche en potasse, qu'elle pourrait suffire à tous nos besoins, ce qui me paraît une exagération. D'après M. Malaguti, cette plante, desséchée à 110 degrés, donne 2,23 pour 100 d'azote, c'est-à-dire 5 fois plus que les pailles des céréales. L'agronome Burger prétend que les fougères, mêlées aux déjections des animaux, forment un engrais préférable au fumier ordinaire. Tous les praticiens qui ont employé cette plante comme litière ont constaté le même fait.

La tourbe, qui renferme de 81 à 92 pour 100 de matières organiques, de 2 à 3 pour 100 d'azote, et de 7 à 18 pour 100 de matières minérales, est surtout très-bonne comme litière dans les bergeries. Elle forme alors un excellent engrais pour les prairies. Il en est de même de la tannée, bien qu'elle se décompose très-lentement.

Les diverses plantes ou débris de plantes dont je viens de parler doivent être employés verts, parce que secs ils se désagrégent et pourrissent difficilement; il faut les laisser d'autant plus longtemps sous le pied du bétail, qu'ils sont plus durs et qu'ils résistent davantage à la décomposition. Ceux qui sont ligneux présentent cependant, comme litière, d'assez graves inconvénients; ils sont quelquefois assez rigides pour gêner les animaux, et ils absorbent difficilement les urines. Avant de les placer dans les étables, il faut les broyer sous la meule, les couper, ou mieux, par économie de main-d'œuvre, les faire écraser par les roues des voitures de la ferme.

En les associant à la litière ordinaire pour une certaine quantité, on apporte une économie notable dans la dépense de la paille, on enrichit le fumier, et on obtient un fort bon coucher pour les animaux. Il faut toujours se rappeler qu'économiser la paille de litière, dans une exploitation rurale, c'est augmenter le fourrage.

Dans plusieurs parties des provinces rhénanes, où l'étendue des herbages est supérieure à celle des terres en labour, et où l'on manque fréquemment de litière, on a une méthode particulière de faire servir les bruyères à la confection du fumier. Le niveau des étables est de $0^m,30$ à $0^m,50$ au-dessous du niveau du sol environnant. Lorsque l'étable a été vidée, on commence par en garnir le fond d'une couche de $0^m,25$ à $0^m,30$ de bruyères et de gazon de bruyères; puis on répand, comme de coutume, de la litière de paille par-dessus. L'urine et toute la partie aqueuse des excréments étant absorbées par les bruyères, la paille peut rester sous le bétail plus longtemps que dans les cas ordinaires. Lorsqu'elle est complétement imprégnée, on se contente d'en mettre une nouvelle couche par-dessus jusqu'à ce que le fumier ait atteint une certaine hauteur. On enlève alors tout l'engrais de paille, mais on laisse les bruyères, sur lesquelles on en place de nouvelles en quantité égale, puis on continue comme auparavant à mettre de la litière de paille. Enfin, on met une troisième et même une quatrième couche de bruyères, suivant la profondeur de l'étable. On ne cesse que lorsque la position du bétail deviendrait incommode. On enlève alors tout l'engrais de bruyères et on le met en tas, en ayant soin de le stratifier avec du fumier de paille. De cette manière, on hâte sa décomposition et on retarde, au contraire, celle de ce dernier.

Dans la province de Drenthe, en Hollande, dont le sol plat, couvert de marais et de sable, est peu productif, c'est ussi à la bruyère qui s'étend partout à perte de vue, que les paysans empruntent leurs engrais. On la met comme litière dans les étables et les bergeries. Le fumier ainsi produit permet d'obtenir de bonnes récoltes de seigle et de sarrasin.

Cette méthode d'employer la bruyère, qu'on peut appliquer à toutes les autres plantes ou débris de plantes dont j'ai parlé plus haut, est excellente, car elle obvie, en très-grande partie, aux inconvénients que ces plantes présentent comme litière, et elle a, de plus, l'avantage d'empêcher la perte de l'urine et du purin.

Dans la Campine, dans les colonies agricoles de la Hollande et de la Belgique, on applique au même usage, et avec un grand succès, les gazons qu'on trouve toujours dans une exploitation rurale.

Dans la Bavière rhénane, dans la province de Luxembourg, on emploie avec avantage le genêt, qui est très-riche en sels de potasse; on le mélange avec la paille, ce qui donne un excellent fumier. En Bretagne et dans les Ardennes, on le met au premier rang des plantes destinées à servir d'engrais; on le coupe, dans ce but, lorsqu'il est encore tendre, et on le place sur les chemins fréquentés et dans tous les lieux parcourus par les animaux de la ferme.

Dans les Alpes-Maritimes, c'est le buis principalement qui sert à faire de la litière, et le fumier qui en provient paraît avoir, quand il est bien décomposé, une action beaucoup plus prolongée que le fumier d'étable et d'écurie.

Un très-bon moyen de suppléer partout à l'insuffisance des pailles, comme litière, est celui qu'on a adopté depuis longtemps dans plusieurs localités de l'Angleterre, de l'Allemagne, de la Suisse, dans le midi de la France, et que Schwerz a préconisé avec juste raison. Il consiste à couvrir le sol des étables, des bergeries, des écuries, avec une certaine quantité de terre sèche, qu'on recouvre chaque jour par une nouvelle couche, et qu'on remplace par de nouvelle terre, lorsque la première est suffisamment imprégnée par les déjections des bestiaux. La terre est prise le moins humide possible, afin de ne pas altérer la santé des animaux, notamment des moutons, qui sont très-délicats.

Les animaux, accoutumés à ce couchage, se reposent sur ce genre de litière tout aussi bien que sur une abondante provision de paille. Ils sont même plus sainement, car les miasmes qui s'élèvent de leurs excréments sont promptement absorbés par la couche de terre qu'on peut répandre une ou deux fois par jour. Ne voit-on pas, d'ailleurs, dans une partie de l'Angleterre, dans les marais desséchés de l'Ouest, de Nantes à Bordeaux, dans les herbages de la basse Normandie, dans le pays de Bray, des bestiaux passer leur vie sur des pâturages ou des prairies où ils reposent sur la terre nue, sans en être incommodés en aucune manière? En Hollande, les vaches sont sur un lit de planches sans litière.

Il serait donc facile de rassembler, sous de mauvais hangars, des terres qui seraient répandues sous les bestiaux, sans être trop humides. Ce transport pourrait avoir lieu dans les moments et dans les saisons où les travaux des champs n'exigent pas l'emploi des chevaux. On choisira la terre la plus propre au genre d'amélioration que l'on veut opérer dans les champs auxquels le fumier sera destiné. Ainsi, on prendra une terre sablonneuse ou calcaire pour un champ argileux, et une terre argileuse pour un champ sablonneux ou calcaire. Le sable sera employé de préférence, lorsque le fumier sera destiné à des prairies aigres ou infestées de mousse. On produira ainsi deux bonifications à la fois, celle d'un engrais et celle d'un amendement dans le terrain.

Sur la terre ou le sable, une légère couverture de paille, ou de toute autre substance végétale, est nécessaire pour le maintien de la propreté des animaux.

Chaque semaine, on transporte le fumier obtenu pendant cet intervalle de temps, dans une fosse préparée à cet effet. Le remuement nécessaire pour ce transport produit le mélange des matières, qui, entassées successivement, éprouvent une fermentation susceptible de fertiliser chaque molécule de terre.

C'est dans les étables de moutons que les litières de terre rendent surtout de bons services, en atténuant l'odeur trop forte des urines et en absorbant mieux tous les fluides qui, de toute manière, se perdent dans le sol. Avec le système actuel de litière et de bergerie, les deux tiers des urines rendues par les animaux sont absorbés par le sol qui n'est point pavé. Vous pourrez juger de la quantité d'engrais qui se perd journellement dans nos étables, si vous faites attention que les urines des bestiaux sont dans une proportion des quatre cinquièmes plus considérable que leurs excréments solides.

Or, en recouvrant le sol d'une couche, sans cesse renouvelée, de terre sèche, de sable, de tourbe, on ne perd aucune parcelle d'urine, et les animaux se trouvent dans des conditions plus favorables à leur santé que lorsqu'ils roupissent dans une fange humide, puante et malsaine, telle que celle qu'on voit généralement dans nos exploitations.

« Il est d'ailleurs à remarquer, dit Malingié-Nouel, ancien directeur de la ferme école de la Charmoise (Loir-et-Cher), que les animaux se trouvent très-bien des litières terreuses, et qu'ils les préfèrent à celles de paille. Lorsque, dans une bergerie vaste, on lite une partie du sol avec une substance terreuse, et le reste avec de la paille, les bêtes vont se coucher de préférence en dehors de cette dernière ; et, en effet, dans leur état naturel, elles ont été créées pour coucher sur la terre, et non point sur des débris de végétaux mêlés à leurs déjections (1). »

Chez MM. Crespel, fabricants de sucre et cultivateurs à Arras, les bergeries sont les seuls bâtiments de l'exploitation qui ne soient pas pavés : le sol en est même en contrebas de $0^m,60$ à $0^m,80$. Cette excavation est remplie d'un mélange de terre et de chaux, dans les proportions de 2/5 de terre et de 3/5 de chaux. Tous les trois ou quatre jours, ce sol est remué de manière à y faire pénétrer les urines et les crottins. Cette opération se continue ainsi pendant trois mois. On sort alors le mélange et on le passe au crible avec le plus grand soin ; il se pulvérise comme de la cendre. 1500 moutons fournissent ainsi plus de 500 tombereaux d'engrais de 2 mètres cubes chacun. C'est ce que MM. Crespel appellent leurs *cendres de bergeries.*

Pendant quelques années, les bergeries n'avaient pas d'autre litière que ce mélange de chaux et de terre ; mais

---

(1) *Construction et devis d'une bergerie* (Journal d'agriculture pratique, 3e série, t. IV, p. 45, 1852).

comme on s'aperçut que la laine durcissait et perdait ainsi de sa qualité et de sa valeur, on fit répandre dans la bergerie un léger lit de paille, qui est enlevé tous les trois ou quatre jours, avant de remuer le sol.

Cette addition de la chaux vive à la terre destinée à s'imprégner des urines n'a aucun des inconvénients qu'elle présente quand on l'ajoute aux liquides animaux qui ont déjà fermenté et qui renferment des sels ammoniacaux ; car si, dans ce dernier cas, elle en expulse l'ammoniaque et cause ainsi une perte considérable dans la valeur de l'engrais, avec les urines fraîches elle opère comme un antiseptique puissant en empêchant la fermentation de se produire, ainsi que je vous l'ai déjà dit, en vous citant les expériences de Payen.

D'après ce chimiste, quelques centièmes de chaux ajoutés à une litière terreuse suffisent pour que les déjections animales qui s'y mêlent se trouvent à l'abri de toute altération, surtout lorsqu'un fort tassement vient ajouter ses bons effets en s'opposant au contact de l'air. Il n'en paraît pas ainsi de la chaux employée à l'état de carbonate, craie ou marne, car sous cette forme elle accélère, au contraire, la décomposition des matières azotées et provoque l'expulsion de l'ammoniaque qui se produit (1).

Voici comment un habile agronome de l'Auvergne, M. de Douhet, confectionne ses litières. Il place sous le bétail, lorsque l'étable est bien nettoyée, un lit léger de paille, de feuilles ou de débris végétaux, qu'il recouvre de terre sèche ;

---

(1) Payen, *Expériences sur les litières terreuses* (Journal d'Agriculture pratique, 3ᵉ série, t. VII, p. 135-190, année 1853).

il sème sur cette terre un kilogramme de plâtre cru, en poudre, par tête de bétail et par chaque demi-mètre cube de terre ; il recouvre le tout d'un léger lit de paille. Lorsque cette litière se défonce par le piétinement et l'abondance des déjections, il ajoute, pour la raffermir, de la terre sèche qu'il plâtre et de la paille nouvelle. Enfin, lorsqu'on vide l'étable, on incorpore au mélange autant de kilogrammes de sel marin qu'on a employé de mètres cubes de terre.

Toutes les semaines, chaque tête de bétail transforme ainsi en engrais plus d'un demi-mètre cube de terre. M. de Douhet regarde cet engrais comme plus puissant et plus durable que le fumier ordinaire ; il décuple, par ce moyen, la masse de ses engrais ; il y trouve une grande économie de paille, et il peut nourrir ainsi plus de bestiaux.

Les avantages de la terre comme litière, c'est de s'unir plus intimement avec les déjections, tant solides que liquides, de former un mélange qui perd moins par l'évaporation que le fumier ordinaire, et qui, échappant à cette fermentation si active qui envahit les litières de paille entassées en grandes masses, peut être conservé beaucoup plus longtemps sans altération notable. M. de Gasparin cite un fumier terreux, pris dans les bergeries de la Charmoise, qui, après sept ans de conservation, n'avait perdu aucune trace de son azote primitif. Il est infiniment précieux pour un cultivateur de pouvoir attendre le moment favorable pour l'emploi de ses engrais, sans craindre de voir diminuer leur pouvoir fertilisant. Or, on sait que le fumier ordinaire perd en un an les deux tiers de son azote.

Mais le grave inconvénient des litières terreuses, c'est la nécessité d'en faire des amas considérables à l'époque des sécheresses et de les tenir en réserve dans un lieu abrité ; en pratique, c'est là un grand embarras. Il faut ajouter que ces matières, fort lourdes, coûtent beaucoup pour l'extraction et le transport ; leur pouvoir absorbant est loin d'être aussi prononcé que celui des litières végétales, en sorte qu'à moins d'en employer des quantités considérables, il n'est pas aussi facile qu'avec les pailles de tenir les bestiaux au sec.

Le tableau suivant, dont les chiffres sont empruntés à M. Boussingault, indique l'aptitude à l'imbibition des diverses sortes de litières :

	Après 24 heures d'imbibition, 100 k. des matières ont retenu d'eau :	Nombre de kil. de matières pour remplacer comme litière absorbante 100 kil. de paille de blé.
Paille de blé..................	220 kil.	» kil.
— d'orge................	285	77
— d'avoine..............	228	96
— de colza..............	200	110
Feuilles de chêne tombées......	162	136
Bruyère.....................	100	220
Sable quartzeux..............	25	880
Marne.......................	40	550
Terre végétale séchée à l'air....	50	440

C'est donc la paille des céréales qui a le plus d'aptitude à s'imprégner de liquides, et les matières terreuses le moins.

Ce sont également ces pailles qui arrêtent le mieux les exhalaisons gazeuses, les vapeurs ammoniacales qui sortent des litières et des tas de fumier en pleine fermentation. En effet, une mince couche de paille suffit pour faire disparaître l'odeur vive et pénétrante que répandent ces matières ; c'est ce qu'on sait très-bien dans les casernes de cavalerie.

Les terres ne peuvent donc pas toujours être utilisées

comme litière, au moins sans une addition de pailles, de feuilles ou d'autres débris végétaux. Cependant chez le baron de Rotenham, qui administre sept domaines, ainsi que nous l'apprend M. G. Heuzé (1), 99 bêtes ovines ont séjourné et couché, pendant tout un hiver, sur la terre nue, sans recevoir aucune litière végétale ; aucune n'a souffert, n'a été malade ; elles étaient toutes très-propres ; mais on avait grand soin que la litière terreuse fût toujours complétement sèche.

Quant à la possibilité de se procurer avec économie de grandes quantités de terre pour liter les animaux, cela est beaucoup moins difficile que certains contradicteurs l'ont avancé. En voici la preuve.

Le curage des fossés, des marais, en produit déjà une masse assez considérable. En effet, en redressant ou traçant des chemins d'exploitation, on aura la terre de l'encaissement qu'on remplacera par les pierres dont on aura déblayé ses champs, et, d'un seul coup, on aura satisfait à trois besoins. Ces moyens d'approvisionnement sont-ils épuisés, on pratiquera des défoncements de manière à enlever le sous-sol improductif qui deviendra ainsi une mine inépuisable de litière, et qui augmentera peu à peu l'épaisseur de la couche arable. Admettons même que, sans recourir à un défoncement, on prenne la bonne terre elle-même des champs, la dépense, comme vous allez voir, sera insignifiante.

Supposons que la couche arable n'ait, en moyenne, qu'une épaisseur de $0^m,33$. Nous savons que la valeur vénale

---

(1) *Année agricole*, 4e année, 1863. p. 99. — 1 vol. in-8o. Paris, Hachette et Cie.

moyenne de l'hectare, en France, n'est que de 1125 francs. Il suffira de réserver dans chaque exploitation une pièce peu étendue, soit celle qui est la moins fertile, soit celle qui est la plus éloignée de la ferme ou de l'accès le plus difficile, pour que le mètre cube de terre ne coûte que 0 fr. 30 à 0 fr. 40 d'indemnité de terrain. On aura donc, quelques mois après, pour 0 fr. 30 ou 0 fr. 40 un mètre cube d'excellent terreau, bien supérieur au fumier ordinaire, généralement assez mal préparé, qui revient néanmoins à 5 fr. 60 ou 6 fr. le mètre cube. Évidemment il n'y a pas à balancer.

Un cultivateur de la Silésie, M. Block, qui, depuis fort longtemps, a adopté l'usage de la terre comme litière, estime que le bénéfice annuel en bon engrais ou le surplus sur lequel on peut compter, avec cette méthode, peut être évalué, au moins, à huit ou dix voitures de 1 mètre cube 1/3 chacune par tête de gros bétail, dans le système de stabulation permanente. Dix moutons lui fournissent en plus environ deux voitures et demie à trois voitures de fumier par an.

Je recommande d'autant plus l'emploi des litières de terre ou de sable, que la pratique des meilleurs cultivateurs anglais, hollandais et bavarois se joint à la théorie pour donner la préférence, sur presque tous les autres, à ce genre de litière employé et préconisé d'ailleurs par des agronomes fort distingués, tels que Pictet, Schwerz, Bœnninghausen, de Gasparin, etc.

Le grand avantage que présente ce système de litières avec les mauvaises plantes, la tourbe, la terre, le sable. c'est de permettre au fermier d'avoir un plus grand nombre d'animaux, puisqu'il peut faire servir à leur nourriture, en les mêlant à des grains, à des racines, à des foins, à des tourteaux, à des pulpes, à de la drèche, des pailles qui auraient été employées comme litière.

Retenez bien, en effet, qu'économiser la paille de litière, non pour la vendre, mais pour l'appliquer tout entière à la nourriture du bétail, c'est améliorer le régime alimentaire, c'est accroître le nombre des bestiaux producteurs d'engrais.

Il est certain que la paille mangée par les animaux, non-seulement ne perd rien des qualités fécondantes qu'elle peut avoir, mais que, bien au contraire, ces mêmes qualités augmentent peut-être du double, par l'effet de l'animalisation qu'elle acquiert après avoir été soumise au mécanisme de la digestion. D'une autre part, pouvant, dans ce mode d'agir, nourrir une plus grande quantité de bestiaux, on augmente par cela même la masse des fumiers. Ainsi, bien loin de craindre de diminuer ceux-ci, on est assuré de les multiplier, et par conséquent de rendre les champs plus fertiles et plus productifs, toutes choses égales d'ailleurs.

L'usage de la paille hachée, comme nourriture du bétail, en mélange avec des racines, des grains, des tourteaux, des résidus de brasseries ou de sucreries de betteraves, et après une légère fermentation de 24 à 36 heures; cet usage, dis-je, introduit d'abord par les praticiens allemands, adopté dans toute la Grande-Bretagne, se répand de plus en plus chez les bons cultivateurs de la Flandre, de l'Alsace, de la Normandie et de la Bourgogne.

En attendant qu'il se généralise en France, ce qui conduira à doubler environ notre bétail et à donner de plus grands profits que par le passé, il est utile de savoir qu'il faut proportionner la quantité des litières végétales à la nature et à la dose des aliments administrés aux animaux. Vous comprenez que leur nourriture n'étant pas toujours identique, la nature de leurs déjections doit varier, et que la litière ne doit pas être toujours la même d'un bout de l'année à l'autre.

Ainsi, les animaux nourris en vert exigent plus de litière que ceux qui sont approvisionnés en fourrages secs. Ainsi encore, il en faut proportionnellement moins dans les boxes et les bergeries où les bêtes restent plusieurs semaines sur la même litière que dans les écuries et les étables nettoyées à fond chaque jour, etc.

Dans la pratique raisonnée, on donne :

De 2 à 3 kilog. de paille-litière en 24 heures par cheval ;
De 3 à 5 — par bête bovine dont les excréments sont plus aqueux ;
750 gram. par porc, ce qui n'est pas assez en raison de la grande fluidité de leurs déjections ;
Quant aux moutons, leurs crottins étant secs, ce n'est que pour recueillir leurs urines qu'on leur fournit de la litière.

Mais dans la plupart des fermes à culture céréale, où les pailles sont très-abondantes, on en met le plus possible sous les animaux, ce qui est une faute, car cela donne des fumiers trop pailleux et moins riches; c'est ce que savent très-bien les fermiers qui observent et réfléchissent.

Dans la belle exploitation agricole de Martinvast (près de Cherbourg), créée par le général Du Moncel, les écuries, les étables à vaches, à veaux et à porcs, placées à peu de distance les unes des autres, sont parfaitement pavées en pierres plates bien jointoyées et ayant une grande pente, de sorte que toutes les urines s'écoulent rapidement dans la citerne placée au centre de ces constructions : on dépense de la sorte fort peu de paille pour litière; il en reste plus à donner aux animaux.

Des cultivateurs, voyant qu'on ne retire pas d'aussi grandes masses de fumier, croient que la méthode n'est pas bonne; mais, du moment qu'on recueille soigneusement toutes les déjections du bétail, on ne peut pas demander davantage; le fumier en est plus actif et il y a moins de paille gaspillée en litière. On a toujours bien le moyen de faire dépenser les pailles; en passant par l'estomac des bêtes, elles donnent un bien meilleur fumier, comme je le disais tout à l'heure, et au moins le bétail profite de toute la matière nutritive qui s'y trouve. Le général Du Moncel avait pour principe, et il avait raison, qu'on ne doit livrer de la paille aux bestiaux que ce qu'il leur en faut absolument pour qu'ils puissent bien reposer et qu'ils soient sèchement; tout ce qu'on donne en dehors de cette limite est une perte que l'on fait.

Quel est l'agronome instruit qui n'a pas été frappé de regrets en voyant dans les grandes fermes les immenses tas de paille destinés seulement à absorber les excréments des animaux? Convertir ces masses de paille en viande, en lait, en laine et autres produits, est une opération bien autrement lucrative que d'en faire de la litière.

Chez Decrombecque, de Lens, à l'École d'agriculture pour les fils des fermiers irlandais, aux environs de Dublin, dans la grande institution agricole de Cirencester, à 140 kilomètres de Londres, on suit un système perfectionné pour les bergeries. Les moutons sont placés sur des planchers à claire-voie, composés de claies (fig. 24) formées de barrettes de 0ᵐ,40 d'équarrissage, assemblées par trois traverses

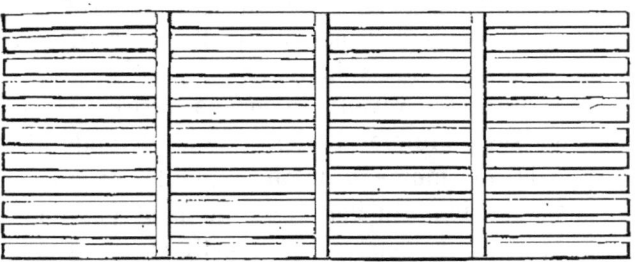

FIG. 24. — Plancher à claire-voie des bergeries de Decrombecque.

dont celle du milieu est plus large. A Lens, trois de ces claies mesurent la largeur de la bergerie. L'intervalle entre les barrettes est assez grand pour que les crottins puissent y passer sans que les pieds des moutons s'y engagent. Les deux extrémités des claies posent soit sur un petit épaulement du mur de la bergerie, soit sur un petit pillier de briques (fig. 25); un piquet en bois soutient le milieu.

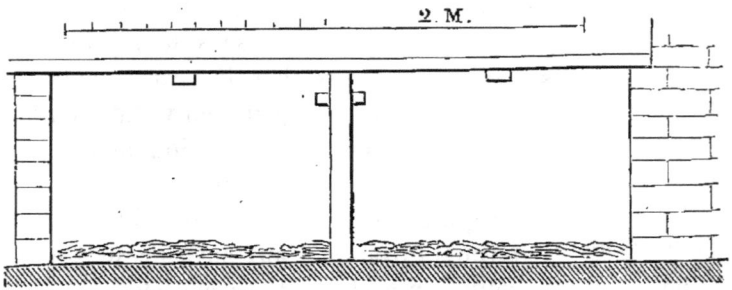

FIG. 25. — Coupe du plancher et espace vide en dessous.

On dépose dans l'espace libre sous les planchers, profond

de $0^m,50$ à $0^m,60$, de la terre sèche, et mieux encore carbonisée, ou saupoudrée d'un peu de plâtre; elle reçoit, absorbe et maintient exemptes de putréfaction toutes les urines; une petite griffe à deux lames sert à nettoyer les intervalles des barrettes quand ils sont engorgés. Lorsque la terre est saturée, on la renouvelle aisément en soulevant, les uns après les autres, les compartiments mobiles des planchers.

Dans ces bergeries, ainsi tenues, et où l'on ne met jamais de paille, on ne sent pas ces exhalaisons piquantes et fétides qui vicient l'air dans nos mauvaises constructions rurales; les animaux sont toujours très-propres et dans un bel état de santé, et on conserve pour la végétation les principes les plus utiles des déjections.

Il y a maintenant beaucoup de grandes exploitations où l'on a même supprimé les litières dans les étables à vaches, sans que les animaux s'en trouvent plus mal. Cette méthode a été importée de la Suisse. Dans ce cas, les animaux sont placés sur une plate-forme en dalles ou en madriers, de $2^m,10$ à $2^m,20$ de large, ayant une légère pente de l'avant à l'arrière. Immédiatement derrière cette plate-forme règne une rigole en bois, large de $0^m,30$ et profonde de $0^m,20$, qui reçoit les urines et, au besoin, l'eau d'un réservoir situé à proximité. Cette rigole aboutit à un réservoir en madriers, enterré dans le sol et soigneusement entouré d'argile bien battue; il a $1^m,20$ à $1^m,60$ d'ouverture et autant de profondeur; il est fermé par un couvercle; la rigole est close par une éclusette à coulisses.

Outre ce premier réservoir, ou ces premiers réservoirs, si c'est dans une exploitation assez considérable pour en exiger plusieurs, il y a une citerne ou trou, d'une capacité assez grande pour recevoir tout le liquide pendant un mois ou six semaines. C'est dans le sol même de l'étable que tous ces réservoirs sont le mieux placés. Il y a une différence de niveau entre les petits et le grand réservoir, de manière que les premiers déversent dans le second. Lorsque cette disposition ne peut avoir lieu, le transvasement du liquide est opéré au moyen de pompes ou de seaux, ce qui rend le travail bien plus difficile.

Les animaux, placés sur la plate-forme, reçoivent rarement de la litière. L'urine qu'ils émettent coule d'elle même dans la rigole, toujours à moitié remplie d'eau ; les excréments sont enlevés le plus souvent possible, jetés dans la rigole et bien délayés dans le liquide qui s'y trouve. Lorsque la rigole est pleine, on ouvre l'éclusette pour faire couler le liquide dans le petit réservoir. Plusieurs fois par jour on opère le mélange des excréments avec l'urine et l'eau qu'on a fait revenir dans la rigole, et on la vide successivement. Aussitôt qu'un petit réservoir est plein, on le déverse dans le grand, où le liquide, désigné sous le nom de *gulle* ou *lizier*, éprouve une fermentation qui dure d'un mois à six semaines, suivant la température et la saison. Une pompe, solidement établie au milieu du grand réservoir, sert à remplir de *lizier* les tonneaux qui doivent le transporter sur les prairies.

La figure 26 est le plan géométrique d'un bâtiment servant pour une étable à 8 vaches et une écurie à 6 chevaux, dans une ferme du département du Nord, où l'on suit, à peu de chose près, le système suisse que je viens d'exposer. Le cadre de tout le bâtiment est presque toujours en maçonnerie, le parterre pavé en grès.

Connaissant ce qu'une tête de bétail rend en déjections

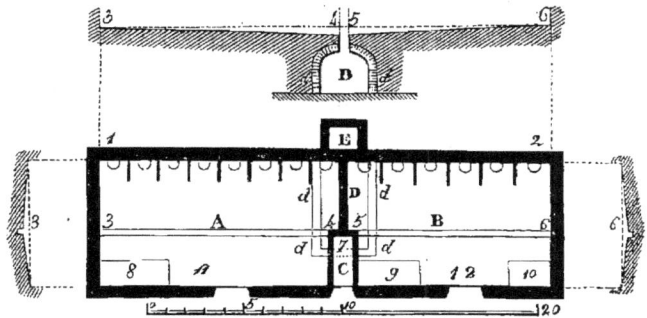

Fig. 26. — Étable d'après le système suisse.

A. Étable à vaches. — B. Écurie aux chevaux. — C. Latrines. — D. Cloison de séparation entre l'étable et l'écurie. — *dddd*. Emplacement souterrain de la citerne ou réservoir sous la cloison D. — E. Partie du réservoir à l'extérieur, par laquelle on soutire le *lizier* au moyen d'une pompe, pour en remplir les tonneaux d'arrosement. — 3, 4, 5, 6. Coulisses en bois de chêne, placées dans les pavés derrière les animaux, avec porte vers le réservoir *dd*, afin d'y faciliter l'écoulement. Les animaux sont attachés, ayant la tête vers le mur du côté 1 et 2. — 7. Lanterne de siège sur les latrines. — 8. Loge pour les veaux. — 9. Huche pour la nourriture des chevaux. — 10. Lit des charretiers. — 11 et 12. Entrées et couloirs.

et la quantité d'eau que l'on fait intervenir, il est facile de prévoir le volume de lizier qui sortira d'une étable.

Ainsi, une vache du poids de 5 à 600 kil. rend dans 24 heures :

Urine..................	9 kil.
Bouse..................	28
	37
Eau ajoutée............	63
Lizier obtenu en 24 heures..	100

Soit à peu près un hectolitre par tête de bétail, lorsqu'on mêle environ 2 volumes d'eau à 1 volume de déjections. Si l'on mettait 1 volume d'eau seulement par volume de déjections, chaque bête de l'étable ne donnerait que 74 litres de lizier dans un jour.

Quand, par hasard, dans ce système, on donne de la litière de paille au bétail, on a soin, lorsque tous les trois jours on l'enlève de dessus la plate-forme, de la tasser dans la rigole où on l'imprègne complétement de liquide, pour lui enlever les excréments restés adhérents; puis, lorsqu'elle est bien lavée, on la dépose le long du bord opposé aux bestiaux, en petits tas hauts et pointus, afin qu'elle s'égoutte et que le liquide qui en découle rentre dans la rigole. On transporte ensuite cette paille sur le tas de fumier où on l'étend et la tasse, ou bien on la sèche à l'air pour l'employer de nouveau.

Le système suisse est bon pour les pays qui ont beaucoup de prairies; pour tous les autres, il vaut mieux faire absorber les urines par les litières, tout réunir dans le fumier, dont le transport est toujours moins coûteux, et dont l'emploi convient à un plus grand nombre de récoltes que les engrais liquides.

CHAPITRE IV

INFLUENCE DE LA DISPOSITION DES ÉTABLES

C'est une chose à peine croyable que l'influence exercée par la disposition des étables sur le rendement du fumier. A cet égard, je puis vous citer les résultats pratiques des cultivateurs belges et les bonnes expériences de Mathieu de Dombasle.

En Belgique, les cultivateurs estiment que chaque vache nourrie à l'étable produit, année commune, 50 à 60 voitures de fumier, c'est-à-dire, 32500 à 39000 kil. de fumier. C'est là un résultat presque fabuleux comparé à celui qu'on obtient partout ailleurs, puisque les faits de pratique les mieux observés montrent qu'une bête bovine ordinaire de 400 kil. ne donne pas plus de 5 à 6000 kil. de fumier par an.

Mais, en Belgique, les étables ont une construction spéciale, éminemment favorable à la bonne conservation des fumiers. Les figures ci-après en donnent une idée satisfaisante:

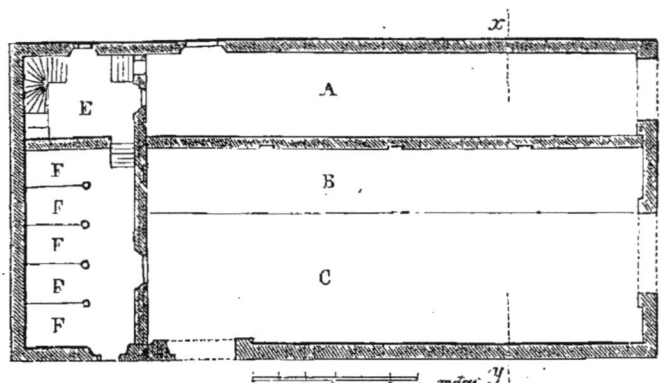

Fig. 27. — Plan de l'étable belge.

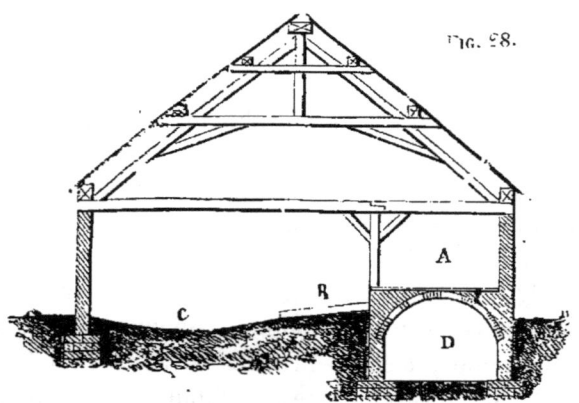

Fig. 28. — Coupe transversale sur la ligne xy du plan.

Il y a, comme on le voit, en avant des bêtes, A, un trottoir planchéié ou cimenté, sur lequel on dépose le fourrage et les baquets aux aliments liquides. Sous ce trottoir règne une galerie voûtée, D, pour conserver les racines. Les animaux sont placés sur un plancher, B, légèrement incliné d'avant en arrière, et derrière eux existe un passage large

INFLUENCE DE LA DISPOSITION DES ÉTABLES. 187

et un peu enfoncé, C, dans lequel se rendent toutes les urines, et où l'on jette tous les jours le fumier sous les bêtes. On vide ce fumier lorsqu'il s'accumule *trop*.

Dans la fig. 27, E représente le vestibule et les escaliers pour descendre dans les galeries voûtées et pour monter dans la partie supérieure de l'étable. F F F F F, indique les loges pour les veaux.

Fig. 29. — Vue de face des montants auxquels on attache les bêtes.

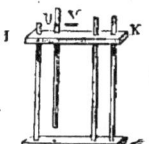

Fig. 30. — Vue des montants sur une plus grande échelle.

On voit, dans cette dernière figure, la cheville V qui entre dans le trou U, et qui sert à fixer le montant dans sa place, lorsque cette cheville se trouve au-dessous de la traverse I K.

Il est clair que par ces dispositions fort simples, rien n'est perdu de toutes les déjections, et que le fumier préparé dans ces conditions doit être d'excellente qualité, et très-abondant, lorsqu'on peut donner au bétail une quantité de litière suffisante pour absorber toutes les urines.

C'est ce que Mathieu de Dombasle a vérifié par lui-même à Roville, où il fit disposer deux étables à la manière belge, l'une pour 12 bœufs à l'engrais et l'autre pour 12 vaches. La quantité de fumier qu'il a obtenue, dans ces sortes d'étable, a été constamment double de celle que lui donnait le même nombre de bêtes, recevant la même nourriture et placées dans une autre étable construite à la manière ordinaire, de sorte que le fumier était enlevé tous les deux jours; il constata également que le fumier provenant de ses étables belges était plus gras et de bien meilleure qualité que ce dernier.

Voici les quantités que Mathieu de Dombasle a vu produire par chaque espèce de bétail dans ses étables belges. J'indique, en même temps, pour quelques-uns, la quantité de nourriture administrée et la proportion de fumier fournie par une même quantité de substance alimentaire sèche.

NOMS des ANIMAUX.	FUMIER produit par an		NOURRITURE représentée par foin sec		QUANTITÉ de fumier produite par 100 kilog. de foin.
	en voitures	en kilog.	par jour.	par an.	
Cheval..........	25	16200	20 kil.	7300 k.	221 k.
Bœuf à l'engrais....	39	25350	20	7300	347.0
— de travail.....	12	7800	»	»	»
Vache laitière......	30	19500	10	3650	534.0
Mouton adulte......	»	600	1	365	164.0
Porc...........	19	12350	»	»	»

La quantité de litière n'a pas été déterminée, mais elle a été toujours employée en quantité suffisante pour absorber toutes les urines, les étables et écuries étant disposées de manière qu'aucune partie des liquides ne peut s'en échapper; de sorte qu'on est forcé de les faire absorber par la litière dans la rigole qui règne derrière les animaux.

Si l'on compare la quantité de fumier fournie par un bœuf de trait à celle qu'on obtient d'un bœuf à l'engrais ou à celle que produit une vache laitière qui ne sort pas de l'étable, on peut se faire une idée de l'avantage de la nourriture à l'étable et de la bonne disposition des étables belges sous le rapport de la production du fumier.

On voit, par le tableau qui précède, qu'un bœuf nourri constamment à l'étable produit annuellement 39 voitures de fumier, tandis qu'un bœuf de trait n'en fournit que 12. D'une vache laitière qui ne sort pas, on retire, par an, 30 voitures de fumier, tandis que, par le pâturage, elle n'en donnerait que 12 à 18 au plus.

Les excréments du bétail qui passe la journée au pâturage sont perdus pour le tas de fumier, ainsi que ceux des bêtes qui sont employées au travail. On peut observer, dans les champs de blé, l'effet de l'urine du bœuf ou du cheval de labour, qui est tombée sur la terre comme un coup d'épée; elle aurait suffi pour engraisser parfaitement plusieurs mètres carrés, et elle n'a fait, sur la largeur d'une assiette où elle a été versée, que procurer aux plantes une végétation excessive, à la suite de laquelle elles ne produisent presque rien, de sorte que ce précieux engrais fait ici plus de mal que de bien.

Il y a donc tout avantage, sous le rapport de la production des engrais, je l'ai déjà dit, à nourrir constamment les animaux à l'étable. C'est ce que faisait Mathieu de Dombasle pour toutes ses bêtes. Jamais il ne faisait parquer ses moutons. Ses porcs ne sortaient jamais de leur loge, si ce n'est en été, une demi-heure chaque jour, pour aller se baigner à la rivière.

Si l'étable belge est éminemment favorable à la bonne conservation du fumier, elle offre l'immense inconvénient de loger l'engrais à grands frais, puisqu'elle doit avoir de très-vastes dimensions; elle a, en outre, le grave inconvénient, quand elle n'est pas bien ventilée, de maintenir les animaux dans une atmosphère trop chaude et chargée d'émanations qui peuvent amener des maladies. Je suis donc loin de vouloir faire adopter ce genre de bâtiment; il vaut mieux enlever le fumier au fur et à mesure de sa production, et mettre à sa place une nouvelle rangée de bétail.

Dans tous les cas, on peut conclure de ce qui précède, que les trois conditions importantes pour obtenir, d'un nombre donné de bestiaux, la plus grande quantité de fumier possible, sont :

1° De les nourrir très-copieusement, car la quantité de fumier que produit le bétail est toujours nécessairement en proportion de la nourriture qu'il reçoit;

2° De leur fournir constamment une litière abondante, de sorte qu'aucune portion des urines ne se perde;

3° Enfin de les maintenir toute l'année à l'étable.

Quelle que soit la disposition adoptée pour celle-ci, lorsqu'on a enlevé les litières pour les porter dans la fumière, il faut avoir la précaution, avant de les renouveler, de bien laver les pavés et de faire écouler dans une rigole les eaux du lavage pour les conduire au dehors; cela contribue puissamment à la propreté et à la salubrité du local. C'est une pratique de la plus haute importance.

« On ne saurait aussi, avec trop de soin, dit le baron de Morogue, rehausser le sol des écuries et des étables, quand après des curages successifs, il se trouve assez creusé pour que les liquides y séjournent. Je pourrais citer un grand nombre de faits à l'appui de ce que je prescris. Dans plusieurs étables où les urines séjournaient, je n'ai pu arrêter la mortalité des bestiaux qu'en faisant rehausser le sol avec du sable et des cailloux, et en lui donnant une pente suffisante pour conduire toutes les eaux hors des étables où, en outre, la pureté de l'air doit être soigneusement entretenue ».

Le pavage des écuries et des étables est d'une nécessité absolue, car c'est le seul moyen d'y entretenir la salubrité et d'éviter des pertes considérables d'engrais. Quand on creuse le sol des étables non pavées, on est incommodé par de fortes émanations ammoniacales, souvent jusqu'à plus de 2 mètres de profondeur; cela prouve bien l'énorme déperdition du purin dans le sous-sol des bâtiments dont le plancher n'a pas été rendu étanche ou imperméable.

CHAPITRE V

DE LA MANIÈRE DE TRAITER LES FUMIERS

Les fumiers constituant presque partout l'engrais par excellence, il semble que tout ce qui a trait à leur confection et à leur distribution devrait être l'objet de l'attention la plus assidue et la plus éclairée de la part des cultivateurs. Il n'en est rien cependant, et, sauf de rares exceptions, l'administration des fumiers est, en France, dans l'état le plus déplorable.

Dans beaucoup de fermes, les écuries, les bouveries, les bergeries sont éloignées les unes des autres; le mélange des fumiers ne peut être pratiqué facilement lors de leur nettoiement; souvent même il ne se fait pas du tout, et chaque espèce forme un tas séparé que le cultivateur transporte indistinctement sur la pièce de terre qu'il veut engraisser. Il arrive alors qu'une terre forte, argileuse, froide et humide reçoit parfois le fumier des bêtes à cornes, tandis que celui du cheval ou du mouton est porté sur un terrain poreux, sec et léger.

Un autre abus, non moins fâcheux, c'est que, dans la majeure partie des exploitations, on entasse les fumiers, à mesure qu'on les retire de dessous les animaux, dans une cour dont le sol est plus bas que celui qui l'entoure. Abandonnés ainsi en plein air, ils sont exposés, pendant l'été, à l'ardeur dévorante du soleil, et par conséquent à un excès de sécheresse, tandis qu'en hiver ils sont abreuvés, je dirai même submergés par les eaux qui arrivent de toutes parts. Ces eaux les dépouillent de toutes leurs parties solubles, forment dans la cour une nappe infecte et boueuse d'un suc noirâtre qui, peu à peu, s'échappe en pure perte au dehors, et va corrompre les puits et les mares voisines, ou engraisser les chemins.

Dans ces conditions défavorables, la fermentation nécessaire au ramollissement des pailles et à la bonne confection de l'engrais ne peut s'établir et marcher d'une manière régulière. De plus, les bestiaux qui piétinent le tas de fumier, les volailles qui le grattent et l'éparpillent, occasionnent une plus forte déperdition des principes gazeux et ammoniacaux, en multipliant les surfaces en contact avec l'air; en sorte que la plus grande partie des vapeurs fertilisantes provenant de la décomposition des excréments entassés se dissipe en pure perte dans l'air, et qu'il ne reste bientôt de ces fumiers, ainsi livrés à toutes ces causes d'altération, souvent pendant une année entière, que des pailles dépourvues de la majeure partie des sels et des sucs si nécessaires à la végétation.

Non-seulement cette manière de traiter les fumiers réduit à plus de moitié la masse d'engrais dont on peut disposer; mais, au point de vue de la salubrité des habitations environnantes, elle offre les plus graves inconvénients. L'atmosphère y est toujours humide et remplie d'émanations désagréables, et, dans les lieux chauds, des myriades d'insectes, attirés par ces exhalaisons, envahissent les alentours et tourmentent les bestiaux.

Avec de pareilles habitudes, point de fumiers abondants, point de bonnes récoltes possibles. Ce sont, assurément, les principales causes qui entravent l'agriculture, dans la plupart de nos départements; c'est à les faire disparaître que les personnes instruites doivent consacrer tous leurs efforts.

Ce qu'il y a surtout de déplorable, c'est de voir perdre le jus noirâtre ou *purin* du fumier, car il renferme, outre des matières analogues à l'humus et toutes prêtes à servir d'aliment aux plantes, la presque totalité des substances salines contenues dans les déjections des animaux et primitivement dans les fourrages (1).

---

(1) Dès 1563, Bernard Palissy, simple potier, remarquable par son vaste savoir et son talent d'observation, s'élevait avec force contre cette négligence des cultivateurs à laisser perdre la partie la plus active de leurs fumiers. Voici comment il s'exprime à cet égard :

« Quand tu iras par les villages, considère un peu les fumiers des laboureurs, et verras qu'ils les mettent hors de leurs estables, tantost en lieu haut, et tantost en lieu bas, sans aucune considération, mais qu'il soit appilé, il leur suffit; et puis pren garde au tems des pluyes, et tu verras que les eaux qui tombent sur lesdits, emportent une teinture noire, en passant par ledit fumier, et trouuant le bas, pente ou inclinaison du lieu où les fumiers seront mis, les eaux qui passeront par lesdits fumiers emporteront la dite teinture, qui est la principale et le total de la substance du fumier. Par quoy, le fumier ainsi laué ne peut seruir, sinon de parade; mais estant porté au champ, il n'y fait aucun profit. Voilà pas doncques une ignorance manifeste, et qui est grandement à regretter. » (*Recepte véritable, par laquelle tous les hommes de la France pourront apprendre à multiplier et augmenter leurs thrésors*, p. 17, des *Œuvres complètes* de B. Palissy, édition Cap. — Paris, 1844.)

Voici ce que Braconnot a trouvé dans du purin provenant d'un fumier transformé en *beurre noir* :

Eau	722,0
Carbonate d'ammoniaque	traces.
Humates d'ammoniaque et de potasse	14,5
Acides gras combinés avec les mêmes bases	0,8
Sulfate et phosphate de potasse	traces.
Carbonate de potasse	60,6
Chlorure de potassium	2,1
Humus divisé	160,3
Carbonate de chaux	33,0
Phosphate de chaux	4,5
Sable et terre	3,2
	1000

En Suisse, en Flandre, en Belgique, en Alsace, dans le Wurtemberg, en Saxe, et généralement dans tous les pays bien cultivés, on attache un grand prix à ce purin, parce qu'on a reconnu depuis longtemps que c'est un engrais très-puissant, qui fait rendre aux prairies naturelles et artificielles que l'on arrose avec lui des quantités de fourrage dont on n'a pas d'exemple dans les localités où cette bonne habitude est inconnue.

Mathieu de Dombasle estimait à 3 fr. la valeur d'un tonneau de 6 à 7 hectolitres, et il affirmait que s'il en eût trouvé à acheter à ce prix, il eût regardé le marché comme fort avantageux. D'un tas de fumier de 12 mètres de long sur 7 de large et 1^m,50 de haut, il recueillait annuellement 150 tonneaux, c'est-à-dire 900 hectolitres de purin représentant 450 fr. en argent.

L'urine des herbivores ne renferme pas de phosphates en quantités appréciables, ainsi que je l'ai dit précédemment; mais on rencontre ces sels en proportions considérables dans le purin du fumier. Par cette raison, celui-ci a plus de valeur comme engrais que l'urine des herbivores, et il importe essentiellement d'empêcher qu'il ne s'en perde.

« Les cultivateurs, dit le professeur Moll, hésitent souvent à faire les travaux nécessaires pour recueillir le purin, parce qu'ils se figurent qu'ils n'en obtiendront qu'une faible quantité. Ils ne songent pas que le petit filet de purin qui s'échappe de leur fumier coule pendant toute l'année et grossit à chaque pluie. Avec six à huit chevaux, autant de vaches et de bœufs, et une centaine de moutons, on peut recueillir plus de 200 hectolitres de purin par an, lorsque l'emplacement est fait de manière qu'il ne s'en perde point. Avec cette quantité, employée sur des prés, on peut faire venir plusieurs milliers de fourrages, en plus de ce qu'on eût récolté sans cela. On augmente encore les qualités du purin en y mêlant de la matière fécale; s'il est, au contraire, déjà trop épais, on y ajoute de l'eau avant de s'en servir (1). »

On peut donc dire du cultivateur qui, par négligence, paresse ou parcimonie, laisse partir son purin dans la mare, dans les fossés ou sur les chemins, *qu'il jette son argent à l'eau*, ou *qu'il sème des pièces de 5 fr. sur les routes!*

Dans beaucoup d'exploitations rurales, on enlève tous les jours des étables et des écuries la partie de la litière qui a été salie par les excréments ou mouillée par les urines. — C'est là une mauvaise méthode, qui donne des fumiers trop pailleux, par conséquent peu riches, et avec lesquels on ne peut, sans inconvénient, donner à la terre toute la fertilité

---

(1) Moll, *Manuel d'agriculture*, 3e édition. Nancy, 1841, p. 36.

qu'elle peut comporter. La paille, en trop grande abondance, tient la terre soulevée, facilite l'introduction de l'air extérieur, l'évaporation de l'humidité du sol; on est donc obligé d'en modérer les doses, et c'est ce qui explique la faiblesse des récoltes réputées comme supérieures que certains cultivateurs ne croient pas possible de dépasser. — Un autre défaut de ce système, c'est qu'il entraîne une énorme dépense de paille.

D'autres cultivateurs, dans l'intention de diminuer cette dépense, d'économiser sur la main-d'œuvre et les transports, et afin d'obtenir un engrais mieux fermenté et plus gras, n'enlèvent la litière que lorsqu'on doit la porter aux champs. Cette méthode a trois inconvénients capitaux : le premier, d'exiger des étables trop spacieuses; le deuxième, de faire *chancir* ou *blanchir* le fumier, ce qui diminue beaucoup sa valeur; le troisième, de déterminer dans l'étable, l'écurie ou la bergerie bien close, comme cela arrive nécessairement en hiver, une élévation considérable de température. Il en résulte que lorsqu'on y entre pour le service, l'air froid du dehors vient frapper brusquement les animaux et détermine ainsi chez eux de graves affections pulmonaires.

S'il est bien reconnu, maintenant, qu'il est déraisonnable d'abreuver le bétail, en été, avec de l'eau de puits toujours trop fraîche, on semble encore ignorer, dans beaucoup de nos fermes, qu'il est tout aussi dangereux de lui faire subitement respirer de l'air froid, après que, pendant des semaines entières, il a respiré de l'air très-chaud.

Dans le Midi surtout, où la chaleur s'élève quelquefois si haut, il y aurait un grave inconvénient à priver, par ces amas de fumier dans les étables, les animaux de vent et d'air, et à les condamner à respirer incessamment les gaz fétides qui émanent du fumier en décomposition (1).

Il ne faut donc pas que, dans les contrées méridionales, le fumier séjourne dans les étables, à moins, ce qui est rare, qu'elles ne soient spacieuses et bien ventilées. Là, le mieux c'est d'agir comme les bons cultivateurs des envi-

(1) On ne saurait attacher trop d'importance à la pureté de l'air que respirent les animaux dans les étables, écuries et bergeries. Malheureusement, en France, c'est ce dont on se préoccupe le moins. « Que penser de la masse des cultivateurs français, à commencer par les vaniteux Beaucerons eux-mêmes, qui se croient les premiers agriculteurs de l'univers, et qui, au milieu du XIXe siècle, tiennent encore entassés les animaux les uns sur les autres entre quatre murs? Ils ont de plus le soin de boucher hermétiquement la moindre ouverture, et de laisser accumuler le fumier dans leurs bergeries pendant une année entière. Au bout de quelques mois, on n'entre plus qu'en rampant dans de pareilles prisons; les narines et les yeux y éprouvent des picotements douloureux; la transpiration y est excitée au plus haut point. L'homme ne semble-t-il pas employer ici toute son intelligence pour combiner les moyens les plus propres à opérer l'asphyxie de ses animaux? Comment ceux-ci peuvent-ils résister à un pareil milieu, dans lequel ils naissent et vivent? Il est vrai qu'ils y meurent bien souvent, ou qu'ils y contractent des maladies, fruit inévitable des transitions brusques qu'ils éprouvent en sortant de lieux infects, aussi étouffants que ceux-là, pour être exposés au dehors à une température bien différente, et péchant souvent par excès de froid ou d'humidité. Le véritable agriculteur ne peut plus tomber aujourd'hui dans ces grossières erreurs que le progrès des lumières rend véritablement honteuses; il doit rechercher un abri pour ses troupeaux et non point une étuve; l'air pur, pour lequel leurs organes sont faits, et non point un assemblage de gaz et de miasmes malsains. Il en sera récompensé par la santé vigoureuse de ses troupeaux, et par l'absence des sinistres qui ont donné, bien à tort, à l'espèce ovine, une réputation de débilité due uniquement à l'incurie et à l'absurdité de l'homme, devenu trop souvent son bourreau. » (Malingé-Nouel, *Construction et devis d'une bergerie*. — Journal d'agriculture pratique, 3e série, t. IV, p. 45, 1852.)

rons de Toulouse et de Saint-Gaudens. Le fumier est enlevé tous les deux ou trois jours de dessous les animaux, et logé sous un hangar construit exprès et fermé de trois côtés par des murs en pisé; la toiture est en tuiles et forme un angle très-obtus, afin de laisser moins de prise à l'air sec et chaud sur le fumier. Celui-ci est entassé par couches mélangées, et s'élève de deux ou trois mètres de hauteur; on l'arrose tous les jours avec du purin.

Mais pour les pays du nord et du centre de la France, il y a un moyen terme rationnel entre les deux extrêmes dont je viens de parler; c'est d'enlever la litière tous les huit ou douze jours, et d'en mettre de la fraîche sur l'ancienne tous les deux ou trois jours. On arrive ainsi à obtenir de bons fumiers, sans compromettre la santé des animaux. Le piétinement opéré par les bêtes rend toutes les parties plus homogènes, brise la paille et active sa conservation en terreau.

On m'a souvent opposé qu'en laissant ainsi les animaux séjourner pendant huit ou douze jours sur une litière humide, on risquait de faire développer chez eux des maladies, de l'enflure aux jambes, et bien des gens soutiennent que pour les chevaux surtout ce système est dangereux. A cela je vais répondre par des faits de pratique.

Decrombecque, l'habile agriculteur du Pas-de-Calais, dont je vous ai déjà parlé, avait adopté pour ses bêtes à cornes un genre d'étables qui ne permet de retirer le fumier que tous les trois mois, et qui cependant concourt singulièrement à hâter l'engraissement.

Chaque animal est tenu, sans être attaché, dans une case ou boxe de 3 mètres carrés, et de 1 mètre de profondeur en contre-bas du sol. Toutes les cases, au nombre de 30 à

40 dans la longueur de l'étable, sont séparées les unes des autres par une cloison à claire-voie. Derrière ces cases règne, au niveau du sol, un sentier de 1 mètre, suffisant pour le service, et devant chacune d'elles se trouve une auge qu'on élève ou abaisse à volonté au moyen d'une crémaillère. Devant et en arrière de chaque case il y a, dans les murs en regard, une baie close par deux volets superposés, de sorte qu'en ouvrant le volet supérieur on dispose d'une baie de fenêtre, et qu'en ouvrant les deux volets on a la section libre d'une porte. Cette porte suffit au passage de l'animal, qui, une fois entré dans sa case, y reste tout le temps que dure l'engraissement, c'est-à-dire trois mois environ. Pour faciliter l'introduction de chaque bête dans sa cellule, on y jette quelques bottes de paille que l'on retire lorsque l'animal est descendu.

Chaque jour on ajoute un peu de litière et de terre sèche; la case s'emplit ainsi graduellement de fumier qui atteint, au bout de trois mois, le niveau du sol, c'est-à-dire 1 mètre d'épaisseur.

Les déjections disséminées dans cette masse, constamment foulée en tous ses points sous les pieds de l'animal, sont bientôt soustraites au contact de l'air et fermentent très-peu; aussi ne ressent-on pas cette odeur piquante et forte qui domine dans les étables mal tenues.

Ici les soins journaliers sont bien peu dispendieux, puisqu'ils ne s'appliquent à aucun nettoyage. Cependant la litière fraîche ajoutée chaque jour et la dissémination des déjections permettent d'entretenir les animaux dans un état remarquable de propreté.

Ces animaux, affranchis de la gêne de tout système d'attache, jouissent d'une liberté relative dans l'espace dont ils disposent; ils se voient sans se gêner mutuellement, et n'aperçoivent les personnes chargées de leur engraissement que pour en recevoir des soins et de la nourriture. Ils sont plus doux et plus gais. Ces bonnes dispositions naturelles concourent à rendre la nourriture plus profitable, soit pour leur entretien, soit pour leur engraissement.

Dans les grands établissements d'Irlande et d'Angleterre, on a aussi adopté, depuis une vingtaine d'années, pour l'engraissement des bêtes bovines, la méthode des boxes ou cases séparées en contre-bas du sol, ou ce qu'on appelle la *méthode de Warnes*. On coupe à la machine, pour la litière, les pailles en petits brins de $0^m,12$ à $0^m,16$ de longueur, ce qui facilite beaucoup l'absorption des urines, les soustrait à l'action de l'air et ralentit la fermentation. On rend le tassement des litières plus efficace encore et plus économique, en ajoutant tous les jours un peu de terre sèche sur la litière humide.

Comme les animaux ont des habitudes différentes quant aux points de leurs litières qu'ils foulent le plus, on fait passer de temps en temps les bœufs et les vaches d'une case dans l'autre, afin de régulariser la pression sur tous les points. Dans tous les cas, ces animaux se portent admirablement bien pendant toute la durée de leur séjour dans les cases, bien qu'ils reposent constamment sur leur fumier, qu'on n'enlève que tous les deux ou trois mois.

A la colonie de Mettray, M. Brame a fait adopter depuis vingt-quatre ans le mode suivant de fabrication des fumiers : l'étable étant creusée à 1 mètre de profondeur en contre-bas du sol, on étend une couche de terre ou de marne sèche de $0^m,10$ à $0^m,20$ sur le fond de la fosse, qui peut consister simplement en terre argileuse battue, mais qu'il est préférable de faire bétonner. Cette première couche de terre ou de marne doit absorber peu à peu l'excès des urines qui s'échappent des couches supérieures, et immédiatement au-dessus d'elle on établit la litière proprement dite, consistant en lits alternatifs de paille ou d'ajoncs et de terre ou de marne pulvérulente, atteignant au plus $0^m,4$ de hauteur.

La paille ou les ajoncs doivent toujours recouvrir la terre ou la marne, si l'on veut empêcher la déperdition de l'ammoniaque; c'est une condition indispensable pour bien fabriquer le fumier de ferme, mélangé de matières terreuses. Le piétinement des animaux contribue à arrêter la déperdition des gaz. — Les crèches sont mobiles, et se relèvent au fur et à mesure que le fumier monte sous les bestiaux.

D'après M. Brame, l'engrais ainsi fabriqué est onctueux, imprégné de toutes les urines; néanmoins il ne contient que 65 pour 100 d'eau et dose 0,55 d'azote, c'est-à-dire qu'il est plus riche en principes actifs que les fumiers ordinaires préparés dans les cours à ciel ouvert; cela tient à ce qu'il ne se dessèche ni par les vents ni par les ardeurs du soleil pendant l'été, et qu'il n'est pas lavé par les pluies d'hiver.

« L'agriculteur, dit M. Brame, évite ainsi la mise en forme dans les cours et l'arrosage avec le purin, qui entraînent une dépense considérable. La longue accumulation, pendant deux mois environ, d'une couche de fumier aussi épaisse pouvait faire craindre pour la santé des animaux, et on pouvait appréhender le ramollissement de la corne des pieds; mais il n'en a rien été, et les maladies n'ont pas été plus fréquentes que dans les étables nettoyées tous les jours (1). »

Voilà pour les bêtes à cornes. Quant aux chevaux, l'expérience prouve encore que le séjour prolongé du fumier dans les écuries est sans danger pour la santé des bêtes.

Ainsi, dans le département de la Moselle, où chaque cultivateur possède un grand nombre de petits chevaux qu'il laisse en liberté, et par troupes, dans des compartiments d'écurie, on n'enlève le fumier que deux fois par an, et l'on n'en éprouve aucun résultat fâcheux. — Dans la partie haute de nos Alpes, on ne l'extrait même qu'une seule fois dans l'année!

Dans ces derniers temps, l'Administration de la guerre, qui a tant d'intérêt a diminuer les chances de maladie et de mort chez les chevaux de la troupe, à fait faire des expériences spéciales dans plusieurs régiments. On élevait successivement la litière des animaux, de manière que les couches les plus imprégnées restassent toujours dessous; on n'enlevait le fumier que tous les huit jours. On s'est assuré qu'il n'y avait point de vapeurs piquantes, causées par le séjour du fumier, circonstance qui s'explique très-bien par le tassement des matières fermentescibles, et on a unanimement reconnu que cette méthode n'avait aucune influence fâcheuse sur la santé des chevaux. Aujourd'hui, ce système est généralement adopté dans les régiments.

Ainsi, vous le voyez, j'avais raison de dire qu'il y a tout

(1) *Compte rendu de l'agriculture de la colonie de Mettray*, broch. in-8°, 1853, p. 29.

avantage à ne retirer les litières des étables et des écuries ordinaires que tous les huit ou douze jours, puisque le piétinement par les animaux rend le fumier plus homogène, moins pailleux, active sa conversion en terreau; puisque les pailles dont on le recouvre chaque jour l'abritent contre l'action de l'air, y ralentissent la fermentation et y retiennent les produits volatils engendrés par celle-ci, sans qu'il résulte pour les bêtes le moindre inconvénient d'une stabulation prolongée.

Les fumiers s'emploient sous deux états : non fermentés, tels qu'ils sortent des étables; c'est ce qu'on appelle *fumiers longs, frais ou pailleux;*

Et à l'état de pourriture complète, convertis en une espèce de masse pâteuse qu'on coupe à la bêche comme du beurre; ce sont les fumiers *courts ou gras*, que, dans beaucoup de pays, on désigne vulgairement sous le nom de *beurre noir*.

Les fumiers atteignent cet état de beurre noir dans un espace de temps plus ou moins long, suivant la saison, la température et le plus ou moins d'humidité qu'ils contiennent. En été, huit ou dix semaines suffisent; en hiver, il en faut vingt et au delà.

Sous ces deux états, les fumiers ont, comme vous le pensez bien, des propriétés très-diffférentes, et les praticiens l'ont reconnu de tout temps, car ils n'utilisent pas ces deux sortes d'engrais dans les mêmes circonstances.

Les *fumiers longs*, occupant beaucoup de volume, ont une action bien plus longue et plus durable sur la végétation que les fumiers *courts :* aussi les applique-t-on particulièrement aux végétaux qui restent longtemps en terre, et aux sols forts, compactes et argileux, dont ils ameublissent les particules, en raison de leur contexture fibreuse.

Les *fumiers courts*, au contraire, lourds et compactes, ont une action instantanée sur les plantes, mais cette action est de peu de durée : aussi les applique-t-on spécialement aux végétaux qui n'ont qu'une existence de trois à quatre mois, et aux terres légères.

Si l'on met de côté les effets particuliers que ces deux sortes de fumier produisent, et si on ne les considère que sous le rapport de leur richesse en principes nutritifs et propres à la végétation, il est certain que par leur emploi on perd une grande partie des principes que la même quantité de fumier bien préparée eût pu fournir aux plantes.

En effet, les *fumiers longs* sont employés dans un état où ils arrivent difficilement au degré de dissolution nécessaire à la nutrition des plantes; et les *fumiers courts* sont dans un état si avancé de décomposition qu'ils ont perdu une grande partie de leurs principes fertilisants qui se sont dégagés dans l'air sous forme de vapeurs et de gaz composés.

Pour mieux faire sentir la vérité de ces assertions, nous allons rechercher quelle est la nature ou composition chimique du fumier au sortir des étables, et déterminer les phénomènes qu'il éprouve par la fermentation.

Ce fumier est évidemment un mélange grossier de paille ou autres débris végétaux qui ont servi de litière, d'excréments solides et d'urines; par conséquent, on doit rencontrer dans ce mélange tous les composés chimiques propres à chacun de ces éléments. Voici ce que j'ai trouvé dans un fumier récent, n'ayant encore éprouvé que peu de fermentation :

Eau	750
Matières végétales et animales solubles. Sels solubles.	50
Matières végétales et animales insolubles. Sels insolubles. Fibre végétale ou paille.	200
	1000

M. Boussingault représente ainsi qu'il suit la composition d'un fumier de ferme, âgé de six mois, qu'il appelle *fumier normal* :

Eau	793,0
Substances organiques	140,3
Sels et terres	66,7
	1000,0

Les matières minérales consistent en :

Acide carbonique	1,34
— phosphorique	2,01
— sulfurique	1,27
Chlore	0,40
Silice, sable, argile	44,19
Chaux	5,76
Magnésie	2,41
Oxyde de fer, alumine	4,09
Potasse et soude	5,25

Suivant Braconnot, le fumier réduit à l'état de *beurre noir* est ainsi composé :

Eau	722,0
Matières organiques et sels solubles, particulièrement des sels de potasse et d'ammoniaque	15,0
Sels insolubles, sable, etc	102,7
Pailles converties en tourbe	124,0
Matière tourbeuse très-divisée, analogue à la précédente	36.3
	1000,0

Thomas Richardson, de Londres, a obtenu un résultat un peu différent de l'analyse d'un échantillon moyen de fumier pris à l'instant où l'on allait le répandre sur la terre ; voici ce qu'il y a trouvé :

Eau		649,6
Matières organiques		247,1
Matières minérales { Sable................ 32,0 Sels solubles dans l'eau. 13,4 Sels insolubles........ 57,9 }		103,3
		1000,0

Il y a donc, en définitive, dans le fumier, au moment où il est produit, le cinquième de son poids qui consiste en matières insolubles dans l'eau, surtout en fibres ligneuses, qui ne peuvent évidemment servir à la nutrition des plantes qu'autant qu'elles auront pu se convertir en nouveaux composés solubles et gazeux : acide carbonique et sels ammoniacaux.

Or, pour changer ainsi de nature, ces matières insolubles exigent une fermentation qui ne s'opère bien que sur une grande masse. Lors donc qu'on enfouit le fumier immédiatement après sa sortie des étables, cette fermentation nécessaire ne peut plus avoir lieu que très-imparfaitement dans le sol : aussi la plus grande partie du fumier reste-t-elle sans agir, et ce n'est qu'après un temps fort long que la fibre ligneuse finit par se détruire et se changer en matière nutritive.

Le fumier *frais* est donc un engrais fort lent qui ne convient réellement que lorsqu'il s'agit d'influer sur une longue suite de récoltes, mais qui, presque toujours, fait perdre du temps, c'est-à-dire un capital tout aussi précieux que l'argent déboursé. Et, en effet, 1000 fr. représentés par du fumier qui produit toute son action en un an rapportent un intérêt bien plus grand que 1000 fr. représentés par du fumier qui ne produit son effet qu'en cinq ans.

Mais si un commencement de fermentation est utile aux fumiers pour que la paille, qui y prédomine après l'eau, soit désagrégée et amenée à un état très-voisin de sa résolution en principes assimilables, une putréfaction avancée, comme celle des fumiers amoncelés dans les cours des fermes, est, d'un autre côté, fort préjudiciable. Dans ce dernier cas, la masse s'échauffe considérablement dans son centre et fume, par suite des nombreuses réactions chimiques qui s'y établissent; les matières organiques se décomposent complétement et donnent lieu à des gaz abondants et à un liquide coloré.

Les gaz qui apparaissent consistent surtout en acide carbonique, en ammoniaque, et même en azote pur, dont l'effet utile sur la végétation est ainsi perdu. Sir H. Davy a fait une expérience bien curieuse et très-convaincante à cet égard. Après avoir rempli une cornue de fumier, il en appliqua le bec sous les racines d'un gazon qui faisait partie de la bordure d'un jardin. En moins d'une semaine, l'effet était devenue sensible; l'herbe constrastait fortement avec celle qui ne recevait aucune des émanations de la cornue, et végétait avec une force extraordinaire.

Quant au liquide coloré ou *purin* qui s'écoule du tas de fumier et se répand dans les mares ou sur les chemins, il renferme, comme vous l'avez vu, des matières organiques facilement assimilables, des sels alcalins solubles et des phosphates si nécessaires aux plantes.

Pendant que le fumier est ainsi en proie à cette putréfaction que rien ne limite, son volume diminue de plus en plus. D'après les expériences de Gazzeri, un tas abandonné à l'air pendant 119 jours, perd la moitié de son poids et la moitié de ses principes solubles.

De son côté, Kœrte, professeur d'agriculture à Mœglin (Prusse), a reconnu expérimentalement que 100 volumes de fumier frais se réduisent, au bout de :

81 jours,	à 73,3 du volume primitif, d'où une perte de	....	26,7
254	à 64,3 id.	....	35,7
384	à 62,5 id.	....	37,5
393	à 47,2 id.	....	52,8

Le même expérimentateur a encore constaté :

1° Que la perte éprouvée par le fumier est beaucoup plus considérable, dans un temps donné, au commencement de sa fermentation que dans les périodes ultérieures de sa décomposition ;

2° Que le fumier perd moins lorsqu'il est répandu en couches comprimées et égales sur le sol, que lorsqu'il est en petit tas ; aussi il y a-t-il toujours avantage, lorsqu'on ne peut pas l'enfouir immédiatement au moyen de la charrue, à l'épandre en couches égales et à passer dessus le rouleau pour le comprimer régulièrement sur le sol ;

3° Que, quoiqu'il soit très-difficile de donner, pour tous les cas, un chiffre exact de la perte de volume qu'éprouve un fumier par un long séjour en tas, il n'est pas trop hasardé de dire que, dans les conditions ordinaires, cette perte s'élève à 25 pour 100 du volume primitif, et par conséquent que 100 voitures de fumier frais se réduisent à 75 voitures de fumier consommé.

Plus récemment, le professeur Woelker, en abandonnant

pendant un an deux tas de fumier parfaitement homogène, l'un à l'air libre, l'autre à l'abri sous un hangar, et en les pesant à quatre époques différentes, a trouvé les faits suivants :

	FUMIER A L'AIR LIBRE.	FUMIER ABRITÉ.
1re pesée, le 3 novembre 1854....	1285 kilogr.	1475 kilogr.
2e — le 30 avril 1855........	917	730
3e — le 23 août 1855........	903	587
4e — le 15 novembre 1855....	894	559

Soumis à l'analyse, dans ces différentes périodes de fermentation, ces fumiers ont fourni les résultats suivants :

	3 nov. 1854. dans les 2 tas.	30 avril 1855.		23 août 1855.		15 novembre 1855.	
		Fumier à l'air.	Fumier abrité.	Fumier à l'air.	Fumier abrité.	Fumier à l'air.	Fumier abrité.
Eau............	6,17a	65,95	56,89	75,49	43,43	74,29	41,66
Matières organiques solubles..	2,48	4,27	4,63	2,95	4,13	2,74	5,37
Matières minérales solubles.......	1,54	2,86	3,38	1,97	3,05	1,87	4,43
Matières organiques insolubles.	25,76	19,23	25,43	12,20	26,01	10,89	27,69
Matières minérales insolubles.....	4,05	7,69	9,67	7,39	23,38	10,21	20,8
Totaux....	100,00	100,00	100,00	100,00	100,00	100,00	100,00

Ainsi, dans une période de douze mois :

1° Le fumier abrité a perdu environ les 2/3 de son poids,

en même temps que le poids des matières organiques solubles a doublé, tandis que celui des matières minérales a quadruplé;

2° Le fumier abandonné à l'air libre n'a perdu que 1/3 de son poids, mais les matières organiques solubles n'ont point augmenté, et les matières minérales ne se sont accrues que de 50 pour 100.

Le professeur Wœlker a encore tiré de ces intéressantes expériences les conclusions suivantes :

1° Le fumier, à l'état frais, ne contient qu'une faible proportion d'ammoniaque libre;

2° L'azote, dans le fumier frais, se trouve principalement à l'état de combinaisons insolubles;

3° Le fumier, à l'état frais, contient du phosphate de chaux dont la solubilité est plus grande qu'on ne l'a cru jusqu'à présent. Pendant la fermentation, ce sel devient plus soluble et s'écoule avec le purin.

4° Pendant la fermentation du fumier, une proportion très-considérable des matières organiques se dissipe dans l'air, sous forme d'acide carbonique et d'autres gaz. Néanmoins, le fumier fermenté est plus riche en azote, en matières organiques et en sels minéraux solubles que le fumier frais; à poids égal, le premier a donc plus de valeur que le second.

5° Il est plus nuisible qu'utile de prolonger la fermentation au delà du temps nécessaire.

M. Jules Reiset, qui a fait, en 1855, l'examen des gaz qui prennent naissance pendant la putréfaction du fumier, a constaté que celui-ci absorbe une quantité considérable d'oxygène et laisse exhaler une partie de son azote à l'état de gaz pur, avec de l'acide carbonique, si c'est au contact de l'air que la fermentation s'accomplit, avec de l'hydrogène protocarboné, si c'est dans l'eau ou dans la terre.

Il en conclut que les fumiers perdant la plus grande partie de leurs éléments fertilisants par une fermentation trop prolongée, le cultivateur aurait un véritable intérêt à les porter et à les enfouir en terre le plus promptement possible. Il éviterait ainsi l'élévation de température qui, se développant au milieu de masses de fumier accumulées, détermine de véritables combustions, et il ne laisserait pas amoindrir en pure perte la quantité et la richesse des engrais de son exploitation (1).

Enfin, pour en finir avec cette question, je vous dirai que M. de Gasparin a fait analyser du fumier de couche, épuisé, qui avait cessé d'émettre la chaleur qui annonce la continuation de la fermentation ; il ne contenait plus que 31,34 pour 100 d'eau, il donnait jusqu'à 39,50 pour 100 de sels et de terre, et il avait perdu les deux tiers de son azote primitif.

« Il y a donc, dit M. de Gasparin, illusion complète de la part des cultivateurs qui, trompés par l'apparence d'homogénéité du fumier consommé, pensent qu'il a acquis une plus grande valeur. Par la fermentation avancée, il a perdu plus de la moitié de sa masse, plus de la moitié de ses principes solubles, et les deux tiers de son azote. Ce qui reste consiste principalement en principes carbonisés », et en substances minérales, ajouterai-je ; de sorte que, peu

---

(1) Expériences sur la putréfaction et sur la formation des fumiers. (*Recherches pratiques et expérimentales sur l'agronomie*, par Reiset. 1 vol. in-8°, p. 46. Paris, 1863, Baillière et fils.)

à peu, les propriétés du fumier finissent par ne plus dépendre que de la prédominance de ces substances minérales, qui sont, à poids égaux, quatre à six fois plus abondantes que dans le fumier récent.

C'est parce qu'ils avaient conscience des pertes énormes que l'on éprouve en laissant trop vieillir les fumiers, que nombre d'agronomes instruits ont conseillé de préférer les fumiers *longs* et *frais*, tels qu'ils sortent des étables, aux fumiers *courts* et *très-consommés*.

Mais c'est entre ces deux termes extrêmes, dont je viens de vous faire apprécier les inconvénients, qu'il faut se placer pour obtenir des fumiers le plus d'effets utiles comme engrais. Par conséquent, il convient de les mettre en tas pendant quelque temps, au sortir des étables, pour qu'une légère fermentation amollisse et aplatisse toutes les pailles, donne à celles-ci une couleur brune, un aspect gras, et rende les diverses parties homogènes; car c'est seulement alors que la masse est dans le meilleur état pour se convertir promptement, dans le sol, en principes solubles et gazeux, les seuls utiles à la nutrition des plantes.

Cette *macération* des fumiers longs, bien différente de la putréfaction qu'ils subissent habituellement pour arriver à l'état de *beurre noir*, n'exige la conservation en tas que pendant fort peu de temps : de six semaines à trois mois, suivant la saison; elle augmente singulièrement leur valeur comme engrais, et leur communique cette rapidité d'action si nécessaire dans la majorité des cas.

Pour amener les litières d'étables et d'écuries à cet état de *fumier normal*, il faut savoir disposer le tas de fumier de manière à ne rien perdre des produits utiles, et à pouvoir diriger la fermentation à son gré (1).

A cet égard, c'est Mathieu de Dombasle qui, l'un des premiers, a donné les meilleurs préceptes et imaginé la *fumière* la plus simple et la plus rationnellement construite. Ce qui va suivre rappellera ce qu'il pratiquait dans sa ferme de Roville qu'il a rendue célèbre.

Je dirai d'abord que l'emplacement destiné à recevoir le fumier doit être peu éloigné des étables et des autres habitations des animaux; il doit être assez grand pour qu'on ne

(1) Le premier parmi les modernes, Bernard Palissy a décrit la manière de disposer et de conduire le tas de fumier de manière à satisfaire à ces conditions. Il est vraiment inconcevable, qu'énoncée en termes si clairs et si formels, la pratique excellente enseignée par cet homme de génie soit restée ignorée pendant trois siècles, ou du moins qu'elle n'ait pas été adoptée plus tôt par tous les agriculteurs intelligents. Voici ce qu'il recommande dans sa *Recepte véritable*, p. 24.

« Si tu veux que ton fumier te serue à plein et à outrance, il faut que tu creuses une fosse en quelque lieu conuenable, près de tes estables, et icelle fosse creusée en manière d'vn claune, ou d'un abruuoir, faut que tu paues de cailloux, ou de pierres, ou de briques ledit claune ou fosse, et iceluy bien paué auec du mortier de chaux et de sable, tu porteras tes fumiers pour garder en ladite fosse, iusques au tems qu'il le faudra porter aux champs. Et afin que ledit fumier ne soit gasté par les pluyes, ni par le soleil, tu feras quelque manière de loge pour couurir ledit fumier; et quand il viendra au tems des semailles, tu porteras ledit fumier dans le champ, avec toute sa substance, et tu trouueras que le paué de la fosse, ou réceptacle, aura gardé toute la liqueur du fumier, qui autrement se fust perdue, la terre eust sucé partie de la substance dudit fumier; et te faut icy noter que, si au fons de la fosse, ou réceptacle dudit fumier, se trouve quelque matière claire, qui sera descendue des fumiers, et que ladite matière ne se puisse porter dans des paniers, il faut que tu prenes des basses (bassin de bois), qui puissent tenir l'eau, comme si tu voulois porter de la vendange, et alors tu porteras ladite matière claire, soit vrine des bestes, ou ce que tu voudras. Je t'asseure que c'est le meilleur du fumier, voir le plus salé; et si tu le

soit pas obligé d'entasser les matières sur une trop grande hauteur; les voitures doivent pouvoir en approcher facilement; il doit être possible d'en éloigner les eaux courantes et de recueillir avec soin le purin produit.

Un des moyens les plus commodes et les plus économiques, consiste à mettre les litières en un tas, sur un espace plat, et de niveau avec le sol environnant, mais dont le fond est glaisé, de manière à ne permettre aucune infiltration. Cet espace, auquel on peut donner 12 mètres de

fais ainsi, tu rapporteras à la terre la mesme chose qui lui auoit esté ostée par les accroissemens des semences, et les semences que tu y mettras après reprendront la mesme chose que tu y auras porté. Voilà comment il faut qu'vn chacun mette peine d'entendre son art, et pour quoy il est requis que les laboureurs ayent quelque Philosophie; ou autrement, ils ne font qu'auorter la terre et meurtrir les arbres. »

Mais bien avant Palissy, les agronomes latins, Caton, Varron, Columelle avaient déjà donné d'excellents préceptes sur la production et l'aménagement des fumiers. Voici, par exemple, ce qu'on lit dans le *Traité d'agriculture* du dernier, qui l'écrivait dans le premier siècle de l'ère chrétienne.

« Ayez deux fosses à engrais, l'une pour recevoir les nouvelles curures de vos étables et les conserver pendant un an, tandis que l'on emploiera le fumier ancien contenu dans l'autre. Toutes deux seront, comme les piscines, sur un sol légèrement incliné, murées et pavées, de manière à ne laisser échapper ni infiltrer aucun liquide; car il est très-important de conserver au fumier toute sa force en évitant la dessiccation des sucs, et de le laisser macérer dans une continuelle humidité. De cette manière, s'il se trouve mêlées aux litières et aux pailles quelques graines d'épines ou de mauvaises herbes, elles pourrissent et ne vont pas salir les récoltes des champs sur lesquels on les porte avec l'engrais. Les cultivateurs habiles couvrent avec des claies de branchage tout ce qu'ils ont retiré de leurs bergeries et de leurs étables, pour empêcher qu'il ne soit desséché par les vents, ou brûlé par les rayons du soleil. »

Vous voyez qu'à aucune époque les bons conseils n'ont manqué aux ouvriers de la terre pour les inciter à mieux faire.

long sur 7 mètres de large, présente une légère pente vers l'un des côtés, de manière que le jus ou *purin* puisse couler de lui-même dans un réservoir de 2 mètres carrés sur 1 mètre de profondeur, placé à la partie la plus basse de l'emplacement (fig. 31).

Sur les quatre côtés de cet espace, au pied du tas de li-

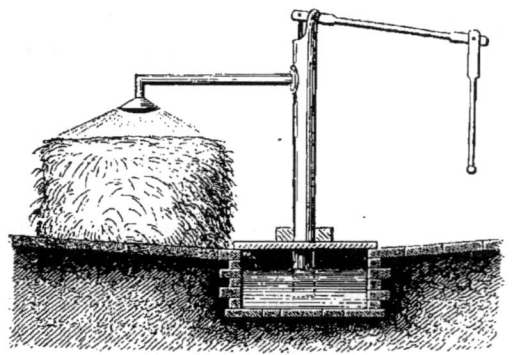

Fig. 31. — Fumière de Mathieu de Dombasle.

tières, règne une rigole destinée à recevoir les égouts et qu'on a soin d'entretenir toujours bien curée; on pratique en dehors, en gravier mêlé d'argile, une espèce de levée de $1^m,5$ de largeur, qui empêche le purin de sortir et les eaux extérieures de s'y mélanger. Cette levée n'a que $0^m,20$ environ de hauteur au milieu, et se termine en pente douce des deux côtés, en sorte qu'elle ne gêne aucunement l'accès des chariots, qui peuvent ainsi entrer et sortir sur tous les points.

Dans le réservoir est placée une pompe fixe, en bois ou

en métal, au moyen de laquelle on peut verser le purin, soit sur le tas de fumier pour l'arroser, soit dans des tonneaux pour le conduire sur les prairies.

Les litières doivent être transportées des étables sur les fumières au moyen d'une brouette basse, sans parois, comme celle de la figure 32. On ne doit employer le crochet et

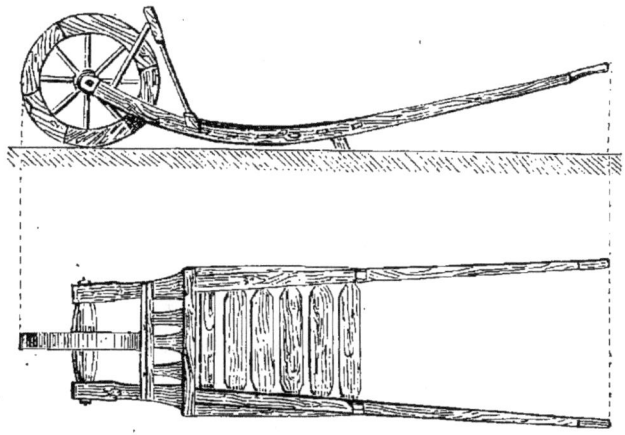

Fig. 32. — Brouette pour sortir les litières des étables.

traîner les litières sur le sol, qu'autant que les lieux d'où on les enlève sont très-rapprochés du dépôt; autrement on éprouve des pertes considérables.

On étale ensuite uniformément ces litières sur l'emplacement, puis on les foule et on les tasse, afin d'éviter ces vides où naît plus tard la *moisissure, chancissure* ou le *blanc*, qui cause une grande détérioration dans la qualité de l'engrais. Cette *chancissure* est produite par un excès de sécheresse et de défaut d'air. En cet état, la paille, devenue cassante au moindre effort, n'est plus susceptible de donner une chaleur nouvelle.

L'invasion de la chancissure est un des cas rares où il est bon de remuer le tas de fumier. On la prévient, au reste, par des arrosements fréquents ; mais il est plus commode de recourir au piétinement par les hommes à mesure qu'ils apportent les litières. Ce piétinement devra être d'autant plus fort qu'il y aura plus de fumier de cheval dans le tas ou que les litières auront été faites avec des genêts, des bruyères, des ajoncs ou autres plantes ligneuses dont le tassement est plus difficile.

Le foulage du fumier est encore nécessaire pour s'opposer à une fermentation trop rapide, qui est toujours préjudiciable lorsqu'elle s'exerce sur un fumier trop ameubli.

On élève verticalement peu à peu toutes les faces du tas de fumier jusqu'à la hauteur de $1^m,50$ à 2 mètres. Au delà de cette épaisseur, le chargement des voitures deviendrait difficile, de même que le placement des litières apportées des étables. Lorsque le tas est terminé et occupe toute la surface de la lumière, il contient de 195000 à 227500 kilog., soit 24 à 28 mètres cubes environ.

Pour éviter que l'ancien fumier ne se trouve toujours enfoui sous le nouveau, comme cela arrive communément, on élève un tas de chaque côté de la pompe, ou bien, si l'on forme un emplacement unique, on établit deux ou trois divisions, que l'on charge et que l'on enlève successivement, en ayant soin de donner à tous ces tas contigus la même élévation.

Le fumier ainsi disposé ne tarde pas à s'échauffer et à entrer en fermentation, surtout après un ou deux arrosages, dont le premier doit être fait avec de l'eau pure, amenée d'une mare ou d'un puits voisin dans le réservoir souterrain. Par un travail d'une couple d'heures, on imbibe d'eau, jusqu'à sa base, un énorme tas de fumier. Il faut veiller à ce que la chaleur ne dépasse pas, dans les tas, 28° centigrades. Lorsqu'elle s'élève au delà, on modère la fermentation en arrosant fréquemment avec le purin.

En dirigeant dans le réservoir les urines des étables, des écuries, des bergeries, des porcheries, au moyen de conduits en bois peu coûteux, et en plaçant, du côté opposé à la pompe, les latrines des garçons de ferme et des ouvriers, on réunit sur un seul point tous les éléments de fertilité que produit une ferme.

Quant à la pompe à purin, il y en a de bien des modèles; il en est peu qui fonctionnent d'une manière satisfaisante, et, en général, elles exigent de fréquentes réparations. Celle de Mathieu de Dombasle, dont voici la représentation (fig. 33 et 34), est un peu compliquée et de construction dispendieuse.

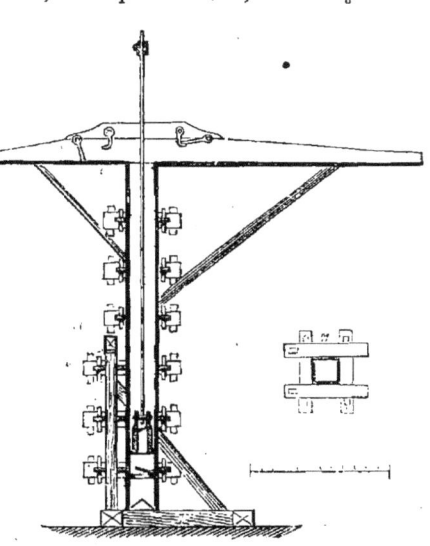

Fig. 33. — Pompe de Mathieu de Dombasle. — Coupe verticale et parallèle à la face.

220 DE LA MANIÈRE DE TRAITER LES FUMIERS.

En voici une autre, plus rustique, inventée par de Val-

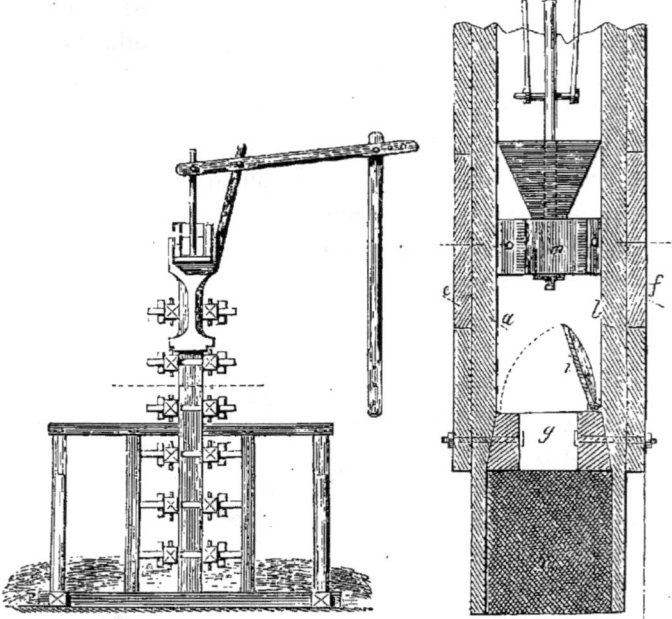

Fig. 34. — La même coupe vue de côté.   Fig. 35. — Coupe de la pompe Valcour.

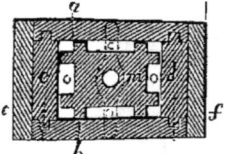

Fig. 36. — Plan superficiel du piston de la pompe.

cour, et dont on fait usage à l'Institut régional de Grignon depuis longtemps pour élever les eaux du fumier (fig. 35 et 36).

Dans un corps de pompe en bois, formé de quatre planches, a, b, c, d, embouvetées et bien clouées, maintenues d'ailleurs par des traverses e, f, en bois bitumé, joue un piston m, composé à sa partie inférieure d'un cube de bois entaillé sur les côtés de larges rainures o, o, de manière que son plan superficiel, vu à vol d'oiseau, présente la forme indiquée par la figure 36. Sur ce tube est fixé un entonnoir carré, en cuir, dont les bords s'appliquent à frottement contre les parois du tuyau de la pompe. A la partie inférieure du corps de pompe est une soupape dormante g et à clapet i.

Le mécanisme est simple et facile à comprendre. Lorsque le piston monte, il y a aspiration, le clapet se soulève, et l'espace entre le clapet et le piston se remplit; en descendant, le piston pèse sur la colonne d'eau, la soupape se ferme, l'eau monte par les ouvertures des rainures, passe entre les bords du cornet de cuir qui cèdent à sa pression et la paroi de la pompe; arrivé au bas de sa course, le piston se trouve chargé de la colonne d'eau dont le poids fait joindre les bords du cornet contre les parois de la pompe. Cette colonne peut être ainsi remontée avec le piston.

Il faut avoir le soin de laisser les planches les plus larges a, b, dépasser la soupape inférieure de $0^m,18$ à $0^m,21$; on fait à chacune une large entaille, et on recouvre les quatre ouvertures par un treillage n à mailles fines en fil de fer, ou plutôt de cuivre, qui retient les ordures et les graviers, en les empêchant d'être aspirés par la pompe.

Avec un piston de $0^m,108$ de diamètre, ce qui suffit habituellement, on élève 103 litres d'eau en une minute à la hauteur de $9^m,74$.

M. Perreaux, constructeur mécanicien à Paris (1), a inventé une pompe qui se distingue par sa solidité, son prix

(1) Rue de Monsieur-le-Prince, n° 16.

peu élevé (70 francs), et par ce précieux avantage que les soupapes en caoutchouc qui font partie de son mécanisme, admettent, sans s'engorger, les corps solides (morceaux de bois, cailloux, etc.), que l'eau ou le purin peut entraîner dans son ascension.

On voit (fig. 37) en *a* la soupape à piston en caoutchouc pour l'intérieur du corps de la pompe; en *b*, la soupape de retenue, également en caoutchouc; celle-ci, placée au bas, est assujettie par un chapeau *c* qu'on peut visser et dévisser avec facilité; *d* est le tuyau d'aspiration qui plonge dans le réservoir à purin.

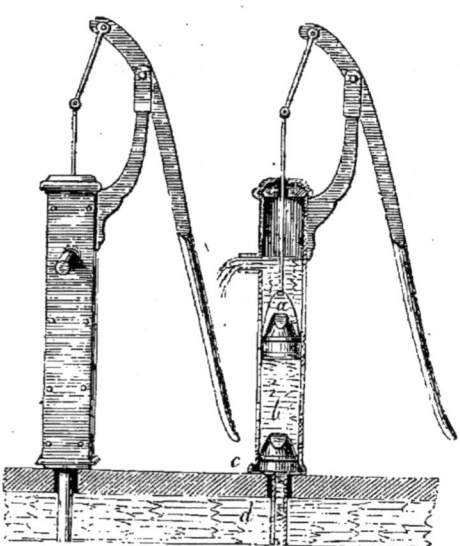

Fig. 37. — Pompe simple de M. Perreaux.

M. Perreaux construit aussi des pompes aspirantes et foulantes du prix de 120 fr. et de 125 fr., selon qu'elles sont montées en bois ou en fer. Elles ont un jet continu, projettent le liquide assez loin et peuvent servir utilement dans les incendies.

En voici une vue et une coupe (fig. 38.)

Il y a ici, en avant du déversoir *e*, un réservoir d'air dont le chapeau inférieur *g* se dévisse pour placer ou visiter la soupape de retenue; *h*, chapeau supérieur de la pompe et *e*, boîte à étoupe, destinés, l'un à laisser passer la soupape-

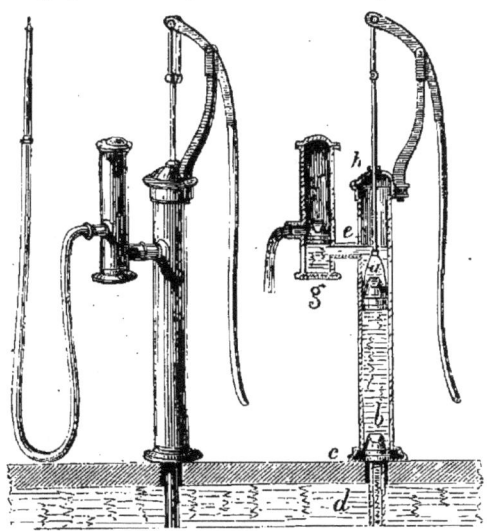

Fig. 38. — Pompe aspirante et foulante de M. Perreaux.

piston *a* dans le corps de pompe, et l'autre à comprimer la tresse de chanvre qui remplit la boîte, et dans laquelle passe la tige du piston.

Toutes les parties des pompes de M. Perreaux se démontent et se rajustent sans aucune difficulté. Ces instruments ont été l'objet d'un rapport très-favorable à la Société d'encouragement de Paris.

M. de France, directeur de la ferme-école de Mandoul (Tarn), a emprunté à la Suisse une pompe foulante encore moins chère et dont le service est excellent (fig. 39 et 40.)

Comme vous le voyez, dans cette pompe, le piston et les

soupapes étant au fond, sont presque toujours sous l'eau, et dans aucun cas ne sont aussi exposés à se désécher que

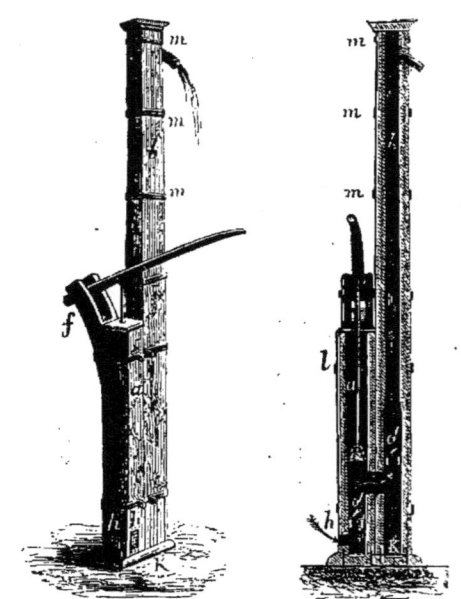

Fig. 39. — Vue perspective de la pompe de M. de France. Fig. 40. — Coupe de ladite pompe.

a. Corps de pompe. — *b*. Tuyau d'ascension d'un diamètre intérieur plus petit que celui du corps de pompe, excepté dans le bas où est placée une soupape. — *c*. Piston plein, en bois, un peu conique ; il doit jouer librement ; il est entouré par une bande de cuir fort de 0ᵐ,10 de largeur, clouée par le haut et libre par le bas, pour qu'en descendant elle s'ouvre et s'applique contre les parois du corps de pompe. — *d, d*. Soupapes placées au bas du corps de pompe, au-dessous du tuyau *g*, et dans le tuyau d'ascension, au-dessus du tuyau *g*, qui sert à réunir ces deux parties de la pompe. — *h, h*. Ouvertures au bas du corps de pompe pour permettre l'entrée du liquide ; elles sont garnies d'un grillage pour empêcher l'introduction des pailles ou autres corps étrangers qui engorgeraient la pompe. — *k*. Planche clouée au-dessous de la pompe pour fermer exactement le tuyau d'ascension. — *l, l*. Cercles en fer serrant au moyen d'une vis pour réunir ensemble le corps de pompe et le tuyau d'ascension. — *mm*. Cercles en fer pour serrer la partie supérieure du tuyau d'ascension et l'empêcher de se fendre.

lorsqu'ils sont en haut ; s'il survient quelques fuites à la partie supérieure du tuyau d'ascension, seul exposé au soleil, il est facile de les boucher, et elles n'empêchent pas l'instrument de fonctionner.

M. de France a pu établir cette pompe pour 35 fr. tout compris. Le corps a 2 mètres et le tuyau d'ascension 4 mètres; on pourrait en augmenter la longueur sans élévation sensible du prix. — Cette pompe est à peu de chose près la même que celle imaginée par M. Baumgartner, maréchal-ferrant à Dachstein (Bas-Rhin) et que le comice agricole de Strasbourg a primée en 1860.

Il ne faut pas s'effrayer de la dépense pour établir un emplacement à fumier d'après les principes de Mathieu de Dombasle que je viens de développer. La plupart du temps, lorsque le sol est argileux et consistant, on n'a aucune construction à faire; il ne s'agira, dans ces cas, que de simples travaux de terrassement. Le trou à purin pourra être creusé à même le sol, sans qu'il soit nécessaire d'un revêtement en briques; on pourra même le remplacer par une vieille barrique ou une vieille cuve enfoncée dans le sol; elle durera bien des années. Une pompe en bois n'est même pas indispensable, puisque deux ouvriers avec des seaux pourront très-bien exécuter les arrosements.

Lorsqu'il n'y a pas possibilité de rendre imperméable la surface de la fumière et de creuser un trou à purin, il suffit, pour ne perdre aucune goutte de ce précieux liquide, de monter le tas de fumier sur une couche épaisse de terre, de marne ou même de sable.

Dans tous les cas, pour moins d'une centaine de francs, on peut soi-même, avec ses ouvriers, construire une excellente fumière. Et alors même que la dépense serait plus considérable, on en sera complétement dédommagé par la bonne qualité, la plus grande quantité des fumiers et par la valeur du purin. C'est ce que reconnaissent maintenant la plupart des cultivateurs de la Seine-Inférieure qui ont suivi les conseils que je leur ai donnés dans les *conférences agricoles* que j'ai inaugurées en 1848 et terminées en 1857, dans tous les chefs-lieux de canton du département (1).

Dans les deux fermes de l'Institut de Hohenheim, Schwerz a disposé les fumiers d'une manière un peu différente de celle de Mathieu de Dombasle. Le lit du fumier est de niveau avec le terrain environnant, et ne forme aucune exca-

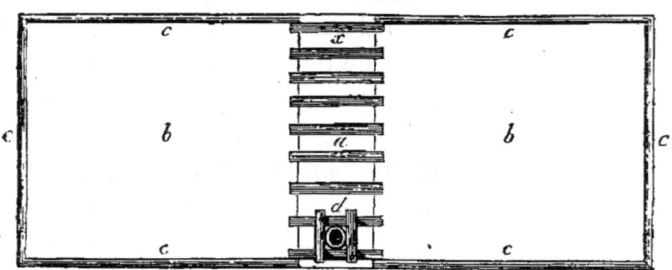

Fig. 41. — Plan de la fumière de Schwerz.

vation (fig. 41). Le sol n'est pas pavé, mais seulement formé de moellons posés de champ, recouverts d'une petite couche

(1) Ces conférences n'ont pas cessé d'avoir lieu; elles furent confiées, après mon départ pour la Flandre, à mon gendre, M. Morière, bien connu dans le monde agricole. Peu de temps après que j'eus créé cet enseignement nomade de l'agriculture, les conseils généraux du Calvados et de l'Eure imitèrent l'exemple du Conseil général de la Seine-Inférieure, et confièrent aussi à M. Morière l'honorable mission de répandre dans nos campagnes les principes scientifiques qui éclairent la pratique et sont les promoteurs de tous les progrès.

de débris de pierre un peu gros, puis d'une autre couche de pierres plus menues, mêlées et recouvertes d'un peu de terre, le tout bien damé. Ce lit se maintient très-bien. Un lit en bon pavé serait encore meilleur.

Une fosse a sépare en deux parties b, b le lit du fumier. Chaque partie a une pente d'environ $0^m,32$ vers la fosse, afin que le purin y coule et s'y rassemble ; mais, comme une certaine quantité de liquide n'en découle pas moins des trois autres côtés des lits, ils sont garnis d'une rigole pavée cc qui conduit ce liquide dans la fosse.

A l'un des bouts de celle-ci est solidement fixée une forte pompe d, au moyen de laquelle le purin peut être ramené sur le fumier ou versé dans les tonneaux. Pour faciliter sa dispersion on emploie la disposition mobile suivante (fig. 42).

On place sous le déversoir de la pompe plusieurs noues

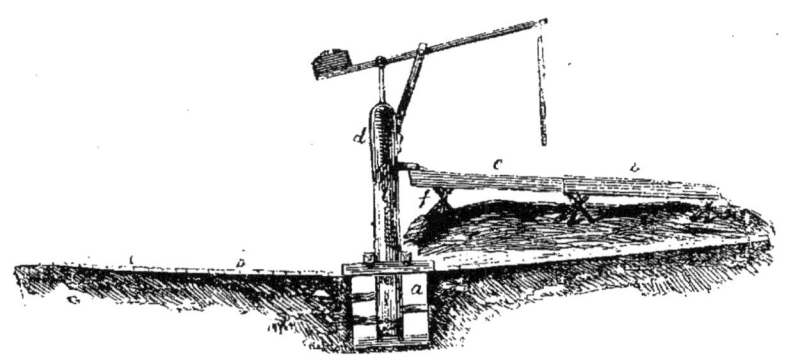

Fig. 42. — Coupe de la fumière de Schwerz.

légères e, e, faites de planches bien jointes. Chaque noue est plus large d'un bout que de l'autre, afin qu'elles puissent se poser l'une dans l'autre. Elles sont portées par des chevalets *f* dont les jambes sont liées en ciseaux par un seul rivet; ces chevalets peuvent ainsi, en s'ouvrant ou en se fermant, présenter un point d'appui plus ou moins élevé, de manière qu'on puisse, par suite, donner aux noues la hauteur et la pente nécessaires, suivant la hauteur variable du fumier. L'appareil peut être facilement transporté d'une partie du fumier à l'autre.

Les parois de la fosse *a*, à laquelle on donne de $1^m,30$ à $1^m,65$ de profondeur, et dont on proportionne la capacité à l'étendue des lits de fumier, sont revêtues en maçonnerie ou en madriers retenus par de forts poteaux en chêne. Le fond de la fosse est garni de terre grasse bien damée. On couvre cette fosse en madriers ou avec un gril assez serré en bois et solide, mais qui ne s'oppose pas au suintement du liquide; cette disposition fait gagner de l'espace, en ce qu'on peut disposer un tas de fumier sur la fosse même; ce tas procure un autre avantage: en été, il s'oppose à l'évaporation du liquide, et en hiver à sa congélation.

On dirige d'ailleurs dans la fosse les urines des étables et des écuries, de même qu'on place au-dessus, du côté opposé à la pompe *d*, les latrines *x* (fig. 44) des valets et des ouvriers, de manière à ne perdre aucune parcelle de ces puissants agents de fertilité. Cette disposition est aussi celle qui rend plus faciles tous les travaux de préparation et de chargement des engrais.

Dans certaines parties de la Suisse, on a une disposition particulière. Tout le lit de fumier, ou du moins la plus grande partie, forme une fosse plus longue que large; dans le sens de la largeur sont placés, les uns contre les autres, des poutrelles ou de petits arbres, de manière à former une espèce de gril sur lequel on place le fumier. Le liquide qui suinte tombe directement dans la fosse, à travers ce gril en bois. L'un des bouts de la fosse reste découvert ; on y place une pompe qui sert à ramener le liquide sur le fumier, ou à remplir les chariots, lorsqu'il s'agit de l'appliquer immédiatement aux cultures ; en outre, on conduit toutes les urines dans la fosse.

Cette disposition n'est pas sans intelligence et sans utilité, mais elle n'est guère applicable, toutefois, qu'aux petites exploitations. Le gril empêche qu'on ne puisse passer avec un chariot sur le fumier même, et ne permet pas, par conséquent, de lui donner une certaine étendue, qui d'ailleurs, et dans d'autres pays, rendrait cette disposition trop coûteuse.

Dans un très-grand nombre de fermes, surtout chez les petits cultivateurs, les choses sont ordinairement si mal disposées que le fumier déposé sur une fosse en plan incliné au-devant des étables reçoit toutes les eaux de pluie qui découlent des toits et du terrain supérieur ; il en résulte que le fumier est lavé par ces eaux étrangères et que la lessive qui en provient va directement dans la mare à abreuver les bestiaux, celle-ci étant bien maladroitement placée en contre-bas dans le voisinage de la fumière. Dans ces conditions, le purin est presque entièrement perdu, et le fumier n'a que bien peu de valeur.

Un habile propriétaire agronome de l'arrondissement de Dunkerque, M. Vandercolme, s'est efforcé depuis longues années de démontrer aux fermiers de sa région qu'à l'aide de travaux peu coûteux, qu'ils peuvent exécuter eux-mêmes, il est bien facile d'empêcher ce lavage des fumiers. Il suffit, en effet, d'établir dans le trottoir qui longe les étables un petit ruisseau qui conduit directement les eaux pluviales à l'abreuvoir. Si, par une raison quelconque, on ne peut agir ainsi, on met une gouttière en zinc si les toits sont en tuiles, et s'ils sont en chaume une gouttière en bois formée d'une large planche sur les deux côtés de laquelle on cloue une latte. Des trois autres côtés de la fosse on élève un petit parapet en terre; le trou à purin est au centre, et la pompe d'arrosage est placée au-dessus.

Lorsque, par suite de la conformation du terrain, il est presque impossible d'écouler les eaux pluviales à ciel ouvert, M. Vandercolme pose à un mètre sous terre de gros tuyaux de drainage, et, pour éviter leur engorgement, il fait aboutir les eaux à un trou d'un mètre carré, rempli de cailloux et de briques cassées; les eaux ainsi filtrées avant d'arriver aux drains, s'écoulent toujours régulièrement et vont se rendre dans l'abreuvoir.

Au moyen de ces dispositions bien simples, dont *souvent la dépense n'excède pas une vingtaine de francs*, aucune goutte de purin n'est perdue; l'eau de l'abreuvoir est toujours claire et incolore; le fumier n'est plus lavé; il n'est ni trop humide en hiver, ni trop sec en été.

En m'envoyant la brochure qu'il a publiée sur ce sujet (1), M. Vandercolme m'écrivait :

(1) *Note sur un procédé simple et peu coûteux pour l'amélioration des fosses à fumier*, par M. Vandercolme, agriculteur propriétaire à Rexpoëde, arrondissement de Dunkerque (Nord). Broch. grand in-8º, Georges Masson. Paris, 1872.

« J'ai arrangé à mes frais bien des fosses à fumier, à la condition d'avoir pendant trois ans la moitié du bénéfice qui proviendrait d'une meilleure qualité du fumier, m'en rapportant, quant à la plus-value, aux fermiers eux-mêmes. Presque toujours, dès la première année, j'ai été remboursé de mes avances. »

Les heureux changements apportés par cet honorable agronome dans la disposition des fosses à fumier de sa contrée lui ont fait décerner une médaille d'or à l'exposition universelle de 1867.

Chez MM. de Marliave, à la Fenasse, dans le département du Tarn, l'emplacement du fumier mérite d'être mentionné. Près de l'étable, dans la cour, se trouve une enceinte carrée, en pierres cimentées avec de la chaux hydraulique ; elle a 1 mètre de hauteur sur $0^m,40$ d'épaisseur dans le bas, et $0^m,10$ de moins dans le haut, qui se termine en angle aigu.

Cette enceinte, ouverte sur l'un des côtés, se divise en trois compartiments mesurant chacun 9 mètres de long sur 6 mètres de large ; le compartiment du milieu, creusé à $0^m,50$ de profondeur, reçoit le purin. On s'en sert pour arroser les tas de fumier placés à ses côtés.

A la Trappe de Mortagne, les tas de fumiers sont disposés en prismes rectangles, de la hauteur de 2 mètres environ, sur des aires dont la surface est revêtue d'une couche d'argile fortement battue pour la rendre imperméable aux urines. On donne à cette couche une pente convenable vers l'angle d'une des extrémités, pour que les urines avec esquelles on arrose les tas puissent, après les avoir traversés, se rendre dans un bassin intermédiaire, où il y a une pompe qui les remonte de nouveau, lorsque le besoin l'exige. Les aires sont d'ailleurs assez élevées pour être garanties extérieurement des eaux de pluie qui pourraient arriver du dehors ou de l'égout des toits.

De cette manière, le fumier se trouve dans les conditions les plus favorables pour devenir gras et onctueux, et présenter une homogénéité de décomposition, lors même qu'on emploie des substances ligneuses pour litière, parce que l'humidité y est toujours en proportion convenable pour que la fermentation puisse s'établir régulièrement.

Le supérieur de la Trappe fait placer des lits de tourbe entre les lits de fumier; il augmente ainsi considérablement la masse de ses engrais, et, suivant cet habile agronome, il n'y en a point qui soient plus énergiques. C'était aussi l'opinion de Mathieu de Dombasle. Les bons effets du mélange sont dus à ce que les gaz ammoniacaux résultant de la fermentation du fumier neutralisent le terreau acide (acide *ulmique* ou *humique* des chimistes), dont la tourbe est si richement pourvue et le rendent soluble.

Quelques bons cultivateurs préfèrent créer des fosses de $0^m,50$ à $0^m,60$ de profondeur, dont le fond et les bords sont bien battus. On forme le premier lit en terre ou en marne, sur $0^m,20$ de hauteur environ, et en l'isolant assez des bords pour laisser entre eux et cette couche une cunette de $0^m,50$ de large. Sur cette base on élève, à 2 mètres environ de hauteur, la pile du tas par couches d'égale épaisseur; on la foule, on en frappe les côtés pour que l'air ne pénètre pas, et on l'arrose, pendant les grandes sécheresses, avec des eaux croupies, des urines ; enfin, après un dernier arrosage, et après avoir bien foulé la couche supérieure, on recouvre le tas avec de la terre ou de la marne, de la paille, de la bruyère, ou avec des épines, autant pour mettre le fumier à l'abri de la pluie que pour le défendre contre le grattage des poules et pour y concentrer les principes de la fermentation.

Cette méthode a l'inconvénient d'exiger la création de plusieurs fosses ; car, sans cela, on est forcé d'enfouir toujours l'ancien fumier sous le nouveau, et toutes les couches sont loin d'être dans le même état de décomposition lorsqu'on les emploie.

« Quand on vide une fosse qu'on a remplie, dit M. Boussingault, en apportant chaque jour des litières imprégnées d'urines et de déjections, le fumier n'est pas au même état dans toute son épaisseur.

» Celui qui est à la surface, tel qu'on l'a mis la veille, diffère considérablement par son aspect, par sa constitution, de celui qui est au fond depuis plusieurs mois. La partie située immédiatement au-dessous de la couche supérieure, et par conséquent la plus récente, émet déjà une faible odeur ammoniacale. Dans les strates inférieures, la paille a perdu sa ténacité, elle est fibreuse et se rompt aisément. Le fumier est d'autant plus foncé en couleur, plus homogène ou moins pailleux qu'on le prend à une plus grande profondeur. Près du sol, il est d'un brun foncé, il sent le sulfhydrate d'ammoniaque (c'est l'odeur des œufs gâtés), la litière complétement désagrégée est à peine reconnaissable ; c'est le *beurre noir*, dans lequel domine un principe azoté brun, possédant, d'après M. Paul Thénard, des propriétés acides. A peine répandu sur le terrain, ce fumier décomposé exhale l'odeur légèrement musquée que l'on perçoit dans les étables bien tenues.

» Au bout de quelques mois, une masse de fumier résultant de l'accumulation successive et non interrompue des déjections du bétail, est donc formée de zones distinctes de matières parvenues à un état plus ou moins avancé de décomposition : la zone supérieure consistant en fumier *frais* ou *presque frais*; la zone intermédiaire comprenant le fumier *à demi consommé*; la zone inférieure où gîte le fumier *consommé* ou *fait*(1). »

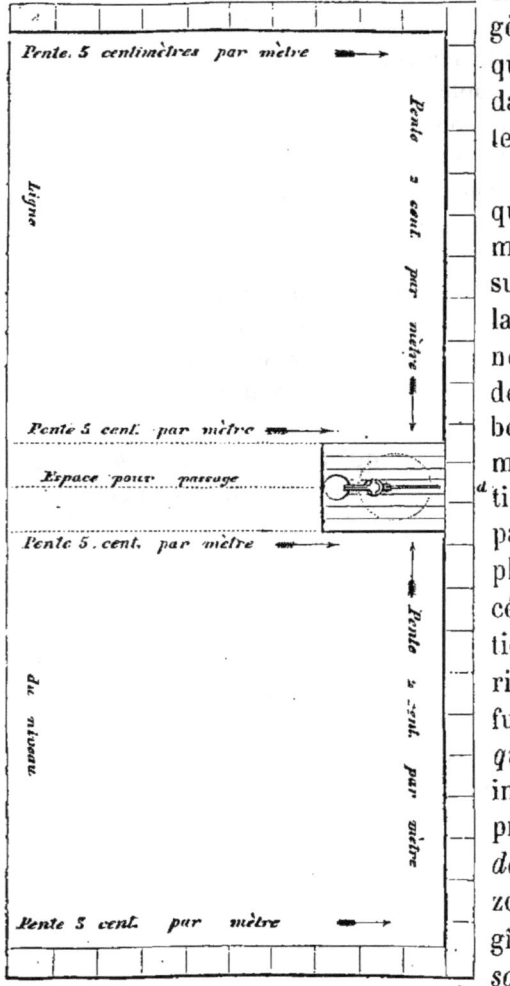

Fig. 43. — Fosse modèle de Schattenmann.

(1) Boussingault, *La fosse à fumier*, br. in-8°, Paris, 1858. Béchet, p. 18.

Schattenmann, chimiste agronome de l'Alsace, a modifié et amélioré la fumière de Schwerz. Sa *fosse modèle*, dont le plan est ci-joint (fig. 43), a 22 mètres de longueur sur 10 de largeur. Elle est garnie, sur trois côtés, d'un mur de revêtement en maçonnerie ou en pierres de taille, et le fond en est pavé. Elle est divisée en deux compartiments, séparés par un espace de 2 mètres de largeur servant de passage. Au fond dudit passage est un réservoir, surmonté d'un échafaudage, garni d'une pompe, et d'un cuveau de filtration.

Le passage a une pente de $0^m,50$ par mètre, jusqu'au ré-

Fig. 44. — Vue de la pompe et du cuveau de filtration de la fumière de Schattenmann.

servoir, et les compartiments ont une pente de $0^m,02$ par mètre, à partir des angles et le long du mur du fond, jusqu'audit réservoir, afin que les eaux du fumier s'y rassemblent, tant par le passage que par la petite ruelle qui longe le mur du fond. Le réservoir est formé par une cuve enterrée à fleur du sol, de $1^m,50$ de diamètre et $1^m,50$ de profondeur.

L'échafaudage (fig. 44) a 3 mètres de hauteur, $2^m,50$ de longueur et 2 mètres de largeur. Il est garni, dans le bas, à la hauteur de 0^m,60, de madriers sur les trois côtés de la fosse, afin d'empêcher la paille et les immondices de pénétrer dans le réservoir et d'obstruer la pompe. Cet échafaudage, dans sa partie supérieure, est relié par des poutrelles, et couvert par un plancher en madriers. La pompe en bois, placée dans le réservoir, a une hauteur de 3^m,50, et l'homme qui la fait jouer se place sur le plancher.

Le cuveau de filtration, placé à côté de la pompe, a 0^m,80 de hauteur et 0^m,75 de diamètre; il est garni d'un double fond troué, posé sur des traverses, et recouvert d'une couche de paille de 0^m,50 d'épaisseur, également chargée d'un couvercle. Ce cuveau sert à filtrer les eaux du fumier lorsqu'on veut les employer comme engrais liquide, et elles s'en écoulent directement dans le tonneau de transport. La filtration a pour but de faciliter l'épandage égal de ces eaux, au moyen d'un tube d'arrosage dont les ouvertures peuvent n'avoir que 2 millimètres de diamètre.

Des conduits mobiles, posés sur des chevalets, servent à diriger les eaux sur le fumier de l'un ou de l'autre des compartiments de la fosse. La partie de ces eaux qui n'est pas absorbée par le fumier revient à la pompe, parce qu'on laisse un intervalle de 0^m,30 entre le tas de fumier et les murs.

En construisant une pareille fosse en terre, la dépense est beaucoup moindre, et Schattenmann l'évaluait de la manière suivante :

Une vieille cuve ou un vieux tonneau, à..................	15 fr.	
4 poteaux en chêne, de 2^m,66, à 4 fr................	16	
25 mètres courants de poutrelles à 75 centimes, et 5 mètres carrés de madriers, à 2 fr..................	28	75 c.
Façon..................................	4	
Un vieux cuveau ou une vieille futaille...............	3	
Une pompe en bois, avec conduits et chevalets........	30	
Dépenses imprévues.........................	3	
Total en nombres ronds......	100 fr.	»

DE LA MANIÈRE DE TRAITER LES FUMIERS. 237

Il n'est rien compté pour le terrassement, parce que chaque propriétaire ou fermier peut le faire exécuter aisément lui-même, par ses gens, lorsque la culture ne les occupe pas.

Quand la consistance du sol laisse à désirer, il est facile

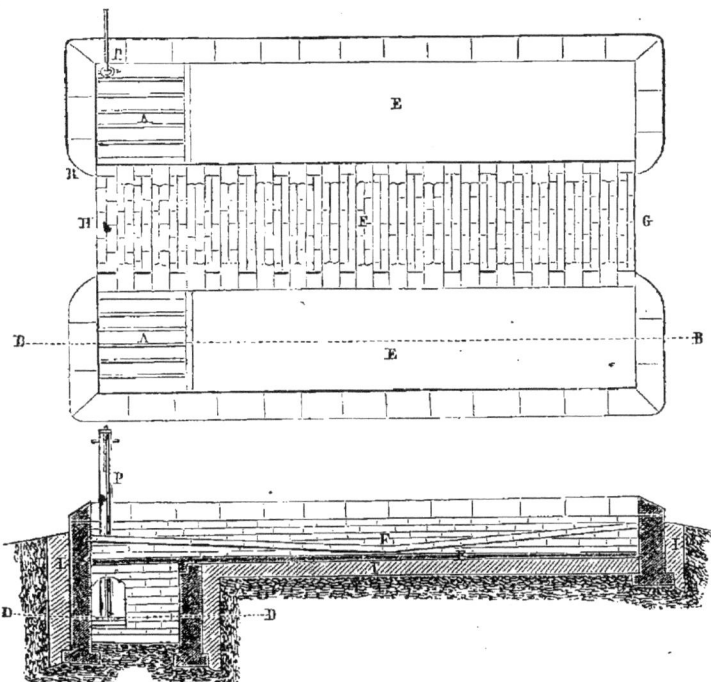

Fig. 45. — Plan et coupe de la fumière de M. Boussingault.

d'y remédier en le garnissant d'une couche de terre forte, et en y faisant un empierrement en pierres cassées ou gravier, que l'on consolide au pilon.

La fosse à fumier proposée et employée par Schattenmann est, comme on le voit, à la portée de tous les cultivateurs, puisqu'elle ne donne lieu qu'à une faible dépense. Chacun pourra aussi la construire selon ses besoins et la place dont il pourra disposer, puisque les conditions de cette construction peuvent être remplies partout, en en réduisant les dimensions.

Schattenmann faisait transporter chaque semaine, dans sa fosse à fumier, les matières fécales des latrines des écoles de Bouxviller, qui renferment un millier d'enfants, et il a reconnu qu'il est parfaitement inutile d'avoir un réservoir spécial pour réunir ces matières. Il faisait ajouter dans le réservoir, de temps en temps, de la couperose ou des acides, afin de fixer toute l'ammoniaque produite pendant la fermentation du purin et du fumier.

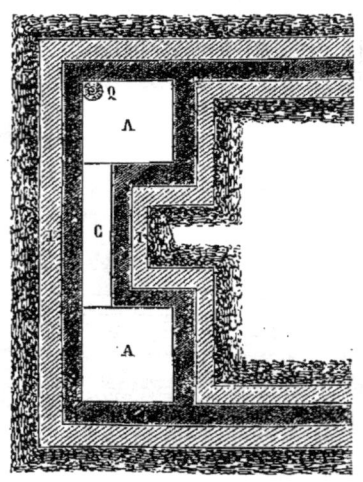

Fig. 46. — Plan du fond de la fumière de M. Boussingault.

La fumière de M. Boussingault a une autre disposition que les précédentes. En voici le plan et deux coupes (fig. 45 et 46).

La longueur est de 11 mètres, la largeur de 7 mètres. Pour le trajet des voitures, on a établi une chaussée de 3 mètres de large, construite en pavés réunis par du ciment, et supportée par une couche de béton couvrant sur une épaisseur de 0^m,20, la totalité de la surface de la fosse. La pente de la chaussée, à partir de G, entrée des voitures vides, jusqu'à F, est de 10 degrés; elle n'est plus que de 5 degrés à partir de H, sortie des voitures chargées, jusqu'en F.

Le mur d'enceinte est élevé de 1 mètre au-dessus de la couche de béton qui recouvre le fond de la fosse. Sa partie supérieure est en pierres (grès des Vosges) taillées en biseau, afin que les eaux pluviales tombant sur le mur s'écoulent au dehors.

A l'une des extrémités de la fosse, celle qui est la plus proche des étables, sont placés deux réservoirs à purin A, A, communiquant par une voûte C pratiquée sous la chaussée. Chaque réservoir a 2 mètres carrés et une profondeur de 1^m,50. L'un d'eux reçoit un caniveau où se réunissent les urines provenant des bâtiments. Tous deux sont fermés, au niveau du fond de la fosse, par des planches en chêne, suffisamment éloignées l'une de l'autre pour laisser passer les liquides, tout en retenant les matières ayant une certaine consistance.

L'arrosement du fumier a lieu avec le purin qu'on élève au moyen de la pompe aspirante P, établie dans l'angle d'un réservoir. Le corps de cette pompe est en bois, les soupapes en cuir; la base est enveloppée d'une claie cylindrique en osier Q pour filtrer le purin. Elle a deux orifices de décharge en sens contraires, dont on fait fonctionner l'un ou l'autre suivant qu'il y a lieu de répandre le purin dans la fosse ou de le diriger dans des tonneaux. Ce liquide est déversé sur le fumier au moyen d'un tuyau de cuir (un vieux tuyau de pompe à incendie peut très-bien être utilisé ans ce cas) portant à son extrémité un tube en métal.

M. Boussingault préfère ce mode d'arrosement au système de Schwerz. Peu importe, au reste, le mode adopté; ce qu'il y a d'essentiel, c'est de répartir le purin le plus également possible sur toute la surface du fumier.

La cour de la ferme de Boussingault'shof, près Merkwiller (Bas-Rhin), est macadamisée à l'exception des abords de la fosse qui sont entourés de quatre bandes de pavés parallèles à chacun des côtés; la voie pavée est partagée par un ruisseau tracé dans son milieu, de manière à faciliter le prompt écoulement des eaux pluviales. Quand, par suite d'une sécheresse prolongée, le purin vient à manquer, il suffit de barrer le ruisseau en R (fig. 45), pour faire affluer l'eau d'une pompe en H, et de là, par déversement, dans les réservoirs A, A.

Voici la nature et la somme des matériaux employés dans la construction de la fumière de M. Boussingault :

Moellons...........................	13,64	mètr. cubes
Chaux.............................	5,00	—
Sable..............................	10,00	—
Pierres de taille....................	5,23	—
Calcaire concassé pour le béton......	5,00	—
Chaux hydraulique pour le béton.....	2,00	—
Pavés en grès......................	8,00	—
Sable pour le pavage................	5,00	—
Planches en chêne..................	8,00	mètr. carrés.

En résumé, la superficie de la fumière est de 77 mètres carrés, sa capacité de 70 mètres cubes, et lorsque le fumier y est déposé sur une épaisseur de 2 mètres, elle en contient 147 mètres cubes.

Chez M. Dargent, à Yvetot (Seine-Inférieure), la disposition de la fumière est peut-être moins coûteuse que chez

Schattenmann et M. Boussingault. En voici un plan (fig. 47) et une coupe (fig. 48).

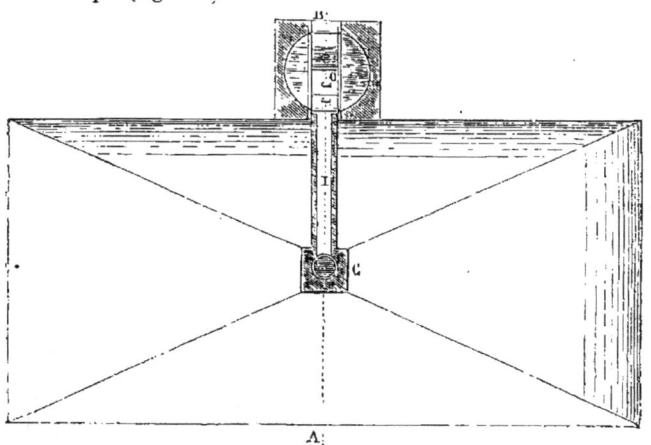

Fig. 47. — Plan de la fumière de M. Dargent.

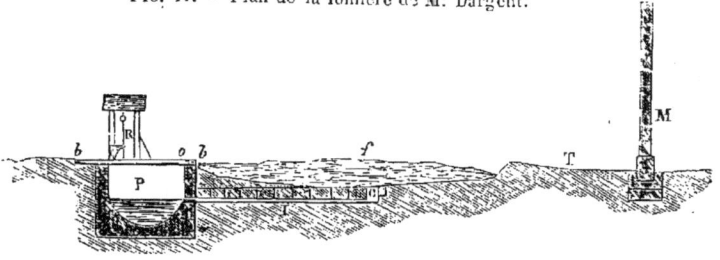

Fig. 48. — Coupe suivant A B de la fumière de M. Dargent.

M. Mur des écuries. — T. Trottoir de 4 mètres de largeur, longeant les écuries. — f. Tas de fumier placé dans la fosse pavée sur un fond d'argile battue, et qui présente une pente modérée des bords jusque vers le centre, où la profondeur est de 0^m,75. — C. Grille en fer recouvrant l'orifice d'un caniveau conduisant à la fosse à purin. — I. Caniveau ayant pour section un carré de 0^m,90 de côté, recouvert de grosses pierres assemblées au mortier. — P. Fosse à purin, de 2^m,40 de largeur et de longueur, et de 2 mètres de profondeur, terminée en fond de chaudière et entourée d'une couche de béton. — b, b. Deux poutres de 0^m,10 d'épaisseur, destinées à soutenir les lieux d'aisance des domestiques de la ferme. R. Lieux d'aisance placés immédiatement au-dessus de la fosse à purin. — o. petite trappe destinée à introduire le corps de la pompe à purin.

Cette fosse de M. Dargent a 20 mètres de longueur sur 10 de largeur.

Je viens de vous indiquer à dessein plusieurs dispositions différentes de fumières, afin de vous montrer comment on peut modifier leur construction suivant les circonstances dans lesquelles on se trouve. Dans tous les cas, il n'y a que deux systèmes distincts : les *plates-formes* et les *fosses plus ou moins profondes.* Que faut-il préférer? Voici, à cet égard, comment s'exprime un agronome éminent, M. Bella, ancien directeur de l'École régionale d'agriculture de Grignon :

« Bien qu'à Grignon on ait préféré la *plate-forme* à la *fosse* comme disposition de l'atelier dans lequel on fabrique le fumier, je n'hésite pas à reconnaître que dans les exploitations trop peu importantes pour admettre un homme spécialement chargé de cette fabrication et pour donner une grande dimension aux tas de fumiers, les *fosses* sont préférables aux *plates-formes*, parce que les matières fécondantes qu'on y entasse y sont mieux protégées contre les conséquences d'une mauvaise stratification et d'arrosages insuffisants. Cela est surtout vrai dans les climats chauds et secs, qui dessèchent rapidement les parois du fumier et y laissent établir les végétations cryptogamiques connues sous le nom de *blanc* du fumier.

» Mais lorsque les tas de fumier peuvent être construits et soignés par un homme spécial, c'est-à-dire lorsqu'ils peuvent être convenablement et régulièrement aménagés, lorsque la quantité de fumier, par conséquent, est assez grande pour nécessiter des tas de dimensions telles que les surfaces soient proportionnellement peu importantes par rapport à la masse, la *plate-forme* nous a paru préférable, parce que les abords en sont partout faciles, et parce que cela a une grande importance pour la prompte et économique opération du chargement du fumier sur les voitures qui doivent le porter dans les champs.

» On peut, il est vrai, faire descendre les voitures à charger dans les fosses de grandes dimensions, sur le fumier lui-même qu'on y a accumulé. Mais, sans compter que la sortie des voitures chargées sur les rampes assez roides de la fosse est un inconvénient très-sérieux, on est obligé, dans ce cas, d'enlever le fumier par couches horizontales ou à peu près, ce qui ne mélange pas convenablement les divers éléments qui le composent.

» Les *plates-formes* sont, en outre, beaucoup plus économiques de construction que les *fosses*.

» A Grignon, on les a construites comme on construirait un chemin ordinaire en cailloutis; c'est-à-dire qu'on a fait une forme légèrement bombée sur laquelle on a étendu une couche de pierres cassées de $0^m,15$ environ d'épaisseur. Seulement on a eu soin de faire la forme en terre glaise dans laquelle on a, pour ainsi dire, enchâssé le cailloutis, afin d'avoir une chaussée ferme et imperméable tout à la fois.

» Ces *plates-formes* sont entourées d'une rigole en pavés, à pentes convenablement disposées pour conduire les liquides qui s'écoulent dans des espèces de citernes munies de pompes en bois, extrêmement simples et efficaces. Ces citernes sont maçonnées en pierres et mortier hydraulique; si on les creusait dans un terrain imperméable, on pourrait même se borner à maçonner les pierres avec du mortier de terre (1). »

---

(1) *Journal d'agriculture pratique*, 1863, t. II, p. 138.

244   DE LA MANIÈRE DE TRAITER LES FUMIERS.

Voici le plan et la coupe de la plate-forme de Grignon (fig. 49 et 50) :

Cette plate-forme peut recevoir 3 millions de kilogrammes de fumier, dont on forme un tas continu, au centre duquel une pompe, se tournant successivement vers tous les points, permet d'arroser toutes les parties. On monte sur le tas comme sur un escalier, ou plutôt comme sur une rampe circulaire à pente d'autant plus douce que, se développant autour de la pompe, elle a une plus grande longueur. Cette disposition

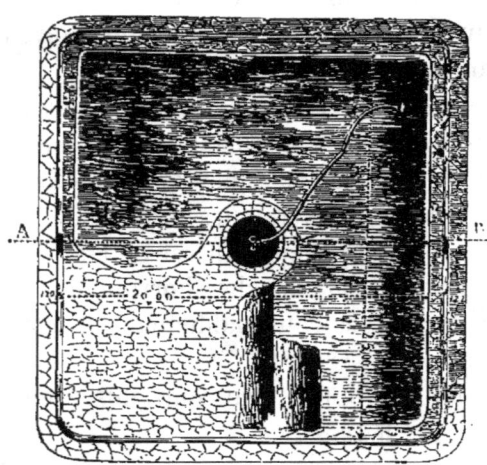

Fig. 49. — Plan de la plate-forme à fumier de Grignon.

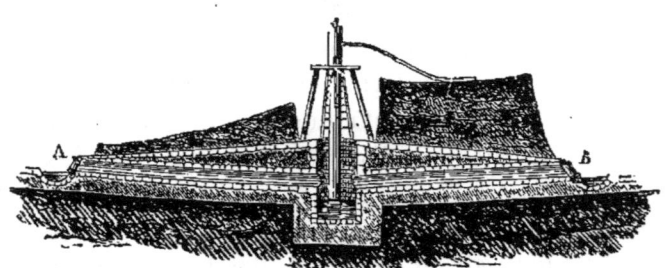

Fig. 50. — Coupe de la figure de Grignon suivant la ligne A B.

fait que les couches de fumier apportées chaque jour sur le tas sont moins épaisses et s'oxydent mieux.

On monte le tas de 3 à 6 mètres à l'état frais ; il n'est plus que de 2 à 4 lorsque le fumier est décomposé. L'arrivée et l'enlèvement sont également faciles ; on apporte d'un côté le fumier frais et on l'étend en couches ; tandis que de l'autre côté, on coupe verticalement à la bêche le fumier fait, et on charge avec une extrême aisance les voitures qui sont au pied du tas. Toutes les couches successives se trouvent ainsi mélangées intimement, et les engrais de cheval, de bœuf, de mouton, de vache, de porc, de volailles et même les engrais humains, parfaitement combinés, n'en forment plus qu'un seul, pesant plus de 800 kilogrammes par mètre cube.

Voici ce qu'un homme des plus compétents en fait d'engrais, M. Rohart, disait, en 1863, de la méthode suivie à Grignon pour l'aménagement et la confection du fumier :

« A Grignon, le fumier est une véritable perfection agricole. Nous n'exagérons rien, car nulle part nous n'avons encore vu des résultats aussi complets ; et, assurément, si rien n'est plus simple que la façon dont on procède, rien n'est plus satisfaisant sous le rapport de la qualité des produits obtenus.

« La masse entière est pénétrée de purin avec une régularité parfaite. Pas un atome de paille n'a pu y échapper, et le tas est dressé avec tant de soin, qu'à distance on croirait voir le mur d'une citadelle. Le purin suinte extérieurement à travers cette masse, toute la fibre végétale en est imprégnée comme une éponge, et le vernis qu'il y dépose par évaporation au seul contact de l'air, ferait croire à une couche de goudron.

» Ce qui n'est pas moins curieux à constater, c'est qu'il est impossible à l'odorat de percevoir, autour ou même sur ces masses considérables en voie de décomposition, la moindre odeur ammoniacale.

» Ce résultat est d'autant plus remarquable qu'il n'entre pas un atome de plâtre ou d'agent fixateur quelconque pouvant arrêter chimiquement l'ammoniaque au passage. C'est bien bon de voir des choses bien faites, avec soin, avec méthode, et surtout avec simplicité. Pour qui sait *voir*, la satisfaction est d'autant plus grande que cela ne représente que deux choses qui n'ont pas coûté un petit écu pour réaliser une perfection aussi complète : l'intelligence et le travail.

» L'homogénéité de ces masses est tellement complète que nous avons vu debout les dernières parties d'un tas qui n'avait guère que l'épaisseur d'une muraille, et qui conservait parfaitement la perpendiculaire. On les coupait à la bêche pour les conduire aux champs. Trois semaines ou un mois de fermentation et d'arrosage suffisent pour obtenir ce résultat.

» L'aspect du fumier ainsi préparé est des plus satisfaisants; on le croirait gras et onctueux, en raison du purin interposé entre chaque particule solide; ce dernier y est concentré, y est devenu épais comme de la mélasse. Vienne la pluie, elle dissoudra ce purin sirupeux, le répartira également sur toute la couche arable, en même temps que la fibre végétale, non entièrement décomposée, s'isolera et aidera à l'ameublissement et à l'aérage du sol, tout en lui fournissant l'élément humifère artistement préparé, c'est-à-dire disposé par une bonne fermentation préalable à une assimilation facile par les plantes (1). »

(1) Rohart, *Moyen d'augmenter la masse des fumiers.* (Annuaire des engrais et des amendements pour 1863, p. 114.)

L'appréciation faite par M. Rohart est justifiée par la composition chimique que Soubeiran a trouvée au fumier *fait* de Grignon. Voici les chiffres donnés par ce dernier chimiste, qui opérait en 1849 (1) :

Eau.	69,40
Matières organiques.	19,20
Sels alcalins.	0,87
Carbonates de chaux et de magnésie.	1,75
Sulfate de chaux.	1,31
Phosphate ammoniaco-magnésien.	1,13
Autres phosphates et principalement phosphate de chaux.	0,17
Matières terreuses.	5,87
	100,00

Azote pour 100......... 1,34, ainsi réparti :
Dans les sels ammoniacaux solubles......... 0,11
Dans le phosphate ammoniaco-magnésien..... 0,06 } = 1,34
Dans les matières organiques............... 1,17

Nous verrons bientôt que cette plus grande richesse en principes actifs du fumier de Grignon est confirmée par les nombreuses analyses de différentes sortes de fumier exécutées par M. Boussingault.

Quelle que soit la forme que l'on adopte, la fosse ou plutôt l'emplacement au fumier doit avoir des dimensions en rapport avec le nombre de têtes de bétail nourries dans chaque exploitation. Voici d'après quelles données on peut déterminer l'espace nécessaire pour recevoir tous les fumiers produits pendant une année.

(1) Soubeiran, *Analyse chimique de l'humus et rôle des engrais dans l'alimentation des plantes.* (Société centrale d'agriculture de la Seine-Inférieure, t. XVI, 1851, p. 53.)

En moyenne on recueille en fumier :

	En kilog.	En mètres cubes
D'un cheval...	12 170	15,20
D'un bœuf ou d'une vache passant six mois hors de l'étable...	9 125	11,40
D'un mouton restant six mois hors de la bergerie...	1 022	1,30

Le mètre cube de fumier pèse 800 kilogrammes.

Il faut donc, pour recevoir ces diverses quantités de fumier, sur une élévation moyenne de $1^m,50$, des surfaces de

10 mèt. car.	10	pour le fumier d'un cheval.
7	— 60	— d'un bœuf ou d'une vache.
0	— 87	— d'un mouton.

Par conséquent, en multipliant ces différents nombres par le nombre de chevaux, de bêtes bovines et de moutons dont on dispose, on arrive à trouver la surface en mètres carrés nécessaire pour réunir, sur une hauteur de $1^m,50$, tous les fumiers produits pendant l'année dans les écuries, étables et bergeries de l'exploitation.

Supposons une ferme sur laquelle se trouvent 6 chevaux, 8 vaches et 100 moutons. On a, dans l'année, en fumier :

		En kilog.	En mètr. cubes.	En mètr. carrés.
Pour les 6 chevaux..	$12\,170 \times 6 =$	73 020	91,20	60,60
Pour les 8 vaches...	$9\,125 \times 8 =$	73 000	91,20	60,60
Pour les 100 moutons.	$1\,022 \times 100 =$	102 200	130,00	87,00
		248,220	312,40	208,20

La surface nécessaire à l'emplacement de tous ces fumiers est donc exprimée par $208^{mcar},20$. En adoptant les méthodes de Schwerz et de Schattenmann, ce sera donc 2 aires carrées de 10 mètres de côté chacune, séparées par un fossé de $0^m,50$. Et, si les fumiers, ainsi que cela arrive presque toujours, sont enlevés à deux époques de l'année, deux aires carrées de 8 mètres de côté chacune suffiront.

Si la cour de la ferme est trop petite, il faut, pour ne pas gêner les autres services, disposer l'emplacement du fumier en dehors et parallèlement aux étables, dont les liquides doivent être conduits, par des rigoles couvertes, dans la fosse à purin.

Tant que le fumier est fortement humecté, bien tassé, et que chaque jour il en arrive des étables, la fermentation ne devient jamais tumultueuse, et il n'y a pas à craindre une perte appréciable de matières fertilisantes par le fait du dégagement des gaz et des vapeurs. Les litières que l'on place chaque jour sur le tas de fumier modèrent la chaleur développée par la putréfaction, en même temps qu'elles font l'office d'un condensateur ou d'une immense éponge qui arrête au passage les principes volatils dont il importe de prévenir la déperdition (1).

Demesmay père, de Templeuve (Nord), a tiré parti depuis fort longtemps de la propriété que possède la chaux d'arrêter la fermentation des déjections animales récentes, pour s'opposer à la formation des composés ammoniacaux dans les fumiers et, par conséquent, pour les soustraire aux

(1) Voici un fait que j'emprunte à M. Villeroy, de Rittershorf, qui démontre bien l'influence sur la végétation des émanations invisibles des fumiers. « Dans une petite ville de mon voisinage, dont presque tous les habitants cultivent quelques terres, une personne de ma connaissance avait un champ entre deux voisins, dont l'un, brasseur et engraisseur de bœufs, fumait abondamment, et l'autre, vieux rentier, ne s'inquiétant plus de sa culture, ne fumait presque pas. Or, le champ du milieu ressentait l'influence de ce double voisinage, et du côté du brasseur les récoltes étaient toujours plus belles que de l'autre côté. »

pertes continuelles qu'ils éprouvent avant leur mise en terre. En cela, il a devancé les expériences intéressantes de Payen dont je vous ai déjà parlé. Voici comment l'habile cultivateur flamand opère :

La litière des étables est enlevée tous les matins, celle des écuries trois fois par semaine. Cette litière est d'abord conduite à la porte de l'étable. Un seau de lait de chaux, contenant 2 kilog. de chaux vive, est alors versé sur la place occupée par 4 vaches ou 2 chevaux, puis le balai ramène tout le liquide vers la litière, avec laquelle il se mêle; on porte ensuite celle-ci dans la fosse à fumier.

Le pavé de l'étable se trouve assez imprégné de chaux pour que les matières excrémentitielles qu'il recevra ultérieurement offrent toujours une forte réaction alcaline, et cela suffit pour empêcher que les substances azotées qu'elles contiennent ne produisent de l'ammoniaque. Il est de fait que l'odeur qui s'en exhale ne pique pas aux yeux et n'affecte pas l'odorat d'une manière désagréable.

« Au point de vue de l'hygiène, dit Demesmay, j'attache à cela une grande importance, car le bétail ne peut se bien trouver de respirer un air désagréable pour l'homme. Sous le rapport économique, l'importance est peut-être plus grande encore. Nous avons des bestiaux pour avoir du fumier; mais si ce fumier s'altère avant d'être mis en terre, le but n'est pas atteint. La chaux, en y fixant l'azote, qui est le grand agent de fertilisation, lui conserve toute sa valeur, et donne le moyen de lui faire produire deux épis au lieu d'un, car son action dure plus que le temps du séjour à l'étable, et elle se fait sentir jusqu'à ce que le fumier ait été recouvert par la charrue (1). »

La méthode de Demesmay est assurément le moyen le plus simple et le moins coûteux d'assainir les étables et de conserver dans les fumiers tous les principes utiles.

En Suisse, depuis fort longtemps, on s'y prend autrement et on a recours à d'autres agents. On ajoute de temps en temps dans le réservoir à purin un peu de couperose, ou d'acide chlorhydrique faible, ou d'acide sulfurique, ou du plâtre en poudre, afin d'empêcher la déperdition de l'ammoniaque qui se développe dans le purin et le fumier.

La quantité de ces agents conservateurs à employer pour obtenir ce résultat ne peut être assignée à l'avance ; elle doit varier suivant la nature et l'état du fumier. Il faut éviter d'en employer un excès, d'abord par mesure d'économie, et ensuite pour ne pas nuire à la végétation.

C'est lorsque le purin et les vapeurs humides qui sortent du tas de fumier ont la propriété de faire passer au bleu le papier rouge de tournesol, qu'on doit faire ces additions. — Si l'on emploie les acides, on n'en met dans le réservoir que la quantité nécessaire pour entretenir dans le liquide et dans le tas de fumier une très-légère acidité. Comme il ne faut que quelques litres de ces acides pour obtenir ce résultat, et que ces acides ne coûtent que 10 à 15 centimes le litre, la dépense se réduit à fort peu de chose.

Si l'on se sert de couperose, que l'on trouve dans le commerce à raison de 7 à 8 fr. les 100 kilog., on en introduit

---

(1) Demesmay, *Méthode employée pour l'assainissement des étables, la préparation et la conservation des fumiers*. (Archives de l'agriculture du Nord de la France, 1re année, 1853, t. I, p. 300.

2 kilog. par hectolitre de purin. M. de Béhague, si connu par ses succès dans les concours de Poissy, disait, il y a quelques années, qu'il obtenait d'excellents effets de la couperose employée dans cette proportion.

On ne renouvelle l'addition des agents conservateurs que lorsque le purin a repris la propriété de tourner au bleu le papier rouge de tournesol.

Le plâtre en poudre ne convient pas aussi bien que les agents chimiques précédents pour arrêter les vapeurs ammoniacales, parce qu'étant très-peu soluble dans l'eau, il reste, en partie, au fond du réservoir. Lorsqu'on veut en faire usage, le mieux est d'en saupoudrer les lits de fumier, à mesure qu'on monte le tas, suivant la méthode de M. Didieux, que je dois vous faire connaître.

Ce cultivateur, établi à Genrupt, près de Bourbonne-les-Bains, dans la Haute-Marne, a trouvé qu'il est préférable de mêler le plâtre au fumier, au lieu de le répandre sur les jeunes plantes comme on le fait habituellement, car alors il opère sur toutes les récoltes, même sur les céréales.

M. Didieux a été conduit par le hasard à sa découverte. Un de ses domestiques jeta un jour un restant de plâtre sur un tas de fumier; la récolte de blé produite par ce fumier fut très-supérieure aux récoltes voisines qui avaient reçu une même dose de fumier sans plâtre. M. Didieux en chercha la raison, et il pensa qu'on ne pouvait l'attribuer qu'au mélange qui avait été fait du plâtre avec le fumier; il répéta les essais qui confirmèrent sa prévision. Depuis cette époque, il a multiplié le plâtrage de son fumier et a fini par l'étendre à toute son exploitation. Voici comment il fabrique son compost :

La place à fumier, préparée convenablement, reçoit 2500 kil. de fumier frais, que l'on étend par couches successives et que l'on saupoudre de 20 litres de plâtre cuit en poudre ; mieux vaut y substituer le plâtre cru qui, opère tout aussi bien et procure une notable économie. En moins de 24 heures la fermentation du fumier dégage, par l'effet du plâtre, une odeur forte et pénétrante, qui persiste pendant cinq à six jours. Cette odeur est toute différente de celle qui émane des tas de fumier ordinaire. Dans tous les cas, la décomposition des pailles est prompte ; jamais il n'y a de fumier blanc ni de moisissures.

Ce compost s'emploie au bout de deux mois. Enfoui en octobre à la même dose que le fumier ordinaire, dans une terre préparée pour le blé, il fait produire un tiers de plus en pailles, en balles, en grains. Le trèfle semé dans le blé, offre, avant l'hiver qui suit la récolte de la céréale, une belle végétation, et l'été suivant il fournit un tiers de plus de produits que le trèfle plâtré à la méthode ordinaire. Les récoltes qui succèdent au blé et au trèfle se ressentent encore pendant trois ans des effets du fumier plâtré.

M. Bobierre conseille, dans le même but et pour enrichir le fumier, de faire une bouillie un peu claire de phosphates fossiles et d'acide sulfurique, que, vingt-quatre heures après, on délaye dans 20 fois son volume d'eau et qu'on verse dans la fosse à purin (1). Ce mélange de phosphate acide et de sulfate de chaux neutralise parfaitement les gaz ammoniacaux et rend l'assimilation de l'acide phosphorique plus facile et plus rapide.

(1) Bobierre, *loc. cital.*, p. 436.

Je dois vous répéter que M. Boussingault n'est pas partisan de ces additions d'acides, de couperose, de plâtre, dans les fumiers et les purins, parce que si ces agents empêchent bien la déperdition de l'ammoniaque, ils détruisent le carbonate de potasse, dont l'utilité n'est pas moins grande que celle de l'alcali volatil, et ils font perdre ainsi aux fumiers une grande partie de leur valeur.

« Dans un fumier bien traité, ajoute M. Boussingault, la perte de l'ammoniaque n'est pas telle que, pour la prévenir, on doive se résoudre à détruire entièrement un agent fertilisant aussi efficace que le carbonate de potasse. Dans une fosse ou dans un tas où les matières bien tassées sont entretenues constamment dans un état convenable d'humidité, quand elles sont recouvertes, chaque jour, par de nouvelles litières, c'est à peine si par l'odorat on reconnaît l'ammoniaque, et il ne faut rien moins que des réactifs très-sensibles pour en accuser la présence (1). »

Le professeur Woelker, dont je vous ai déjà parlé, est, à cet égard, du même avis que M. Boussingault; de ses nombreuses expériences il déduit les propositions suivantes :

1° La fermentation du fumier peut être conduite de telle manière que la perte d'azote et des substances salines minérales soit à peu près insignifiante;

2° Les acides *humique* et *ulmique*, les autres acides organiques qui se forment pendant cette fermentation, ainsi que le sulfate de chaux, fixent une grande partie de l'ammoniaque provenant de la décomposition des matières azotées;

3° Dans l'intérieur de la masse du fumier, et sous l'in-

---

(1) Boussingault, *La fosse à fumier*, p. 40-41.

fluence de la chaleur, il se produit un dégagement d'ammoniaque; mais dans son passage à travers les couches refroidies par leur contact avec l'air extérieur, cette ammoniaque y est retenue en grande partie et ne se dégage point au dehors;

4° Lorsque les tas de fumier sont bien pressés à la surface, l'ammoniaque ne s'en échappe point; mais il s'en perd des quantités considérables si l'on vient à les remuer; il importe donc de ne toucher aux tas de fumier en fermentation que dans les cas d'absolue nécessité;

5° Il est plus nuisible qu'utile de prolonger la fermentation des fumiers au delà du temps nécessaire;

6° Lorsqu'on expose un tas à l'air libre, le fumier perd de sa qualité, et la perte est d'autant plus grande que cet état dure plus longtemps; mais cette perte ne résulte pas tant du dégagement de l'ammoniaque en nature que de la dispersion des sels ammoniacaux, des matières organiques azotées solubles et des sels minéraux qui sont entraînés par les pluies;

7° Lorsque les tas de fumier sont soustraits à l'influence de la pluie, la perte d'ammoniaque est très-minime; les matières salines ne subissent aucune déperdition; mais, quand l'eau du ciel s'y précipite par grandes averses et que les eaux de lavage peuvent s'en écouler, le fumier éprouve à la fois une double diminution dans sa qualité et dans son poids; — l'ammoniaque, les matières organiques solubles, le phosphate de chaux et les sels de potasse sont dissous et entraînés;

8° Enfin le fumier court ou gras, le *beurre noir*, souffre plus que le fumier frais de l'action destructive des pluies.

Il importe donc de préserver du soleil et des grandes averses, autant que possible, le tas de fumier, puisque, dans l'espace d'un an, il peut perdre les 2/3 de son poids, d'après M. Woelker, et que le tiers restant est inférieur en qualité au fumier frais.

Je ne dirai pas de placer les tas de fumier sous un hangar; ce ne serait pas économique, attendu que les vapeurs chaudes qui s'élèvent des tas ne tarderaient pas à faire pourrir les bois; mais on peut les garantir par un simple appentis en paille, une couverture de bruyères, de feuilles, de gazon, ou mieux encore par une couche de terre mélangée de plâtre cru en poudre de quelques centimètres d'épaisseur. Cette terre, qui retient les vapeurs ammoniacales, devient elle-même un excellent engrais. Dans le pays de Herve, non loin de Liége, en Belgique, on enduit les quatre faces latérales du tas d'une couche de boue, après avoir recouvert la partie supérieure d'un lit de terre.

Les fumiers, ainsi garantis, peuvent se conserver, sans rien perdre de leur énergie, pendant un an au moins.

Dans le département du Nord, on entoure souvent la fosse à fumier d'une plantation d'ormes qui la garantit du soleil et des vents desséchants. Comme il arrive que le contact continuel du purin avec les racines de ces arbres en fait périr un grand nombre, je recommande, de préférence à l'orme, le peuplier blanc ou le peuplier gris, le marronnier d'Inde, le sycomore, qui résistent très-bien à l'action corrosive du purin.

Pour éviter une trop grande dessiccation, on a l'habitude, dans certaines localités, d'adosser les fumières au nord des étables et des écuries, dont les urines sont dirigées par des rigoles couvertes dans la fosse à purin. Quant aux égouts des toits, on les reçoit dans des gouttières qui vont les conduire, à volonté, soit dans la fosse à purin, si les liquides y font défaut, soit dans la mare à abreuver les bestiaux.

Cette disposition, qui a quelques avantages, rend malheureusement le transport des litières plus long et plus pénible, en augmentant la main-d'œuvre. Elle devient toutefois nécessaire quand la cour de la ferme n'est pas assez grande pour y construire la fumière sans gêner les autres services.

Schwerz nous fait connaître les moyens d'empêcher la fermentation du fumier qu'on ne veut pas répandre immédiatement sur les champs, d'en amollir la paille et de conserver toute leur force aux excréments qu'il contient. Il a vu le procédé suivant en pratique chez un bon cultivateur du pays de Munster :

Le fumier, au sortir de l'étable, est disposé en un tas de $0^m,64$ de hauteur au plus sur un endroit sec, où on l'étend et le mêle soigneusement. On fait passer dessus tous les bestiaux, à l'exception des porcs, pour le bien tasser ; puis on le couvre de gazons retournés. — Le fumier conserve ainsi, pendant six mois, sa couleur dorée, et produit sur les champs son action la plus complète.

Pour une petite exploitation, cette pratique, difficile dans une grande à cause de l'espace nécessaire, est le meilleur traitement à suivre.

Si, dans les régions tempérées et froides de la France, il n'est pas absolument nécessaire de placer les fumiers sous des hangars pour les garantir contre une trop forte dessiccation ou contre des lavages trop fréquents dans les temps de pluie, il n'en est pas de même dans la région méridionale, où le soleil est si brûlant pendant l'été, et où, en automne et au printemps, il tombe du ciel des torrents d'eau. Les fumières couvertes sont donc très-répandues en Provence. M. Raibaud-Lange, directeur de la ferme-école de Paillerols, a adopté une disposition que je crois utile d'indiquer; voici comment il la décrit (1) :

« En face des écuries placées au midi et à 25 mètres de distance, j'ai élevé une muraille AB de 3 mètres de hauteur, sur une longueur de 30 mètres (fig. 51); perpendi-

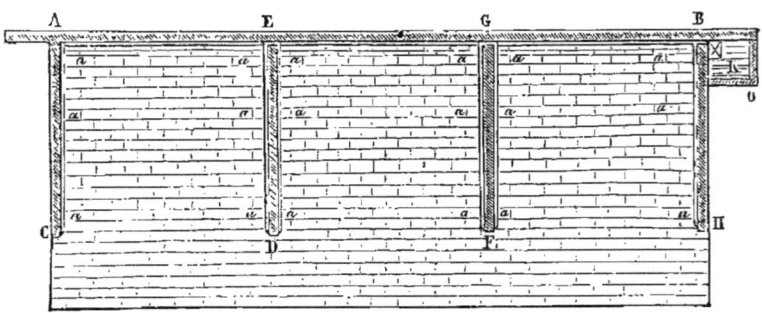

Fig. 51. — Fosse à engrais de Paillerols avec hangar.

culairement à ce mur, j'en ai construit quatre autres, AC, ED, GF, BH, ayant 10 mètres de longueur sur une hauteur suffisante à la partie antérieure C, D, F, H, pour que le couvert placé sur l'ensemble de cette construction déverse ses eaux du côté de la muraille AB.

» J'ai obtenu ainsi trois hangars ouverts seulement du côté nord, dont le sol pavé de chacun a 100 mètres carrés de

---

(1) *La fosse à engrais en Provence.* (Journal d'agriculture pratique, 1859, t. I, p. 458.)

surface. Autour des trois compartiments qui sont pour moi autant de fosses à engrais, règnent des rigoles *a, a, a, a*, aboutissant toutes à une fosse à purin O, où le jus du fumier se réunit de même que les eaux pluviales d'une partie de la cour, lorsque ces dernières sont jugées nécessaires; cet écoulement est favorisé par une légère pente dirigée vers le point O.

» Les fumiers, sortis de l'écurie, sont transportés successivement dans chaque compartiment où on les enterre jusqu'à 2 mètres de hauteur. Le tas, toujours parfaitement fait, n'étant exposé à l'air que par deux de ses six faces, se dessèche difficilement, les poules y font peu de dégâts, les irrigations enfin qu'on lui donne à l'aide de la pompe K, placée sur la fosse à purin, lui sont bien plus profitables, parce que l'eau y est maintenue par les murailles qui l'entourent; à ces avantages on doit encore ajouter qu'à l'abri d'une toiture, le fumier n'est jamais lavé et conserve toute sa valeur. Cette disposition est, en outre, fort commode, en ce qu'elle permet de séparer les fumiers avec la plus grande facilité, et d'entasser ainsi successivement chaque tas sans être gêné par le voisin, et à mesure seulement que leur préparation est complète.

» La fosse à engrais, telle que je l'ai fait construire à Paillerols, muraille, toiture en tuiles creuses, poutres, soliveaux, fosse et pompe à purin, pavage, etc., me revient à 1600 francs. Elle peut contenir dans ses trois compartiments 600 mètres cubes de fumier se renouvelant deux fois dans l'année; c'est donc 80 francs d'intérêt à la charge de 1200 mètres cubes, ce qui augmente le prix de revient de l'engrais de 0 fr. 066 par mètre cube, somme bien peu considérable quand on pense à tout le profit que le fumier en retire. »

M. Raibaud-Lange regarde sa fumière couverte comme celle qui est la plus avantageuse dans le Midi. Elle est, toutefois, bien coûteuse.

En Angleterre, en Écosse, dans plusieurs parties de la Belgique, où l'on a reconnu la supériorité des fumiers couverts sur ceux qui ne le sont pas, on élève souvent des hangars autour d'une vaste excavation dans laquelle on rassemble les litières au sortir des écuries et des étables. Sous ces hangars on enferme quelques heures dans la journée les porcs ou les vaches, mais plus souvent les veaux, qui tassent les litières, empêchent le *blanc* de s'y former, et les enrichissent en même temps de leurs déjections.

Depuis quelques années, dans le nord de la France, plusieurs cultivateurs ont adopté ce système des fosses couvertes ; tels sont entre autres M. Douville, à Fransu (Somme); M. Giot, à Chevry (Seine-et-Marne), etc. (1); mais les couvertures, quoique établies sans luxe, reviennent encore à des prix assez élevés.

M. Joigneaux, se préoccupant, avec juste raison, des cultivateurs qui ne sont pas riches, et c'est malheureusement le plus grand nombre, a indiqué un moyen fort simple et très-économique d'abriter les tas de fumier :

« Rien ne serait plus aisé, ce nous semble, dit cet écrivain agronome, que de préparer des abris en paille, à peu près semblables à ceux dont se servent les cantonniers de

---

(1) Voir dans le *Journal d'agriculture pratique*, t. I, de 1863, p. 249, la fosse à fumier couverte de M. Giot, figures 35, 36 et 37.

DE LA MANIÈRE DE TRAITER LES FUMIERS.

nos grandes routes, et de disposer ces abris en toit sur les tas de fumier, au moyen de quelques pieux ou de simples fourches (fig. 52 et 53), que l'on enlèverait et replacerait au besoin, c'est-à-dire à mesure que l'on exhausserait les tas. Cet abri, sans doute, serait fort grossier, mais enfin, tel quel, il rendrait certainement des services (1). »

Fig. 52. — Tas de fumier avec pieux pour recevoir un toit en paille.

Au reste, dans nos provinces septentrionales, les pluies torrentielles sont assez rares et jamais assez prolongées pour lessiver de fond en comble nos tas de fumier de plusieurs mètres d'épaisseur, pour faire déborder, d'un autre côté, nos réservoirs à purin; et, quant à l'action desséchante du soleil, on peut toujours s'en garantir par des couches de terre, de tourbe, ou de ces autres

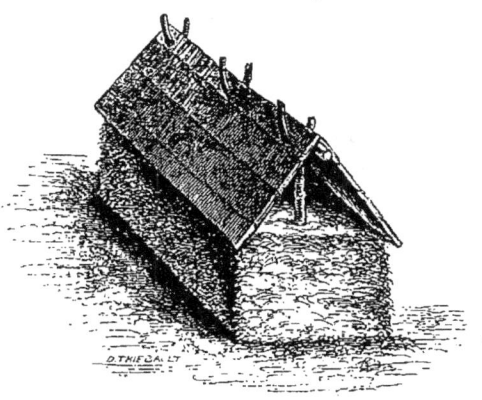

Fig. 53. — Tas de fumier recouvert de son abri.

(1) *Le livre de la ferme et des maisons de campagne*, 1er fascicule, p. 74 Paris, G Masson

couvertures économiques dont j'ai parlé précédemment.

M. Bella fait une réflexion fort juste à l'égard de ces fumières couvertes par des hangars qu'on a tant préconisées dans ces derniers temps. Ce n'est pas la fumière qu'il faut recouvrir, d'après lui, mais bien les parties de la cour de ferme où les voitures et les animaux passent le plus fréquemment.

« C'est là, dit-il, j'en suis convaincu, qu'est la plus grande perte subie par les fumiers, parce que les litières grossières qu'on y répand pour recueillir les excréments du bétail, ne peuvent avoir une épaisseur suffisante sans entraver la circulation, et parce que le fumier qui s'y fait ne peut se protéger par sa masse même. S'il pleut, il est lavé, et l'eau de pluie entraîne les principes fécondants les plus assimilables; si, au contraire, il fait sec, on risque de voir une évaporation fâcheuse, et le vent emporte la matière fécondante sous forme de poussière. Aussi considéré-je comme l'une des plus grandes améliorations qu'on puisse introduire dans les bâtiments de la ferme et comme complément d'une bonne plate-forme à fumier :

1° La diminution de la surface des cours de ferme destinées au passage et au séjour momentané des animaux;

2° La construction de gouttières destinées à détourner les eaux qui lessiveraient les fumiers et excréments qui y tombent;

3° Enfin la couverture des passages (1). »

Il y a, comme vous avez pu le voir par tout ce qui précède, des différences, même chez les agriculteurs les plus habiles,

(1) Bella, *loco citato*, p. 142

dans la manière d'administrer les fumiers après leur sortie des étables. Au reste, toute méthode est bonne, pourvu qu'elle satisfasse aux conditions suivantes :

1° Recueillir tout le purin dans un réservoir placé de manière qu'il soit facile de reverser, au besoin, ce liquide sur le fumier;

2° Ne laisser arriver sur le fumier aucune eau étrangère;

3° Garantir le fumier d'une évaporation trop prompte et des lavages opérés par les eaux pluviales;

4° Tasser fortement le fumier à la surface pour que l'ammoniaque produite par la fermentation dans le centre de la masse ne s'en échappe point, et ne toucher ou remuer le tas que le moins possible;

5° Donner à l'emplacement du fumier une largeur suffisante pour qu'il ne soit pas nécessaire d'élever les tas à une trop grande hauteur;

6° Faire sur cet emplacement assez de divisions pour que l'ancien fumier ne se trouve pas toujours enfoui sous le nouveau;

7° Enfin, disposer l'emplacement de telle sorte que les voitures puissent en approcher facilement, et qu'il ne faille pas de trop grands efforts pour enlever des charges un peu lourdes.

CHAPITRE VI

POIDS ET COMPOSITION DU FUMIER

Le meilleur fumier, celui qu'on peut appeler *fumier normal*, est un fumier de bêtes à cornes, saines, en bon état, nourries abondamment à l'étable avec des aliments de bonne qualité, en partie secs et en partie verts, et recevant une quantité de litière suffisante pour absorber toutes les déjections.

Ce fumier, au moment où on le répand sur les terres auxquelles il doit rendre la fécondité, a éprouvé, non pas une fermentation prolongée, qui aurait volatilisé une grande partie des principes qu'il contenait, mais plutôt une macération qui lui a donné un aspect gras, qui en a amolli et aplati toutes les pailles, et a rendu les diverses parties homogènes.

Dans cet état moyen d'humidité, le fumier, quand c'est la paille qui a servi de litière, doit peser de 730 à 760 kilog. le mètre cube, sous la pression qu'il éprouverait dans une charrette où on le chargerait pour le transporter aux champs. Ce fumier contient, terme moyen, 75 pour 100 d'humidité.

Il existe, au reste, peu d'expériences sur le poids comparatif des fumiers à différents états. Dans des essais faits, en 1830, par de Voght, pour s'assurer de l'action des engrais sur la production, ce savant agronome a trouvé que divers fumiers, ainsi qu'un compost fait avec 2 parties de fumier frais de bœuf et un tiers de terre grasse, de gazon et d'herbes parasites, présentaient, par mètre cube, les poids suivants :

	Le mètre cube.
Fumier gras de bœuf.	702
— frais de bœuf.	580
— gras de cheval.	465
— de cheval, après huit jours de fermentation.	374
— frais de cheval.	365
— des bêtes à cornes, bien fermenté, contenant 75 d'eau.	730 à 750
— des auberges du Midi (chevaux), contenant 60 d'eau.	660
— — bien tassé dans les voitures.	820
Compost composé ainsi qu'il a été dit ci-dessus.	880

M. Boussingault donne les nombres suivants, d'après différentes pesées qu'il a faites :

Fumier frais, très-pailleux, à la sortie des étables.	300 à 400 kilog.
— sorti depuis peu des étables, mais bien tassé.	700
— à demi consommé et très-humide, tassé en fosse.	800
— très-consommé, humide et fortement comprimé.	900

M. de Villefort a trouvé des nombres fort différents des précédents, et qui démontrent bien que les cultivateurs ont tort d'estimer par mètres cubes la quantité de fumier à enfouir dans un sol destiné à produire une récolte quelconque. Voici les résultats des pesées comparatives faites sur un mètre cube de fumier non foulé, si ce n'est par son propre poids :

1. Fumier de vaches laitières, retiré des boxes depuis six semaines, épandu dans une cour, saturé d'eau pluviale... 523 kilog.
2. Fumier de jument d'attelage, pris frais, produit la veille... 215

3. Fumier de bœuf à l'engrais, depuis vingt-quatre heures, sous les animaux, qui recevaient, comme les juments, en 24 heures, 5 kil. de paille litière.. 227
4. Fumier de vaches laitières dans leur plus grande production, depuis vingt-quatre heures sous les animaux, saturé de purin; même quantité de litière.. 251
5. Fumier n° 1, pesé de nouveau après six semaines d'entassement, le temps demeuré humide depuis la première pesée........... 785
6. Fumier pris sous quatre jeunes porcs de cinq mois, provenant de la litière et des déjections d'un mois; chaque animal recevant par vingt-quatre heures 2 kil., 5 de paille litière............... 410
7. Fumier de vache, de bœuf, après six semaines d'entassement, par temps sec.. 648
8. Fumier de mouton, produit par 125 têtes, ayant séjourné sous les animaux pendant quatre mois et demi, sans autre litière que les débris de fourrage restés dans les râteliers..................... 366
9. Fumier de chevaux et juments, après vingt-quatre heures de séjour dans l'écurie; les chevaux mangeant des carottes, et recevant par conséquent une nourriture plus aqueuse................ 225
10. Fumier de jument, entassé depuis dix jours, conditions de nourriture et de litière identiques.. 483
11. Fumier de cheval, presque exclusivement composé de crottins purs, sauf quelques débris insignifiants de litière................. 465

Il est à peu près impossible de compter, non pas sur une exactitude parfaite, en estimant une fumure d'après le volume, mais même sur un poids approximatif. Une moyenne générale n'est guère admissible quand les poids varient de 215 à 785 kilogrammes.

Il vaut donc toujours mieux évaluer les engrais au poids, surtout quand on les achète. Un tas étant donné, arrivé au degré de décomposition voulu, il est facile, après avoir cubé la masse totale, d'en détacher un mètre cube pris dans la partie moyenne, et d'après son poids de calculer celui de la totalité. S'il y a erreur dans ce cas, l'erreur ne peut, à tout prendre, être considérable.

Néanmoins on admet, dans la pratique générale, que le mètre cube de fumier ordinaire, fait avec les excréments des divers animaux de la ferme, mais surtout des bêtes à cornes, et avec des litières de paille, à tous les états de décomposition, pèse 800 kilog. Ce chiffre me paraît trop élevé.

J'ai déjà fait connaître la composition chimique du fumier à diverses périodes de sa préparation. Cependant, en raison de l'importance de cette question, je crois devoir y revenir et compléter les renseignements précédents.

Nous savons déjà que, dans le fumier de ferme, il y a, en proportions variables :

1° De l'humus provenant de la décomposition des pailles, fourrages et litières, et qui est d'autant plus apte à se dissoudre dans l'eau, que sa composition est plus avancée;
2° Des matières animales, dont la décomposition facilitera également la dissolution dans l'eau;
3° Différents sels d'ammoniaque, de potasse et de soude;
4° Des carbonates de chaux et de magnésie;
5° Des phosphates des mêmes bases;
6° Des silicates, sulfates et phosphates solubles;
7° Du fer et des matières terreuses.

Nous devons à M. Boussingault d'excellentes analyses comparatives de fumiers divers pris à l'état frais et à toutes les périodes de la putréfaction. Voici les résultats exprimés dans la forme la plus simple :

DÉSIGNATION DES FUMIERS.	Eau.	Matières organiques.	Matières minérales.	Potasse et soude.	Acide phosphorique.	Azote à l'état normal.	Ammoniaque équivalente.
Fumier frais de cheval nourri au foin et à l'avoine, et recevant 2 kil. de paille de litière chaque jour...	674	292,5	33,5	7,2	2,32	6,7	8,14
Fumier frais d'une vache nourrie avec du regain de foin et pommes de terre, et recevant 3 kil. de paille litière par jour..................	818	164,0	18,0	3,5	1,29	3,4	4,14
Fumier frais de mouton, nourri avec du foin, et recevant chaque jour 0. kil. 225 gr. de paille litière.	616	345,0	39,0	8,4	2,03	8,2	10,00
Fumier frais de porc nourri avec des pommes de terre cuites, et recevant par jour 0 kil. 450 gr. de paille litière...............	728	233,0	39,0	16,9	2,07	7,8	9,54
Fumier d'une ferme anglaise....	650	247,0	103,0	»	7,87	6,3	7,65
Fumier frais du Jardin des plantes de Paris.................	668	280,0	52,0	»	4,00	5,3	6,43
Fumier d'une écurie particulière.	606	»	»	»	»	7,9	9,59
Fumier de la ménagerie de Paris	668	»	»	»	2,58	5,3	6,43
Fumier de l'Ecole d'agriculture de Grignon.................	705	192,0	114,0	»	6,12	7,2	8,74
Fumier à demi consommé de Bechelbronn.................	793	142,0	65,0	5,2	2,00	4,1	4,98
Fumier à demi consommé du Liebfrauenberg.................	830	108,0	62,0	0,97	2,57	3,5	4,25
Fumier consommé d'une ferme des environs de Nancy.........	722	167,0	111,0	»	»	»	»
Fumier bien préparé de la ferme de Merkwiller.................	724	205,0	54,0	4,09	7,18	5,0	6,07

Si l'on ramène ces fumiers à l'état sec, on voit mieux l'analogie de composition :

DÉSIGNATION DES FUMIERS.	Matières organiques.	Matières minérales.	Potasse et soude.	Acide phosphorique.	Azote assimilable.	Ammoniaque équivalente.
Fumier frais de cheval...	899,0	101,0	22,1	7,13	25,0	30,93
— — de vache...	905,0	95,0	19,3	7,11	18,8	22,84
— — de mouton..	899,0	101,0	22,1	5,29	21,5	26,06
— — de porc....	860,0	140,0	62,5	7,64	28,9	35,18
— d'une ferme anglaise.........	705,7	294,3	»	22,30	18,0	21,90
— du Jardin des Plantes	843,0	157,0	»	12,10	16,0	19,40
— de Grignon......	627,0	373,0	»	20,00	24,5	29,70
— de Béchelbronn ..	686,0	314,0	25,1	9,07	19,8	24,05
— de Liebfrauenberg	666,0	334,0	5,7	15,10	20,6	25,01
— de Merkwiller....	805,0	195,0	15,98	28,6	19,8	24,04

On trouverait donc, en moyenne dans le fumier :

MATIÈRES CONSTITUANTES.	A l'état normal.	A l'état sec.
Eau..............................	709,00	»
Matières organiques.............	215,00	789,50
— minérales.............	62,20	210,50
Potasse et soude................	6,60	24,68
Acide phosphorique..............	3,64	13,50
Azote assimilable...............	5,87	2,30
Ammoniaque équivalente..........	7,12	25,80

Suivant M. Paul Thénard, qui a cherché à se rendre compte des réactions chimiques qui s'accomplissent dans les tas de fumier, il s'y formerait successivement et dans l'ordre suivant, au moins trois sortes de composés bruns azotés sur lesquels je dois vous donner quelques renseignements :

1° Un composé brun, soluble dans l'eau et dans les autres

liquides, qui commence à se produire dès que les urines se putréfient et deviennent ammoniacales. Le carbonate d'ammoniaque formé réagit sur les matières végétales solubles des litières et donne naissance à ce composé brun qui renferme 9,72 par 100 d'azote. M. P. Thénard l'a nommé *glucose azoté*, parce qu'il a reproduit un composé analogue en faisant absorber de l'ammoniaque au sucre de fécule ou *glucose*.

2° Un autre composé brun se forme par l'oxydation des mêmes matières végétales des litières en raison de la combustion lente qui envahit le tas de fumier et qui en élève parfois la température vers 40°. Ce composé est l'*acide humique, ulmique* ou *géique* du terreau; il est insoluble dans l'eau et les acides, mais soluble dans les alcalis libres ou carbonatés et phosphatés. Cet acide se trouve bientôt converti en *humate d'ammoniaque*.

3° Cet humate d'ammoniaque ne tarde pas à s'unir à du glucose azoté, et il en résulte un nouveau composé brun, insoluble dans l'eau et les acides, mais soluble dans les alcalis, comme le précédent; M. P. Thénard l'appelle *acide fumique* et d'après lui, c'est le principe le plus abondant et le plus actif de l'engrais; il renferme 5,5 d'azote.

En lessivant du fumier fermenté, on obtient une dissolution brune qui est, en majeure partie, du *fumate d'ammoniaque*. Cette liqueur, filtrée et sursaturée avec de l'acide chlorhydrique, laisse déposer l'acide fumique en flocons gélatineux qui occupent un grand volume; par l'ébullition, il se coagule et prend une certaine consistance.

Lorsqu'il est sec et en morceaux, il ressemble, à s'y tromper, à du charbon de terre; comme lui il est amorphe, c'est-à-dire sans forme déterminée, noir et à cassure brillante ; il en a la densité et la dureté ; de plus, si on le calcine dans un moufle, il donne en brûlant une abondante flamme très-éclairante et laisse un résidu charbonneux comparable à du coke. Il forme avec les bases autres que la potasse, la soude et l'ammoniaque, des sels insolubles qui affectent sa couleur.

Lorsqu'on agite l'eau de fumier avec de l'alumine en gelée, de l'hydrate de peroxyde de fer, de l'aluminate de chaux, du carbonate de chaux, on décolore cette eau, et il se forme de véritables laques colorées en brun avec ces oxydes et l'acide fumique. M. P. Thénard en conclut donc que l'alumine, les oxydes de fer et le carbonate de chaux sont les *agents conservateurs* du fumier, parce qu'ils forment avec lui des laques que l'action du temps, de l'eau, de l'air, ne détruisent qu'à la longue, sans doute au fur et à mesure du besoin et à la sollicitation des plantes.

Par conséquent, c'est sans danger que le cultivateur fume les terres à l'avance, et cela avec d'autant plus de sécurité qu'elles contiennent ces agents conservateurs, particulièrement l'alumine et l'oxyde de fer, en plus grandes quantités ; car les terres quartzeuses et sablonneuses brûlent le fumier, comme disent les paysans.

C'est encore à cause de ce genre de phénomène que les terres argileuses riches par elles-mêmes, mais appauvries parce qu'on leur a trop demandé, sont si difficiles à remonter et réclament de si grandes masses d'engrais, avant de donner de nouveau des résultats satisfaisants ; tandis que celles qui sont enrichies de longue main produisent avec abondance et sont d'un entretien très-facile.

L'acide fumique étant, en définitive, le résultat de l'oxydation des matières organiques solubles qui sont en grande quantité dans le fumier frais, celui-ci ne contient donc que fort peu de cet acide; voilà pourquoi il est nécessaire que le fumier, pour être le plus utile possible, ait préalablement subi une véritable oxydation ou fermentation.

C'est ce fait qui explique la répugnance des cultivateurs à enfouir des fumiers tout récents. En effet, mélangés à la terre, leur fermentation, devenant très-lente, donne toujours à la pluie le temps d'arriver; alors la matière riche, n'étant pas fixée, mais au contraire très-soluble, est rapidement entraînée : de là des pertes considérables qu'une longue et sage pratique a appris à éviter.

Enfin, dans une dernière phase de la fermentation des fumiers, l'acide fumique, en se combinant à une nouvelle portion des matières brunes produites par l'action de l'air et de l'humidité sur les parties cellulosiques ou ligneuses des litières, donne naissance aux corps noirs, insolubles dans tous les véhicules, qui prédominent dans ce qu'on appelle le *beurre noir*.

Ainsi, *glucose azoté, acide humique, acide fumique, beurre noir*, voilà les transformations successives qu'éprouvent les éléments principaux du fumier. C'est le carbonate d'ammoniaque provenant des urines qui est l'agent provocateur de ces transformations en agissant sur les matières végétales solubles des litières. Mais comme les matières animales produisent également, dans ces conditions, des composés fumiques utiles, il s'ensuit que tous les résidus d'origine animale doivent, comme les détritus végétaux, être conduits au tas de fumier.

CHAPITRE VII

EMPLOI DU FUMIER

Il ne suffit pas de produire beaucoup de fumier au meilleur marché possible, et de savoir l'amener par une bonne fermentation dans l'état sous lequel il est le plus profitable à la végétation; il faut encore savoir l'employer convenablement et de manière à ce qu'il produise la plus grande somme de résultats dans le plus court espace de temps; car, ainsi que je vous l'ai dit, plus on multiplie les récoltes d'un terrain sans l'appauvrir, plus on fait rapporter d'intérêt à son argent. L'agriculteur doit prendre modèle sur l'industriel qui ne laisse jamais dormir son capital, et qui, par le renouvellement continuel de ses opérations, arrive à le grossir très-rapidement.

Généralement, dans les fermes, on enlève le fumier de l'emplacement où il a été préparé, à l'aide de fourches, pour le charger sur les voitures. Cette manière d'opérer est vicieuse, attendu que les tas offrant des couches de différents âges, par conséquent à des états très-différents de décomposition, et de plus, des lits alternatifs de litières d'écuries, d'étables, de porcheries, quelquefois même de bergeries, il en résulte que les premières voitures ne reçoivent que du fumier très-pailleux, tandis que dans les dernières il n'y a que du fumier très-consommé. Vous comprenez que, par suite, il est impossible de donner à un champ une fumure égale dans ses parties, ce qui est très-nuisible au rendement des récoltes.

Dans quelques grandes exploitations de France, dans toutes celles de la Grande-Bretagne, on s'y prend d'une manière plus rationnelle. A l'aide d'instruments tranchants, faciles à manœuvrer (fig. 54 et 55), on pratique, sur une

Fig. 54. — Couteau à fumier employé en France.

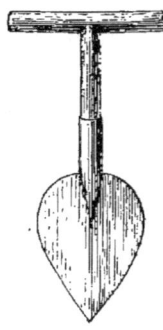

Fig. 55. — Bêche a fumier employée dans la Grande-Bretagne.

épaisseur d'un mètre, des sections verticales dans le tas que l'on attaque par un bout, absolument comme on agit pour une meule de foin. On obtient ainsi des tranches dans lesquelles les diverses sortes de fumier se rencontrent. Un ouvrier peut charger facilement sur les voitures 1000 à 1200 kilog. de fumier par heure.

On ne doit pas charrier les fumiers trop longtemps à l'avance sur les terres, et surtout il ne faut pas les laisser en petits tas, ainsi qu'on le fait trop souvent. Ce sont là, suivant Thaër, dont je partage l'opinion, des habitudes très-vicieuses et très-nuisibles. En effet, dans ces conditions, la décomposition marche d'une manière fort inégale; au centre des tas elle est très-forte, et sur les bords presque nulle; l'engrais éprouve des pertes énormes en gaz fertilisants pendant les chaleurs, ou en purin dans les temps pluvieux. Ce liquide s'écoulant dans le sol en dessous des tas, il ne reste bientôt plus à la surface que la partie la moins riche ou la moins décomposée; et alors même qu'on donne ensuite les plus grands soins à bien épandre ce résidu pailleux, il arrive que les places où les petits tas ont été déposés demeurent, souvent pendant plusieurs années, trop engraissées, de sorte que les plantes y versent, quoique tout ce qui les environne ait la plus chétive apparence (1).

(1) Bernard Palissy a donné à cet égard une théorie singulièrement avancée pour le siècle où elle était émise, et qui dénote dans son auteur un admirable esprit d'observation. Voici ses propres paroles :
« Pren garde au tems de semailles, et tu verras que les laboureurs apporteront leurs fumiers aux champs, quelque tems auparauant semer la terre, ils mettront iceluy fumier par monceaux ou pilots dans le champ, et quelque tems après, ils le viendront espandre par tout le champ; mais au lieu où le dit pilot de fumier aura reposé quelque temps, ils n'y laisseront rien dudit fumier ains le ietteront deçà et delà; mais au lieu où il aura reposé quelque tems, tu verras qu'après que le blé qui aura esté semé sera grand, il en sera en cest endroit plus espès, plus haut, plus verd et plus droit. Par là tu peux aisément cognoistre que ce n'est pas le fumier qui a causé cela, car le laboureur le jette autre part : mais c'est que quand le dit fumier estoit au champ par pilots, les pluyes qui sont suruenues ont passé à travers desdits pilots, et sont descendues à trauers du fumier iusqu'à la terre, et en passant, ont dissous et emporté certaines parties du sel qui estoit audit fumier. » (*Recepte véritable*, p. 23.) ..... « Parquoi ceux qui laissent leurs fumiers à la mercy des pluyes sont fort mauuais mesnagers, et n'ont guère de philosophie acquise ny naturelle. » (*Des sels divers*, p. 244.)

Il faut donc avoir pour règle invariable, d'après l'illustre agronome de Mœglin, d'épandre le fumier immédiatement après qu'il a été transporté sur les champs. On ne doit pas renvoyer cette opération au delà d'un jour. Par le même motif, il convient de l'enterrer le plus tôt possible par un labour léger, après l'avoir étendu sur le sol.

Mais comme il est difficile d'enterrer le fumier tout frais par un seul labour, il est très-commode et avantageux de suivre la méthode belge, qui consiste à prendre le fumier avec la fourche aux petits tas déposés par les chariots, et à le placer au fond des sillons à mesure que la charrue les ouvre; de cette manière l'enfouissement est complet avec un seul labour.

Une fois que le fumier est enfoui, il ne perd plus rien, parce que la terre qui le recouvre absorbe et retient toutes les vapeurs fertilisantes provenant de sa putréfaction; elle agit, en effet, à la manière des corps poreux, de l'éponge, qui ne laissent plus dégager les matières volatiles, ou s'écouler les liquides qu'ils ont absorbés.

C'est sur le premier labour de jachère qu'il faut enfouir les fumiers : la terre est ainsi mieux ameublie, et, pour les labours suivants, l'engrais est réparti bien plus également dans le sol. Il est vrai qu'employés ainsi, les fumiers favorisent la croissance des mauvaises herbes, mais c'est plutôt un bien qu'un mal, puisqu'elles sont enterrées avant leur maturité par les derniers labours, et qu'elles concourent ainsi à l'amélioration et à la propreté du sol.

Toutes les fois qu'on enterre les fumiers avec le premier labour, il est utile de donner trois labours successifs, afin que le troisième recouvre les pailles que le second aurait ramenées à la surface. Cela est d'autant plus indispensable que les fumiers ont moins fermenté et sont plus pailleux.

La recommandation que j'ai faite plus haut d'enterrer immédiatement le fumier conduit aux champs fait pressentir que je n'approuve pas l'usage de *fumer en couverture*, suivi par bien des cultivateurs, notamment pour les grains d'hiver et les prés. Cette pratique est surtout recommandée pour les sols légers, sablonneux et calcaires. On répand alors l'engrais, soit au moment de la semaille, soit au printemps, sur la récolte en végétation; on opère de même pendant l'hiver, sur une terre qui doit être labourée au printemps, pourvu que le sol ne soit pas en pente, car, alors, les pluies entraîneraient hors du champ les sucs du fumier.

Quoi qu'on ait dit des avantages de cette méthode, ils ne peuvent compenser la perte énorme qu'on éprouve en principes utiles, qu'il y ait excès ou défaut d'humidité. Presque toute la partie azotée de l'engrais se trouve décomposée et convertie en carbonate d'ammoniaque qui se dissipe dans l'air; la majeure partie des sels solubles est entraînée par les eaux des pluies, et il ne reste bientôt plus que la portion pailleuse et végétale du fumier, qui n'a que bien peu de valeur lorsqu'on l'enterre ensuite.

Les fumiers en couverture ne pourraient être avantageux que pour les prés et les prairies artificielles, récoltes qui demeurent longtemps en terre sans être labourées. Mais encore, dans ce cas, il y aura toujours plus d'avantages à remplacer les fumiers par des terreaux ou des composts, des engrais liquides ou pulvérulents, qui offrent plus de facilité dans la répartition, plus d'économie dans les transports, moins de pertes en principes utiles pendant leur contact avec l'air, et un prix d'achat moins élevé.

Rien ne nuit plus aux récoltes qu'une fumure inégale, et c'est là un des graves inconvénients des fumiers en couverture appliqués aux prairies naturelles et artificielles. Des expériences, continuées pendant treize ans à l'Institut agricole de Hohenheim, démontrent que, sous le rapport du bénéfice net, il n'est nullement avantageux de consacrer les fumiers proprement dits aux prairies, toutes les fois que le cultivateur possède des terres de labour sur lesquelles il peut les employer utilement. Les mêmes expériences font encore voir que les prairies améliorées au moyen des composts, donnent un produit supérieur à celui des prés fortement fumés avec de l'engrais d'étable.

Lorsque le fumier est conduit dans les champs à une époque où tous les autres travaux ne permettent pas de l'enfouir incontinent, on est bien forcé d'en faire des dépôts. Dans ce cas, pour éviter la perte du purin, qui est un des graves inconvénients de cette manière d'opérer, il faut creuser, à un ou deux fers de bêche, l'emplacement où l'on établit ces dépôts, et l'entourer en outre d'un rebord de terre assez élevé, que l'on adosse contre le fumier. Il sera également avantageux de répandre sur le fond de l'emplacement une couche de plusieurs décimètres de terre prise à la surface du champ. On absorbera, de cette manière, les sucs du fumier, en convertissant en même temps les terres du fond et du rebord en excellent engrais.

Ces soins ne paraissent pas trop minutieux quand on réfléchit à la valeur du purin. On est d'ailleurs amplement dédommagé des peines qu'on prend pour empêcher le fumier de se détériorer et pour augmenter la masse des engrais. Il faut toujours se rappeler que L'ENGRAIS EST DE L'ARGENT MONNAYÉ.

Je ne saurais trop le répéter, l'enfouissement du fumier aussitôt après son apport dans les champs est, sans contredit, ce qu'il faut préférer, et tout, dans les travaux de la ferme, doit être sacrifié à cette importante opération. Voici ce que le célèbre Thaër disait à ce sujet :

« Je regarde comme décidément mieux que le fumier reçoive trois labours avant les semailles ; ainsi je voudrais qu'il fût possible de le charrier de manière à l'enfouir déjà par le premier labour. J'envisage la méthode de l'employer au dernier labour comme absolument mauvaise et comme une des causes principales du non-succès des céréales. Bien des cultivateurs sont prévenus contre la méthode d'enterrer le fumier avant le labour qui précède celui des semailles, et pensent que de cette manière il perd ses sucs au profit de la végétation des mauvaises herbes ; mais cette abondante germination de mauvaises herbes, loin d'être nuisible, est, au contraire, très-avantageuse, parce que leurs semences et leurs racines, une fois développées, sont d'autant mieux détruites par la charrue qui les enterre, et qu'ainsi enterrées, elles augmentent évidemment la fécondité du fumier et du sol. Il suffit d'examiner ce fait avec quelque attention pour s'affranchir de ce préjugé, que les cultivateurs se sont communiqués l'un à l'autre, et qui a été admis sans examen. »

Je ne dois pas, cependant, hésiter à vous faire connaître que les cultivateurs de la Baltique sont d'avis que la réussite de la première récolte qui succède immédiatement à la fumure, est plus assurée et plus complète, si le fumier demeure pendant 2 ou 3 semaines étendu sur le sol, au lieu d'être immédiatement enterré, soit à la charrue, soit à la houe. Quelques expériences du docteur Segnitz, secrétaire général de l'Académie d'Eldena, tendraient à donner gain de cause à cette méthode. Voici en quoi elles ont consisté :

Un arpent (25 ares 53) du champ d'expériences d'Eldena a été divisé en 4 parties égales. — Le n° 1 n'a pas reçu d'engrais. — Le n° 2 a reçu une fumure de 40 quintaux de fumier d'étable, qui ont été immédiatement épandus et enterrés par un labour à la charrue. — Le n° 3 a été traité de la même manière, avec cette différence que le fumier a été enterré à la houe. — Enfin, la même quantité de fumier porté sur le n° 4 est demeurée pendant trois semaines épandue sur le sol pour être ensuite enterrée à la houe.

Le 10 octobre, les 4 parcelles ont été ensemencées en seigle, à raison de 54 litres. Voici maintenant quel a été le poids total de la récolte pour chaque parcelle, grain et paille compris :

Le n° 1 a produit......................... 265 kilog.
Le n° 2................................. 350
Le n° 3................................. 372
Le n° 4................................. 425 (1)

Il est à désirer que ces expériences soient répétées sur d'autres plantes et dans d'autres localités, sur des terres de natures différentes. Dans tous les cas, plusieurs agronomes allemands, en tête desquels je placerai M. Stockhardt, dont la parole jouit d'une grande autorité au delà du Rhin, pren-

(1) *Journal d'agriculture pratique*, 4ᵉ série, t. VII, p. 134 (année 1857).

nent partie pour la méthode des cultivateurs de la Baltique.

M. Stockhardt admet bien que l'exposition prolongée du fumier à toutes les influences de l'atmosphère nuit à son action considérée d'une manière générale ; mais le temps dans lequel se produit cette action mérite d'être pris en sérieuse considération, et il y a lieu de se demander si, dans certains cas, la perte que l'on éprouve sur l'effet total d'une fumure ne peut pas être compensée par la promptitude même de son action. Or la méthode expérimentée par le docteur Segnitz paraît avoir pour elle l'avantage de la promptitude, et c'est à ce titre qu'elle se recommanderait à l'attention des agriculteurs. Il serait donc intéressant de faire des essais comparatifs dans les diverses circonstances de notre culture française.

C'est non sur les céréales, mais sur les récoltes sarclées (pommes de terre, carottes, betteraves, colza, fèves, etc.), qu'il faut appliquer les fumiers, parce que ces récoltes, devant être binées, craignent peu les mauvaises herbes, qu'elles ne sont pas, comme les céréales, sujettes à verser, et qu'enfin, exigeant beaucoup de menues cultures coûteuses, toujours les mêmes quel que soit le produit, elles ne payent ces cultures et ne donnent de bénéfice que dans les terres riches ou fortement fumées.

C'est surtout lorsqu'on emploie les fumiers *frais* qu'il faut bien se garder de les mettre sur la sole des grains, car les semences des mauvaises herbes et les œufs d'insectes qu'ils contiennent salissent les récoltes et leur portent un grand préjudice.

Les fumiers *courts* ou à l'état de *beurre noir* n'ont pas

cet inconvénient, car la forte putréfaction qu'ils ont subie a fait périr les mauvaises semences et les œufs d'insectes; mais alors, pour peu qu'on donne une forte fumure, ces fumiers courts font verser les céréales, et le produit de ces récoltes versées est singulièrement diminué.

Règle générale : il ne faut employer les fumiers *frais* ou *longs* que dans les sols forts, compactes et argileux, parce qu'ils en ameublissent les particules, en raison de leur contexture fibreuse. Dans les terres légères, il ne faut jamais faire usage que de fumiers courts ou au moins à demi décomposés.

Les fumiers ne doivent jamais être enfouis trop profondément. Dans les terres sableuses, légères, on peut les enterrer un peu plus avant que dans les terres fortes. La profondeur ordinaire est de 5 à 8 centimètres. — Pour les plantes à racines pivotantes (carottes, luzerne, fèves, etc.), cette profondeur doit être plus grande que pour les céréales et autres végétaux dont les racines sont superficielles.

Dans tous les cas, dans les sols argileux, les fumiers ne doivent jamais être appliqués à la superficie, attendu que leurs parties utiles et solubles seraient entraînées hors du champ par les eaux pluviales sans que celui-ci en profitât.

Les fumiers agissent promptement au printemps dans le moment des premières chaleurs, lorsque, surtout, la terre est convenablement humectée pour favoriser la végétation. Ils agissent de même tout de suite en été, s'il pleut souvent. Mais, en hiver et en automne, leur action est lente, parce que la végétation cesse d'avoir lieu.

La quantité de fumier à charrier sur un champ dépend,

non-seulement de la propriété plus ou moins épuisante des récoltes qui ont précédé, mais encore de l'espèce de plantes que l'on veut semer et de la nature du terrain.

Ainsi les plantes qui fournissent des produits abondants dès la première année (maïs, pommes de terre, chanvre, etc.), celles qui portent graines (céréales, fèves, plantes oléagineuses, etc.), réclament plus de fumier que les autres, et surtout que celles que l'on récolte au moment de la floraison (luzerne, trèfle, sainfoin, etc.).

Ainsi encore les terres légères ont besoin d'une fumure plus faible, mais plus fréquente que les terres fortes ; celles-ci exigent beaucoup d'engrais à la fois. Cela tient à ce que l'argile a un pouvoir absorbant considérable ; elle retient les matières fertilisantes avec une grande énergie, tant les substances organiques azotées que les sels alcalins, les phosphates, et les produits gazeux provenant de la putréfaction des fumiers ; elle les emmagasine, pour ainsi dire, et ce n'est que lorsqu'elle en est saturée qu'elle les abandonne, petit à petit, à la végétation, en les cédant aux dissolvants qui viennent en contact des particules terreuses chargées de ces éléments nutritifs.

L'expérience a appris aux praticiens expérimentés que lorsqu'ils mettent en culture des terres argileuses épuisées, la première fumure ne paraît produire aucun effet, ce qui prouve que l'argile s'est emparée de l'engrais et le retient énergiquement dans ses pores. Ce n'est qu'après plusieurs fumures que ces terres, en quelque sorte saturées, finissent par produire d'abondantes récoltes.

M. de Gasparin estime que lorsque ces espèces de terres sont dans cet état, elles contiennent, pour chaque centième d'argile faisant partie du sol, 15 grammes environ d'azote par 100 kilogrammes de terre.

« Les données précédentes, ajoute l'habile agronome, sont de la plus haute importance; elles nous apprennent que toute terre argileuse doit posséder un capital d'engrais convenable avant d'être portée à toute sa valeur. Dans les années de sécheresse, où la masse d'argile n'est pas pénétrée d'une suffisante quantité d'humidité, ce capital peut rester improductif; il reparaît en partie par l'effet des saisons plus humides; mais, dans tous les cas, l'existence de ce *capital dormant* est nécessaire pour que le fumier ajouté produise son effet. »

Un terrain bien fertilisé par le fumier s'en ressent deux ou trois ans, si on ne le surcharge pas de cultures épuisantes; mais c'est malheureusement ce qui se passe sur presque toutes nos soles de céréales, puisqu'on leur fait supporter deux années de suite des cultures qui deviennent ruineuses, attendu que les blés et les graines de printemps ont les mêmes racines, et qu'on ne les récolte qu'à leur parfaite maturité.

Quand on répand les fumiers sur des terres en pente, il faut en mettre beaucoup plus sur les parties hautes que sur les parties basses.

Lorsqu'on fait concourir les fumiers à la fertilité d'un sol, en même temps que les amendements terreux ou alcalins, il faut diminuer la dose habituelle des premiers.

On doit éviter d'employer une trop grande quantité de fumier dans les bonnes terres pour les blés et les orges, car ces récoltes ne produisent presque rien quand elles sont versées. Mais, en général, on doit fumer de manière à obtenir le maximum de produits.

Quand on n'a pas des fumiers qui s'assortissent à toutes les cultures, il faut les réserver pour celles qui donnent le plus de bénéfice, et, autant que possible, appliquer à chaque plante les fumiers dans la composition desquels il sera entré le plus de chaumes ou de débris de la même nature de récoltes, afin, comme je vous l'ai dit en commençant, que celle-ci trouve dans le sol tous les principes salins qui lui sont indispensables pour un parfait développement.

De tout ce qui précède il est facile de conclure que la quantité de fumier bien préparé, nécessaire pour mettre un espace donné dans de bonnes conditions de production, doit varier en raison de la propriété plus ou moins épuisante des récoltes qui ont précédé et aussi en raison de la nature du sol, de la qualité du fumier, des soins dont il a été l'objet, de la manière de l'employer.

Dans tous les cas, c'est plutôt d'après le poids que d'après le volume qu'il faut fixer le dosage.

Mathieu de Dombasle indiquait, pour les circonstances ordinaires, la quantité moyenne de 20000 à 25000 kilog. de fumier frais, pour la fumure complète d'un hectare.

Dans beaucoup de localités, on donne à chaque hectare, selon que la terre est légère ou forte, de 20000 à 40000 kilog. de fumier.

M. Boussingault emploie de 48000 à 49000 kilog. de bon fumier à demi consommé.

Dans les environs de Paris, où la fumure des terres est dans une bien plus grande proportion que partout ailleurs, à raison de la culture très-épuisante qui y est pratiquée, on porte cette quantité jusqu'à 54000 kilog.

Cette dose est souvent dépassée dans la plaine de Caen.

La fumure de Thaër, à Mœglin, était de 60000 kilog. par année moyenne.

Dans tous les pays où la culture est intensive, comme dans les champs de la Flandre et du Hainaut, les proportions du fumier s'élèvent toujours à 100 000 kilog. et plus. Schwerz rapporte que, dans le Brabant, on fume avec 160 000 kilog. et 13 tonnes de purin, répétés tous les cinq ans.

Ainsi, vous voyez que le fumier est réparti, par hectare et par an, dans la proportion de :

6 666 à 8,333 kil.,	comme chez M. de Dombasle ;
13 333 kil. —	chez divers ;
16 000 à 16333 kil. —	chez M. Boussingault ;
18 000 kil. —	dans les environs de Paris ;
20 000 kil. —	dans la plaine de Caen ;
32 000 kil. —	dans le Brabant ;
60 000 kil. —	chez Thaër.

sans qu'on puisse se rendre compte de l'insuffisance ou de l'excès de ces doses.

C'est entre ces extrêmes que je crois qu'il faut se placer, et je regarde, avec les bons cultivateurs du département du Nord, que pour la rotation de trois ans,

60000 kilogr. par hectare est une fumure		*très-forte,*
50000	—	— *forte,*
40000	—	— *bonne,*
30000	—	— *ordinaire,*
20000	—	— *faible.*

En résumé, 30 000 kilog. de fumier bien préparé pour trois ans, soit 10 000 kil. par an, sont donc la fumure la plus convenable dans la majorité des cas.

Or, en portant sur un hectare de terre ces 10 000 kilog.

de fumier normal par an, on introduit dans le sol, en admettant la composition moyenne indiquée précédemment, page 268 :

7 090 kil. d'eau,
2 150 kil. de matières organiques contenant 58^{kil},7 d'azote,
et 622 kil. de matières minérales contenant :
36^{kil}4 d'acide phosphorique représentant 78^{kil},85 de sous-phosphate de chaux.
et 66 kil. d'alcali.

Cela fait donc, pour la rotation de trois ans, avec les 30 000 kilog. de fumier :

21270 kil. d'eau,
6450 kil. de matières organiques contenant 176 kil. d'azote,
et 1866 kil. de matières minérales renfermant :
109^{kil},2 d'acide phosphorique ou 236^{kil},5 de sous-phosphate de chaux,
et 198 kil. d'alcali.

Jusque dans ces vingt dernières années, le fumier de ferme coûtait généralement de 10 à 15 francs la voiture de 2000 kilog., soit, en moyenne, 12 fr. 50 ou 6 fr. 25 la tonne de 1000 kilog.

Mathieu de Dombasle en évaluait le prix à	6 fr.	70
De Gasparin, à	6	66
Ridolfi, à	6	80
M. Boussingault, à	5	20
M. J. Girardin, à	6	25

Aujourd'hui le prix du fumier s'est beaucoup élevé, puisque :

Le fumier de cheval vaut, sur place	10 fr. les 1000 kil.
— de mouton	13
— des bêtes à cornes	7

Comme c'est ce dernier qui est produit principalement dans les fermes, on peut adopter le chiffre de 8 francs comme moyenne du prix des 1000 kilog.

En partant de cette base, la fumure de l'hectare revient :

Pour un an, à raison de 10000 kil., à.................. 80 fr.
Pour la rotation de trois ans, à..................... 240

et le kilogramme d'azote ressort au prix de 1 fr. 36.

Si, pour fixer la valeur réelle du fumier, on ne fait intervenir que l'azote, l'acide phosphorique à l'état de phosphate de chaux tribasique comme celui des os, et la potasse, les trois principes les plus efficaces parmi tous ceux qu'il renferme, on arrive au résultat suivant :

5^{kil},87 d'azote à 1 fr. 36...................... 8,98
7^{kil},88 de phosphate de chaux tribasique à 0 fr. 25. 1,97
6^{kil},60 de potasse, à 0 fr. 80 5,28
Valeur agricole de 1000 kil. de fumier.... 15,23

D'où il résulte que cette valeur est presque le double du prix commercial de cet engrais. En comparant ce prix à ceux des autres engrais, on arrive à cette autre conclusion que le fumier de ferme est le moins cher de tous (1).

Comme il renferme, dans des proportions parfaitement pondérées, tous les matériaux nécessaires aux plantes, on doit le considérer comme l'engrais le plus complet, et comme je l'ai déjà dit, c'est lui qui doit servir de base à toute agriculture rationnelle, les autres matières fertilisantes que le commerce fournit n'étant que des auxiliaires

---

(1) Comme il n'y a que le fumier de cheval qui ait un prix commercial, il est assez difficile de fixer le prix et la valeur agricole du fumier de ferme proprement dit, aussi les agronomes sont-ils loin d'être d'accord à cet égard.

Dans une *étude sur les fumiers de ferme*, qui a paru dans les *Annales du Conservatoire des arts et métiers* (numéro d'octobre 1864), M. Mosselman me reproche d'avoir adopté des nombres beaucoup trop

ou des compléments pour suppléer à l'insuffisance de la production du premier.

Je terminerai cette question du dosage des fumiers en vous citant les paroles de l'éminent agronome de Gasparin :

« La loi des engrais, à laquelle nous attachons le succès

faibles pour le prix et par suite pour la valeur agricole de cette sorte d'engrais. Comme il estime :

Le kilogramme d'azote à....................	2 fr.
— d'acide phosphorique à..........	0,40
— de potasse et de soude..........	0,50
— des matières organiques à......	0,02

Il rectifie les chiffres que j'ai donnés de la manière suivante :

5 kil. 87 d'azote................	11 fr.	74	
3 kil. 64 d'acide phosphorique...	1	45	= 20 fr. 7
6 kil. 60 de potasse et de soude..	3	30	
215 kil. de matières organiques.	4	30	

Ce qui mettrait les 1000 kil. de fumier à 20 fr. 79, ou le mètre cube pesant 700 kil. à 14 fr. 56.

Évidemment, ces chiffres sont hors de toute proportion avec la réalité.

On s'en approcherait davantage en adoptant la méthode de Grignon, qui fixe le prix de revient réel du fumier d'après la différence qui existe entre les frais d'entretien, d'élevage ou d'engraissement, etc., et les produits ou services rendus par l'animal. En général, on regarde la dépense en nourriture comme étant payée par la valeur du produit, de sorte que les autres dépenses représentent la valeur du fumier.

D'après cette base, et en prenant une moyenne de cinq années, M. Bella trouvait pour prix de revient général de ses différents fumiers :

10 fr. 90 des 1000 kil. (soit 7 fr. 63 le mètre cube), à la sortie des étables.
et 11 fr. 80 — (soit 8 fr. 26 —), une fois portés sur les champs.

Même dans ce cas, il y a encore un grand écart entre la valeur agricole et le prix commercial du fumier ordinaire.

d'une culture énergique et riche, est celle-ci : *fumer chaque plante qu'on cultive au maximum*, c'est-à-dire avec une quantité et une qualité d'engrais telles qu'elle puisse produire, sauf les accidents, la plus forte récolte dont le climat et le sol sont susceptibles. Plus on s'en écartera, et plus on éprouvera de ces mécomptes qu'on attribue à une foule de causes et qui proviennent de notre faute. Quand nous voulons obtenir un fort poids de l'animal que nous engraissons, nous lui donnons une nourriture proportionnée à ce poids, et jusqu'à la limite de ce qu'il peut digérer et s'assimiler; il faut bien que l'on se persuade qu'il en est de même de tous les êtres organisés, et que les plantes ne font pas exception (1). »

(1) De Gasparin, *Cours d'agriculture*, t. III, p. 413.

CHAPITRE VIII

DES FUMIERS DE VILLE

On désigne sous le nom de *fumiers de ville* les boues et les détritus de toutes sortes (débris de légumes, vidanges des poissons, des volailles, débris de plumes, poils, cheveux, vieux cuirs, balayures de l'intérieur des habitations, etc.), qui sont ramassés dans les rues des grandes villes, et que les cultivateurs des environs emploient, après les avoir soumis à une préparation particulière.

Le mélange de ces détritus de toute nature constitue un engrais d'autant plus riche que les populations sont plus malpropres, parce qu'alors les matières terreuses proprement dites s'y trouvent en moins forte proportion.

Les boues de ville, si recherchées par les jardiniers intelligents, forment un engrais chaud, qui fermente avec une grande énergie, et qui, par cela même, est très-avantageux pour précipiter la végétation des légumes hâtifs, et pour toutes les récoltes qui ne restent que quelques mois en terre.

Il est convenable, toutefois, d'attendre, pour l'employer, qu'il ait subi une certaine fermentation, et que l'hydrogène sulfuré qu'il renferme soit entièrement dégagé. On le laisse donc en tas considérables pendant trois mois et davantage. Le plus ordinairement on facilite et on accélère cette décomposition en recoupant une fois le mélange au bout d'environ six semaines à deux mois. Le terreau qui en résulte, après une manipulation suffisante, est léger, spongieux, noirâtre et très-riche. Il pèse de 800 à 1200 kilog. le mètre cube. On le répand sur les champs à la dose de 50 à 60 mètres cubes.

On hâterait singulièrement le moment de s'en servir, en y introduisant une certaine quantité de chaux, 1/20° environ de la masse, brassant le mélange à plusieurs reprises de manière que toutes les parties ressentent les effets de l'alcali.

La boue de Paris n'est pas toujours de même qualité. Ainsi, celle qui est ramassée sur les voies macadamisées ne vaut pas grand'chose, car elle contient beaucoup de sable; celle qui est ramassé sur le pavé est meilleure; celle enfin qui provient des environs des halles est excellente, et cela se conçoit, car elle renferme bien plus de matières animales et végétales que les autres. On la vend généralement à raison de 6 francs le mètre cube.

En Angleterre, on associe aux boues des rues des cendres de houille, et on forme ainsi ce qu'on appelle *fumier de police* (policemanure). Ces cendres introduisent dans le mélange du sulfate et du carbonate de chaux. Le soufre, qui y est toujours assez abondant, le rend d'un meilleur usage pour la culture des turneps que pour toute autre production.

Dans les environs de Dunkerque, l'adjudicataire des boues de cette ville a adopté la méthode suivante : entre chaque lit de boues de ville on met une couche de fumier d'étable et de sable de mer ou de route, ce dernier dans la proportion d'un tiers. On arrose ensuite les tas tous les jours avec des urines chargées de matières fécales. En moins de huit jours, la fermentation envahit toute la masse, et au bout d'un mois le fumier est entièrement fait. En général, on n'attend guère au delà pour le conduire sur les terres; il perd à être gardé, et au bout d'un an il n'a plus que moitié de sa valeur.

Cet engrais de Dunkerque est vendu en gros au prix de 8 fr. le *bacot* pesant 3000 kil. à des marchands de Bergues, qui le revendent en détail. Les fermiers traitent avec ceux-ci; ils viennent chercher le fumier dans leurs charrettes pendant les mois de juin et de juillet, le payent 12 fr. le bacot, et le déposent le long des routes ou du canal, moyennant un droit de 50 centimes par tas. Les petits cultivateurs le placent sur un coin de leurs champs jusqu'à ce qu'ils puissent l'utiliser; ils ne l'achètent souvent qu'au moment où leurs terres sont préparées pour le recevoir.

Cet engrais, extrêmement énergique, s'exporte jusqu'à Saint-Omer et Cassel. Il agit pendant trois ou quatre ans; ses effets sont plus sensibles sur les terres argileuses des pays à bois de l'arrondissement de Dunkerque que sur les terres argilo-sableuses du pays à watteringues. C'est au reste ce qu'on a observé partout ailleurs pour les boues de ville, quelle qu'en soit la provenance.

On estime généralement qu'une voiture de ces engrais équivaut pour l'effet à quatre voitures de fumier d'étable. C'est une fumure très-convenable pour les céréales et pour toutes les crucifères (navets, turneps, colza, etc.), en raison du soufre qu'il contient et dont ces dernières ont besoin pour prospérer. Dans les Côtes-du-Nord, il y a sur les boues un dicton populaire, qui rappelle la durée de leur action : *les terres auxquelles on en donne s'en souviennent longtemps.*

La boue des rues de Paris vaut 500 500 fr. pour l'adjudicataire, qui l'accepte en masse, et 3 600 000 fr. lorsqu'après avoir séjourné dans les pourrissoires, elle est vendue aux cultivateurs de la banlieue, à raison de 3 à 5 fr. le mètre cube. La ville de Paris affermait ses boues :

En 1813, au prix de	75 000 fr.
En 1831	166 000
Depuis 1845	500 500

Mais des bénéfices considérables que fait l'adjudicataire il faut déduire les frais de nettoyage des rues.

Dans les communes rurales, on perd généralement les immondices des rues. Les maires devraient porter leur attention vers cet objet, dans le double but de la salubrité des habitations et des intérêts de l'agriculture. Les cultivateurs, qui se plaignent si souvent d'avoir de chétives récoltes, ne devraient pas négliger de ramasser toutes les ordures que chaque jour amène sur la voie publique, car, quelque peine qu'il en coûte pour les réunir, de quelques frais que leur transport soit accompagné, elles forment un engrais qui revient encore à meilleur marché que le fumier d'étable, lorsqu'il faut l'acheter. Celui qui vend sa paille et son fourrage, en ne gardant que ce qu'il lui faut pour l'entretien de son attelage, et qui emploie une partie du produit à acheter le fumier ou les boues de la ville dont il est proche, fait toujours une très bonne affaire.

Et cela est facile à concevoir, car cette sorte de fumier, mélange de débris animaux, végétaux et minéraux, est, je l'ai déjà dit, extrêmement énergique et favorable à la végétation.

Arthur Young nous fait connaître qu'un cultivateur, n'ayant pas assez de fumier pour toute sa jachère, n'en sema pas moins de froment la partie non fumée. Au printemps, cette partie était fort maigre et chétive, et ne donnait que peu d'espérances; il la fuma en couverture avec des boues achetées à la ville voisine. L'effet fut extraordinaire, et le froment de cette parcelle surpassa de beaucoup celui des parties qui avaient reçu du fumier d'étable avant la semaille.

Au fond des eaux stagnantes, sur les bords des rivières et des ruisseaux, dans les grands égouts des villes, se déposent des vases de diverses couleurs qui contiennent des substances minérales et salines, des débris d'êtres organisés, tels que plantes et animaux, et qui, par conséquent, sont excellentes pour l'agriculture. Elles constituent un engrais fort avantageux qui convient principalement aux terres fortes, qu'il ameublit et qu'il enrichit tout à la fois de détritus organiques.

Ce n'est toutefois qu'après un certain temps de conservation en tas au contact de l'air, et après avoir fermenté, que ces vases produisent de bons effets. Fraîches, elles contiennent un humus acide qui nuit à la végétation. L'addition de chaux, dans la proportion d'un dixième à un vingtième de leur volume, a pour effet d'accélérer la décomposition de toutes les matières nuisibles ou trop résistantes, et d'augmenter la puissance d'action de tous ces détritus. Un mois et plus après avoir monté des tas alternatifs de vase et de chaux, on recoupe le mélange à la bêche, et, dès qu'il est assez sec pour être émotté à la pelle, passé au crible et ainsi rendu pulvérulent, on peut l'employer. Si l'on ne peut s'en servir immédiatement, on en reforme un tas qu'on recouvre de terre.

On répand cet engrais avant le premier labour, dans la proportion de 50 à 100 hectolitres par hectare. Il est surtout très-convenable pour les prés bas, humides et tourbeux.

La vase des bassins bien peuplés de poissons est un engrais très-énergique en raison des excréments qui s'y trouvent en abondance. M. de Gasparin dit en avoir obtenu des effets remarquables sur les luzernières.

Les vases fraîches contiennent de 50 à 70 pour 100 d'eau; desséchées au soleil, elles en retiennent encore de 3 à 10 pour 100, qu'elles ne perdent qu'à une température de 105° environ.

Les vases desséchées au soleil et réduites en poudre pèsent ordinairement de 700 à 800 kilog. le mètre cube. Ce poids doit varier beaucoup avec les localités; il s'applique, du reste, à des matières dépourvues de sable et ne renfermant presque pas de débris organiques.

La teneur en azote, d'après M. Hervé Mangon, varie de 4 à 5 pour 1000 de leur poids; c'est à peu près comme le fumier frais de ferme. Cet azote n'est pas toujours aussi immédiatement assimilable par les plantes que celui du fumier; mais il constitue toujours pour la terre une augmentation de fertilité en rapport avec son poids.

Il existe en France 200 000 kilomètres de cours d'eau environ, dont le quart au moins, soit 50 000 kilom. devrait être curé chaque année. En évaluant, en moyenne, à $0^{mc},05$ seulement le volume de vase séchée à l'air que l'on pourrait extraire par mètre courant de ruisseau, on trouve que le produit des curages pourrait s'élever à 2 500 000 mètres cubes par année. Ce volume de vase contient une quantité de matières fertilisantes, au moins équivalentes à 2 millions de tonnes de fumier de ferme ordinaire. Les agriculteurs ne devraient donc pas négliger une source aussi importante de produits précieux, lorsqu'ils recherchent si activement tous les moyens d'augmenter les engrais disponibles dans leurs exploitations.

La vase des égouts des villes devrait être également recueillie avec soin, au lieu d'être perdue. On ignore tout ce qui s'écoule de richesse par les égouts qui vont empoisonner les rivières. Johnson s'est livré à des calculs extrêmement curieux sur la quantité d'engrais liquides que les égouts de Londres versent chaque jour, en pure perte, dans la Tamise; il évalue cette quantité à 230 000 hectolitres, laquelle réduite en corps solide, au trentième, donnerait de quoi fumer et fertiliser 28 000 hectares de terres stériles. C'est la nourriture de 150 000 individus qui se trouve ainsi perdue!

D'après M. Hervé Mangon, les égouts de Paris entraînent et perdent, chaque année, une quantité de matières fertilisantes contenant 1 204 500 kilogrammes d'azote.

MM. Haywood et Lee estiment que la seule ville de Sheffield, ayant une population de 110 000 âmes, fournit par an 2 177 tonnes anglaises d'immondices supposés secs, dans lesquels il entre :

Potasse et soude............................	541 253 kil.
Chaux et magnésie...........................	368 280
Acide phosphorique..........................	528 165
Azote.......................................	757 710
	2 195 408

A Édimbourg et dans beaucoup de villes de l'Angleterre, on a décuplé les récoltes en utilisant les dépôts des égouts. A Milan, ils sont d'un usage commun.

Un ingénieur anglais, M. Wicksteed, a reconnu que l'addition d'un peu de lait de chaux aux eaux d'égouts produit un précipité facile à rassembler, qui permet de les clarifier très-rapidement, de les désinfecter et d'en extraire, sous un faible volume, la plus grande partie des principes fertilisants.

Le procédé de l'ingénieur anglais est en pleine exploitation à Leicester, ville de 65 000 habitants. Les matières liquides traitées annuellement, dans un grand établissement spécial, représentent un volume de 5 millions de mètres cubes, qui fournissent 4 500 000 kil. de matières fertilisantes à l'état solide.

M. Hervé Mangon, qui a répété le procédé de précipitation de M. Wicksteed sur les eaux d'égouts de Paris, a constaté qu'avec 4 à 5 décigrammes de chaux pure par litre de ces eaux on opère la précipitation rapide de toutes les matières en suspension et de plus du quart des matières dissoutes. La chaux précipite ainsi près de 30 pour 100 de l'azote contenu dans les eaux d'égouts; mais elle ne paraît pas agir sensiblement sur l'ammoniaque libre que renferment ces eaux.

Le précipité solide formé par la chaux a été analysé par M. Hervé Mangon, après sa dessiccation au soleil. Voici les résultats obtenus avec le produit solide de Leicester, et avec celui provenant du traitement des eaux d'égouts de Paris :

	PRODUIT DE LEICESTER		PRODUIT DE PARIS	
	à l'état naturel.	sec.	à l'état naturel.	sec.
Eau perdue à 110°.......	12,00	»	2,20	»
Résidu insoluble dans l'acide chlorhydrique faible	13,25	15,05	8,25	8,43
Alumine, phosphates et peroxyde de fer......	8,25	9,37	7,25	7,41
Chaux.................	45,75	51,97	33,75	34,51
Magnésie	traces	traces	traces	traces
Azote, non compris celui des sels ammoniacaux..	0,558000 } 1,10	1,25	0,837 } 1,17	1,20
Azote des sels ammoniacaux.................	0,544666		0,336	
Produits volatils au rouge, non compris l'azote, l'acide carbonique et autres matières non dosées...	19,05	22,36	47,38	48,45
	100,00	100,00	100,00	100,00

Considérés comme engrais, 1 000 kilogrammes de ce produit renferment autant d'azote que 2 750 kilog. de fumier normal, ou bien que 73^{kil},3 de guano dosant 15 pour 100 d'azote.

Des essais faits en Angleterre semblent indiquer que ce produit est un engrais puissant, mais dont l'action est lente et se fait sentir longtemps.

Il est très-probable, dit M. Mangon, qu'il serait facile d'établir, ce qui n'a pas été essayé en Angleterre, avec l'engrais dont il s'agit, des matières très-actives, fort économiques et qui pourraient ainsi donner au produit en question une valeur bien supérieure à celle de son emploi immédiat comme engrais.

La population urbaine de la France est estimée à 5 millions d'habitants; elle produit une masse d'immondices dont une exploitation habile retirerait une valeur de plus de 60 millions de francs. Il est déplorable qu'on ne sache pas en faire une meilleure application aux besoins de l'agriculture. On atteindrait ainsi un double but : maintenir la salubrité des villes et développer les productions des campagnes.

Les études entreprises dans ces derniers temps pour résoudre ce double problème, tant en Angleterre qu'en France et en Allemagne, ont démontré que l'épuration des eaux d'égouts (auxquelles on a donné le nom de *sewage*) par des procédés chimiques était trop coûteuse, et du reste imparfaite (1). On a trouvé préférable de les faire servir directement aux irrigations sur des prairies et des cultures maraîchères, en les dirigeant, par des machines élévatoires et des conduits, souvent à des distances considérables.

L'épuration des eaux par le passage à travers les prairies se manifeste d'une manière incontestable dans les chiffres suivants fournis par le professeur anglais Frankland, qui a rendu compte du système adopté à Londres pour utiliser le sewage :

100 000 parties d'eaux d'égouts laissent 112.5 de résidu

---

(1) Des essais entrepris sur les eaux noires, chargées de détritus de toutes sortes, qui arrivent à Asnières, au moyen du procédé imaginé par M. le Chatelier, consistant dans l'emploi du sulfate d'alumine comme agent de clarification, ont démontré que ce sel opère une purification plus complète et plus rapide que la chaux et donne, d'une part, des eaux limpides et inodores qu'on peut faire rentrer dans la Seine, et d'autre part, des dépôts plus riches en matières fertilisantes; mais l'énormité des dépenses qu'entraîne ce procédé a dû y faire renoncer.

solide, contenant : 12 de carbone, 2.5 d'azote organique, 4 d'ammoniaque et 0 de nitrates;

100000 parties d'eaux d'égouts, après leur emploi sur la prairie, déversées par les drains, fournissent 79 de résidu solide, contenant : 1.3 de carbone, 0.25 d'azote organique, 0.8 d'ammoniaque et 2.9 d'azote à l'état de nitrates ou de nitrites.

L'oxydation est donc rapide et rend très-bien compte de la prompte désinfection du liquide.

L'expérience séculaire d'Édimbourg démontre, en outre : 1° que le sol ne s'infecte pas; 2° que les plantes cultivées ne prennent à la longue aucune qualité nuisible au bétail.

A Paris, les mêmes études sont en cours d'éxécution. Les expériences faites par M. Gérardin à Gonesse, au Bourget et ailleurs, les cultures de Gennevilliers, si habilement appliquées depuis quelques années à l'utilisation de la sixième partie des eaux du grand égout collecteur d'Asnières (soit environ 5000 mètres cubes de liquide par jour), constatent les excellents effets du drainage joint au colmatage pour assainir les eaux les plus impures en déterminant l'oxydation des matières organiques putréfiées qui les souillent (1).

---

(1) Voir, pour plus amples détails, le rapport que M. Gérardin a adressé au Ministre de l'instruction publique *sur l'altération, la corruption et l'assainissement des rivières*. Broch. grand in-8°, 1874, Imprimerie nationale;

Voir aussi le *Rapport de la Commission chargée de décerner des récompenses aux cultivateurs de la plaine de Gennevilliers qui auront justifié du meilleur emploi des eaux d'égout* (Journal de l'Agriculture, de M. Barral, t. I, de 1874, n° 254, p. 307).

Il y a tout lieu d'espérer que le système qui consiste à débarrasser les rivières de la souillure des eaux d'égout, et à les mettre au service de l'agriculture, prendra bientôt définitivement place dans l'économie des pays civilisés (1).

(1) *Situation de la question des eaux d'égout et de leur emploi agricole en France et à l'étranger*, par M. A. Durand-Claye, ingénieur des ponts et chaussées (*Journal de l'Agriculture*, de M. Barral, t. II, de 1874, nos 270 et 271, p. 411 et 449).

CHAPITRE IX

DES COMPOSTS ET DES ENGRAIS INDUSTRIELS

On donne depuis longtemps, en agronomie, le nom de COMPOSTS à des mélanges de plusieurs espèces d'engrais, avec ou sans l'addition de matières minérales, et plus ou moins analogues au FUMIER DE VILLE.

On les forme en établissant l'une sur l'autre des couches de diverses natures d'engrais, et en observant de corriger les vices des uns par les qualités des autres, de manière à donner au mélange les propriétés convenables au terrain qu'on veut engraisser.

C'est ainsi que pour les composts destinés aux terres argileuses et compactes, on stratifie successivement :

Des plâtras, gravois et mortier de démolition,
Du fumier de mouton ou de cheval,
Des balayures des cours, des chemins, des granges,
Des marnes maigres, sèches et calcaires,
Du limon de rivière, de fossé, de mare,
Des matières fécales,
Des débris de foin, de paille,
Des mauvaises herbes provenant des sarclages.

On recouvre le tout d'une nouvelle couche de fumier. La fermentation s'établit d'abord dans celui-ci et dans les herbes vertes; le jus qui en découle se mêle avec les matières qui composent les autres couches; on arrose le tas avec le purin qui s'échappe par le bas, et lorsqu'on reconnaît que la décomposition est assez avancée, on mélange toutes les matières et on les porte sur le champ à fumer.

Dans les composts destinés aux terrains légers, poreux ou calcaires, on fait prédominer les principes argileux, les substances compactes, les fumiers froids, et on pousse la fermentation jusqu'à ce que les matières organiques soient plus complétement décomposées. — Les terres glaises à demi cuites et broyées, les marnes grasses et argileuses, le limon des mares, les fumiers des bêtes à cornes, doivent servir à former les couches.

Lorsqu'on peut disposer d'une grande quantité d'engrais liquides, urines, purin, eaux grasses ou savonneuses, eaux des féculeries, liquides des abattoirs, eau des mares où l'on a lavé les moutons et qui contient alors le *suint* de ces animaux, eau des routoirs où l'on fait rouir le lin et le chanvre, on s'en sert avec avantage pour former des composts, lorsqu'il n'est pas facile ou économique de les employer en arrosements. Des stratifications de terres, alternant avec des déblais, des balayures de toutes espèces de matières végétales et animales susceptibles de putréfaction, servent à former des tas qu'on arrose de temps en temps avec les engrais liquides dont il vient d'être question. On a soin, dans ce but, de tenir la surface du sol un peu concave, afin que rien de ce qu'on y verse ne puisse se perdre. On remue deux fois par an les tas entiers, afin que toutes les parties se pénètrent et s'amalgament.

Ces tas de composts doivent être placés dans un lieu

ombragé, pour éviter leur dessèchement, et il est bon d'en avoir au moins deux : un que l'on commence et qui sert à recevoir les immondices récentes; un autre achevé, et qui ne reçoit plus que de l'engrais liquide.

Ces composts sont répandus, au printemps, sur les prés non arrosés. Très-employés dans la Bavière Rhénane, ils produisent des effets remarquables; des prés couverts de mousse, qui ne donnaient qu'une très-petite quantité de foin médiocre, deviennent ainsi d'excellent rapport.

On conçoit, au reste, que toutes les matières organiques qu'on laisse perdre habituellement : la tourbe, le tan, le bois pourri, la sciure de bois, les feuilles d'arbres, les mauvaises herbes, les débris de paille, les petites ételles, les tiges de colza, les vieilles bottes de navettes et de céréales, les balles de ces dernières, les enveloppes calicinales du lin, du sarrasin, les chenevottes du chanvre et du lin, la poussière des greniers à foin et à grains, les marcs des pommes à cidre, des raisins, du café, les fruits gâtés, les ratissures d'allées, les gazons, les épluchures de légumes, etc;

Que tous les liquides chargés ou de matières salines ou de matières organiques;

Que toutes les terres, les sables de route, les cendres du foyer, les cendres de houille, les charrées qui ont servi au lessivage du linge, les suies de bois et de houille, la terre obtenue par le curage des fossés, des mares, les débris de démolition, etc;

Que tous les débris animaux, tels que cadavres de bêtes mortes, os de boucherie cassés menus, chiffons de laine, poils, cheveux, plumes, drayures de peau, débris de cuir, râpure de corne, résidus des fabriques de colle et des boyauderies, sang des animaux, issues et vidanges d'intestins, déchets de cuisine, etc.;

Peuvent concourir à la confection des composts. Tout doit être utilisé dans les fermes bien administrées, car tout peut servir à l'engraissement des terres et suppléer à la disette des fumiers. Le cultivateur peut, dans toutes les positions, dans toutes les localités, trouver sous sa main d'immenses ressources pour entretenir et accroître la fertilité de son sol. Son intelligence les étendra à mesure que sa pratique deviendra plus éclairée. Dans le bas Languedoc, on afferme des herbes marécageuses comme base des composts, à raison de 140 francs l'hectare, et on y paye, dans de petites villes, le balayage d'une rue de 40 à 60 francs.

Laissez-moi vous raconter ce qu'a fait un habile cultivateur de la basse Normandie, M. Tiphaine, de Beuzeville-les-Veys (Manche), pour se procurer une grande masse de composts, dès le début de son exploitation. N'ayant alors pour voisins que des malheureux manquant de tout et ne songeant pas à se débarrasser des immondices au milieu desquelles ils se condamnaient à vivre, il eut l'heureuse idée de donner aux engrais de toutes sortes une certaine valeur par hectolitre ou par mètre cube; pour cela, il proposa à ses voisins d'échanger ces engrais contre des denrées de première nécessité, telles que cidre, sarrasin, pommes de terre, farine, bois, etc., au cours du marché. Ce système d'échanges fut adopté avec faveur. M. Tiphaine se forma ainsi immédiatement une nombreuse clientèle qui chaque jour lui apporta des engrais, en retour des produits de sa ferme. Il a réalisé de cette manière une économie considérable de journées de voitures, et il a répandu l'aisance autour de lui en transformant en argent des matières qui n'engendraient auparavant que des maladies et la misère.

A Melle, dans le département des Deux-Sèvres, l'artisan, l'ouvrier jettent dans leurs caves les balayures de la rue et de la maison, de la terre de jardin, ainsi que les résidus de la cuisine; ils arrosent le tas avec des eaux grasses; ils brassent de temps en temps pour opérer le mélange, et fabriquent ainsi un engrais de première qualité; ils le vendent 30 francs la charretée; il est sec alors, et on le sème à la main. Ceux qui n'ont pas de caves ou qui ne veulent pas les employer à un pareil usage, les bourgeois, les aubergistes, les plus pauvres gens, fabriquent leur compost dans un trou, sous des hangars. Mais le fumier de cave est toujours supérieur, quoiqu'il soit fait avec des matières moins fertilisantes, et cela s'explique très-bien quand on sait que les terres humides des caves se chargent assez rapidement de nitre ou de salpêtre, sel très-actif comme engrais.

Dans l'arrondissement de Bressuire (Deux-Sèvres), on emploie des terres de jardins, cours et places publiques, pour fumer le seigle. Le cultivateur vient de loin chercher ces terres; il les paie 6 fr. la charretée, et il en donne une de fumier pour trois. On en a employé, depuis 60 ans, des millions de charretées.

Dans la Seine-Inférieure, les cultivateurs du pays de Caux ont la vieille habitude de former, de distance en distance, sur leurs champs, des tas ou meules d'engrais qu'ils composent avec des terres ramassées dans les rues et chemins, dans les ravins, dans les cours des fermes, aux alentours des bâtiments, partout enfin où l'on en trouve, et auxquelles ils ajoutent quelquefois plus ou moins de fumier d'étable ou d'écurie. Ces tas sont remués ou retournés de temps en temps, afin d'opérer un mélange plus intime, et ce n'est ordinairement qu'après six mois ou un an qu'on les démonte pour les répandre sur les terres à fumer.

Il est évident que ces composts ont fort peu d'énergie. Il faudrait avoir soin de les arroser fréquemment avec des urines, du purin ou tous autres liquides chargés de matières organiques, et les composer, d'ailleurs, ainsi que je l'ai déjà indiqué plus haut. Les terres entretenues humides et mêlées de matières animales ne tardent pas à se couvrir d'efflorescences salpêtrées et à acquérir ainsi des propriétés fertilisantes très-prononcées.

En effet, l'acide azotique se forme sous l'influence d'un air calme et de l'humidité dans les terres poreuses et alcalines, mêlées de débris organiques; ainsi, dans les lieux habités, bas, sombres et humides, dans les écuries, les étables, les caves, les celliers, il y a une production incessante de nitrates de chaux, de magnésie, de potasse et d'ammoniaque; aussi la terre qu'on enlève de ces endroits constitue-t-elle un terreau excessivement actif, qu'on devrait ne pas négliger de répandre en couverture à la surface des champs qu'on veut féconder.

Qu'on construise, à l'abri des courants d'air et dans un milieu humide, de petits murs peu épais avec de la terre calcaire poreuse, contenant peu d'argile, et gâchée avec des charrées et de la paille; qu'on les couvre d'un toit et qu'on les arrose de temps en temps; au bout de l'année, ces matériaux seront très-riches en nitrates, et pourront servir, après leur réduction en poudre, à fertiliser les prairies.

Dans le midi, tous les huit jours, on porte de la terre dans les bergeries; on arrose légèrement, afin que la poussière n'incommode pas les bestiaux; et, au bout d'un mois, on a plusieurs décimètres d'un excellent terreau qui agit sur tous les sols. Si l'on retournait ce terreau sur place, et si ensuite, après quelque temps, on le retirait pour l'employer à faire une nitrière artificielle, on aurait au bout de l'an une véritable mine de salpêtre. Eh bien! partout, il est possible d'obtenir le même résultat, et de suppléer ainsi aux nitrates de potasse et de soude du commerce, qui se vendent, les premiers 70 fr., les seconds 45 à 47 fr. les 100 kilogrammes.

Nous avons vu précédemment que les boues de Dunkerque, converties en compost, sont expédiées à Bergues et dans ses environs. Beaucoup de cultivateurs, qui en font usage, les mélangent d'abord avec de la terre, de la craie ou de la marne, et les laissent mûrir en tas, pendant un à deux ans, avant de les répandre sur leurs champs. Il est évident que, dans ces conditions, c'est une nitrière qu'ils établissent; mais comme ils n'ont pas soin de maintenir les matériaux dans un état de porosité convenable et de les soustraire à l'action des pluies, cette nitrière n'est pas aussi riche en salpêtre qu'elle pourrait le devenir. Il en est de même de tous les autres composts que l'on forme avec les immondices des villes ou des campagnes et des terres plus ou moins alcalines ou calcaires.

Dans les exploitations rurales, quelle que soit leur importance, on réserve un emplacement où sont accumulés les balayures de la cour, du grenier, les boues ramassées sur les chemins, les mauvaises herbes arrachées autour des habitations, les feuilles mortes, la terre relevée des fossés, les gazons provenant du décapage des prés, les gravois fournis par les démolitions, les cendres de toute nature, les fanes de colza, de topinambour, le marc distillé des pommes et des raisins; en un mot, cet emplacement reçoit tout ce qu'on ne porte pas au tas de fumier, et, de temps à autre, on y verse, pour y entretenir une humidité convenable, des eaux ménagères, des urines, du purin, ou même de l'eau à défaut de tout autre liquide.

Au bout d'un an ou deux, on a un *terreau* d'un brun foncé, assez meuble pour être immédiatement épandu sur prairies; il y produit bientôt d'excellents effets, parce qu'il *terre* ou *chausse* en même temps qu'il agit comme un engrais énergique. M. Boussingault le regarde comme l'amendement pulvérulent le plus économique pour fumer en couverture, lorsqu'il ne doit pas être transporté à de grandes distances.

Eh bien! ces centaines de mètres cubes de matières terreuses mélangées à des substances organiques, pour la confection du terreau, constituent de véritables nitrières qui ne diffèrent en rien, si ce n'est par quelques imperfections de détails dans l'aménagement, des nitrières artificielles créées jadis par le gouvernement pour les besoins de la guerre. M. Boussingault a trouvé de 1 à 5 gr. 1/2 de nitre par kilogramme de terreau ainsi fabriqué. Il y en aurait davantage si l'on suivait, autant que possible, les prescriptions recommandées pour l'établissement et la conduite d'une nitrière.

Ces prescriptions se réduisent:

1.º A ménager l'accès de l'air au centre des matières accumulées par un système de claies, par une répartition uniforme de fascines disposées en strates parallèles;

2° A y entretenir une humectation constante et convenable, trop d'humidité nuisant autant qu'une trop grande sécheresse;

3° A ne pas faire prédominer les matières animales dans le mélange, surtout dans les derniers mois de fabrication, car l'expérience a démontré qu'elles détruisent le nitre déjà formé, en transformant l'acide azotique en ammoniaque;

4° A faire les arrosages uniquement avec de l'eau dans les derniers mois où le terreau sera conduit sur les prés;

5° Enfin, à abriter l'emplacement par un hangar spacieux entouré de claies pour amortir la violence du vent et atténuer l'intensité du froid.

En suivant ces prescriptions, on arrivera à obtenir des composts ou terreaux contenant jusqu'à 10 grammes de nitre par kilogramme, comme cela avait lieu autrefois dans les nitrières de la Touraine.

M. Bortier, propriétaire-cultivateur à Ghistelles, près d'Ostende, prétend qu'en plaçant le fumier au-dessous de la fosse à purin, le recouvrant par une légère toiture en carton bitumé, et saupoudrant chacune de ses couches avec de la marne pulvérisée dans la proportion de 2 à 3 pour 100 du poids du fumier, il a obtenu, au bout de trois mois, un compost riche en nitrates, qui, dans une terre argileuse, a fourni en colza, blé et trèfle, une augmentation de produits de 10 pour 100, comparativement au fumier ordinaire (1).

M. le professeur Donny, de Gand, appelé à vérifier et à

(1) *Production de nitrates et leur application en agriculture*, par Bortier. — (Journal d'agriculture pratique, 1863, t. I, p. 601.)

expliquer ces résultats, a reconnu qu'en effet il s'opère un travail de nitrification dans le fumier ainsi stratifié avec la marne;

Que la proportion des nitrates formés varie avec l'espèce de calcaire employée;

Que c'est la marne ou *calcaire à polypiers* de Ciply, Folx-les-Caves et Lanaye, dont les gisements considérables se prolongent en Hollande, qui se nitrifie le plus rapidement;

Enfin que l'addition d'une très-petite quantité de plâtras de vieux murs (en voie de nitrification) dans un mélange de fumier et de calcaire triple la quantité de nitre formée dans un temps donné.

Il serait donc à souhaiter que partout où l'on peut se procurer des marnes ou calcaire friable et plus ou moins phosphatées comme celle de Ciply, on imitât l'exemple de M. Bortier. On obtiendrait ainsi sans presque aucuns frais des fumiers plus riches en salpêtre et par conséquent bien supérieurs aux fumiers ordinaires; en effet, indépendamment de la plus forte proportion de matières azotées qu'ils apporteraient toutes formées dans la terre, ils stimuleraient cette espèce de nitrification naturelle qui s'opère constamment dans tout sol fertile.

Les chevaux, les chiens, les moutons, les chats et autres quadrupèdes qui périssent de maladies, ou qu'on abat, restent presque toujours, dans nos campagnes, exposés sur le sol jusqu'à ce que les oiseaux carnassiers les aient dévorés ou qu'ils soient entièrement détruits. La plus grande partie des principes dont ils se composent est perdue pour la terre qu'ils recouvrent, et les vapeurs méphitiques qu'ils exhalent corrompent l'atmosphère. N'est-il pas déplorable de voir se dissiper ainsi une masse énorme d'engrais, et d'engrais très-actif, alors qu'il est si facile d'en tirer un excellent parti (1)?

Outre la négligence des cultivateurs à utiliser les matières organiques qui se perdent autour d'eux, il y a, à l'égard des cadavres des animaux, un préjugé fâcheux qui les éloigne d'en faire usage; c'est la croyance dans laquelle ils sont qu'il y a danger pour celui qui dépèce un animal mort à la suite de maladie ou de vieillesse. Qu'ils sachent bien que lors même que les cadavres des animaux sont déjà en putréfaction il n'y a aucun danger à les dépecer, car les gaz infects qui en sortent ne sont nullement insalubres. D'ailleurs, on s'en débarrasse aisément en arrosant ces cadavres avec une solution légère de chlorure de chaux, ou avec de l'eau de javelle, ou avec de l'eau contenant quelques centièmes

(1) Pour vous montrer quelle somme de matières utiles on perd dans nos campagnes en abandonnant sur le sol les animaux morts, je mets sous vos yeux l'ensemble des produits qu'un cheval ordinaire peut fournir quand on l'équarrit avec soin; les chiffres inscrits sont plutôt en deçà qu'au delà de la réalité.

Chair musculaire................	160 kil.		8 fr.	
Os décharnés...................	45	»	2	25
Sang frais.....................	16	»	1	80
Peau..........................	30	»	12	»
Tendons frais..................	2	»	»	20
Graisse.......................	4	»	4	»
Crins longs et courts...........	0	20	0	60
Issues (viscères, boyaux)........	40	»	2	»
Sabots........................	2	»	1	»
Fers et clous..................	0	50	0	25
	299 kil.70		32 fr.40	

Dans les chantiers d'équarrissage, ces produits, mieux exploités, ont une valeur de 60 à 70 francs.

C'est Payen qui, le premier, a appelé l'attention des cultivateurs sur le parti qu'ils peuvent tirer des animaux morts.

d'acide phénique, ou même, à défaut de ces agents désinfectants, avec un lait de chaux, avec de l'eau de suie, ou du poussier de charbon.

Cela étant fait, on enlève la peau de l'animal, on sépare les parties intestinales, on isole les os. On divise ensuite la chair, au moyen d'un hachoir, et on la mélange intimement avec environ six fois son poids de terre sèche et une partie de chaux vive. On interpose ensuite ce terreau entre les lits de fumier, si mieux on n'aime à le répandre directement à la surface des terres ou l'enterrer aux pieds des betteraves, des pommes de terre et autres racines fourragères. Ce compost a une très-grande énergie; 400 kilogr. suffisent pour la fumure d'un hectare.

Quant aux parties intestinales des animaux, telles que foie, poumons, cervelle, cœur, déchets de boyaux, etc.; on les divise de même, et on les mélange, ainsi que la vidange des intestins, avec de la terre fortement séchée. Ce compost, comme le précédent, est très-favorable à la végétation des céréales; seulement, il faut en mettre 10 000 kilog. par hectare. Si l'on ne veut pas le répandre immédiatement après sa préparation, on le conserve dans une fosse ou tout autre endroit frais, et, dans tous les cas, à l'abri ou recouvert de terre mélangée de plâtre cru en poudre.

Les os qu'on a séparés des chairs et qui sont doués d'un pouvoir fertilisant de très-longue durée, doivent être broyés avant d'être répandus sur les terres ou incorporés dans les composts précédents. Mais comme il est beaucoup plus facile de les concasser quand ils ont été fortement desséchés de manière à leur faire perdre de 20 à 25 pour 100 de leur poids, on commence par les enfermer dans un four après la cuisson du pain, puis on les écrase tout chauds, au fur et à mesure qu'on les en retire. On se sert pour cela d'un billot (*fig.* 54) et d'une masse en bois (*fig.* 55) garnis tous deux

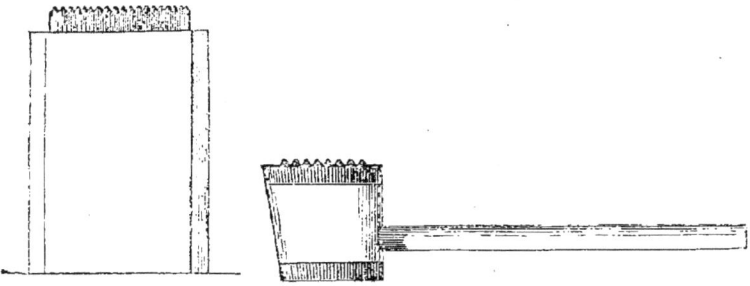

Fig. 54. — Billot à écraser les os.   Fig. 55. — Masse pour écraser les os.

de plaques de fer taillées en pointes de diamant, comme on le voit par la figure 56.

Ou bien, on fait usage du petit instrument construit par M. Peltier, sur les indications de M. Robart, et qui a reçu le nom de *Casse-os Robart*. Il ne coûte que 55 fr. Il consiste tout simplement :

1° en un billot *a* (*fig.* 57) à tête de fonte cannelée *b*, surmonté d'une cuvette en fonte *c* à charnière mobile, faisant office de mortier ;

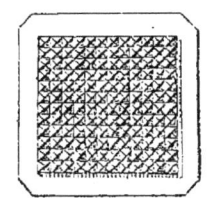

Fig. 56. — Plaque de fer à pointes de diamant qui surmonte le billot.

2° en une mailloche *d*, dont la tête est taillée en pointes de diamant et dont le milieu est traversé par une double poignée en croix ;

3° d'une perche en bois flexible *ee*, courbée en forme d'arc, fixée par son centre au plafond *f*, et garnie d'une forte corde *gg*, à laquelle est suspendue la mailloche.

Celle-ci peut donc être facilement élevée et abaissée sur les os contenus dans la cuvette. La forme creuse de cette dernière évite la projection des os en tous sens, et quand il s'agit de la décharger, on découvre la tête du billot, on balaye sa surface, on replace la cuvette et on fait une nouvelle charge.

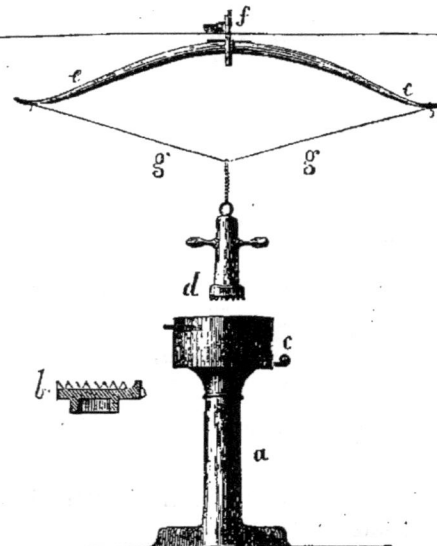

Fig. 57. — Casse-os Robart.

Cet outil permet de concasser aisément de 2 à 300 kilog. d'os torréfiés par jour (1).

Dans toutes nos campagnes, où il y a une si grande quantité d'os perdus, tant ceux qui proviennent des animaux morts de maladie ou de vieillesse que ceux qui viennent des viandes de boucherie, les fermiers devraient occuper les enfants et les pauvres à ramasser tous ces os, puis à les concasser, pour les répandre ensuite à la surface de leurs terres. Ils les amélioreraient ainsi sans grandes dépenses, et ils trouveraient, de plus, l'avantage de diminuer la dose ordinaire des fumiers. Il est vraiment déplorable de voir laisser chez nous sans emploi des matières dont les peuples voisins tirent un parti si avantageux.

(1) Annuaire des engrais et des amendements, par Robart, 1860, p. 74, 144; 1862, p. 97, 279.

Pour éviter le broyage des os ainsi ramassés dans les campagnes, on peut suivre le procédé suivant, que notre ami Mésaize, ancien président de la Société centrale d'agriculture de Rouen, avait adopté d'après mes indications :

On met les os, tels quels, tremper dans un cuvier avec de l'eau acidulée par l'acide chlorhydrique du commerce (le liquide doit marquer 10° à l'aréomètre), jusqu'à ce qu'ils soient devenus mous et flexibles comme le jonc. L'acide dissout tous les sels terreux qui durcissent les os, et il ne reste plus que le tissu cellulaire. Le liquide, ainsi chargé de tous les sels, sert à arroser les tas de fumier, à désinfecter les urines, à neutraliser les purins. Les fumiers deviennent ainsi plus riches et on peut en diminuer la dose. — Quant au tissu cellulaire des os, après l'avoir lavé à deux ou trois eaux, on le fait entrer dans les chaudières où l'on cuit les racines destinées aux cochons.

Voilà un exemple excellent à imiter. Cette méthode est infiniment peu coûteuse, puisque l'acide chlorhydrique vaut à peine chez nous 5 centimes le litre.

Vous comprendrez mieux l'importance des recommandations que je vous fais lorsque vous connaîtrez la richesse des os en azote et en acide phosphorique. Voici les résultats des analyses faites par MM. Boussingault et Payen :

	Azote sur 100 de la matière		Acide phosphorique sur 100 de matière sèche.
	à l'état normal.	sèche.	
Os dégraissés, séchés à l'air.	7,02	7,58	24,00
— gras, séchés à l'air, contenant 0,10 de graisse...	6,22	8,89	22,20
— humides, livrés par les fondeurs..............	5,31	»	»
Poudre d'os séchée à l'étuve.	»	7,92	24,00

La dose à laquelle les os broyés sont généralement employés est de 1 200 à 1 500 kilog. par hectare. Lorsqu'ils sont bien pulvérisés, la dose peut être diminuée d'un tiers. Leur effet se prolonge pendant trois ans sur les terres labourées, et pendant six ans sur les prairies naturelles. M. de Gasparin dit que la durée totale de l'action de cet engrais s'étend jusqu'à dix et même vingt-cinq ans; cependant l'effet n'en est bien sensible que pendant les premières années.

Les os bruts résistent davantage à la décomposition que ceux qui ont servi à obtenir le *suif d'os* et la gélatine ou colle forte, parce que la matière grasse et le tissu cellulaire azoté s'opposent assez énergiquement à l'action des dissolvants naturels, c'est-à-dire l'eau chargée d'acide carbonique, de sels ammoniacaux ou de chlorures alcalins.

On répand les os au printemps sur les prairies, et en même temps que les semences dans les terres à grains.

Pour obtenir des os un effet plus prompt, les fermiers anglais les laissent, avant de les employer, subir une fermentation et un commencement de décomposition. A cet effet, ils les amoncellent en gros tas, et même ils les mêlent avec de la terre humide. Selon que le sol est plus ou moins riche, ils en mettent de 13 à 20 hectolitres par hectare.

Dans la principauté de Nassau, on regarde 600 à 700 kilogr. de poudre d'os comme une quantité suffisante pour un hectare.

Les Anglais n'emploient pas les os pour remplacer le fumier, mais conjointement avec ce dernier. Ils ont un système qui, pour des fermiers de sols pauvres, légers, ne peut être trop fortement recommandé : ils achètent des engrais, spécialement des os broyés, exclusivement pour leurs terres en jachère, et ils réservent la plus grande partie de leur fumier d'étable pour leurs grains; de sorte que la majeure partie de leurs terres a un bon engrais tous les deux ans. Ce système, d'après M. Tackeray, est généralement suivi de l'autre côté du détroit, comme le meilleur mode d'appliquer l'engrais. Il est certain que, là où a été adopté l'emploi des os, les récoltes sont très-belles, et les exploitations y ont gagné tellement, que la rente des terres s'y est élevée de 25 fr. par hectare de plus que dans les cantons où l'on ne fait pas usage des os.

Un autre moyen, très en faveur en Angleterre, pour accélérer l'action des os et rendre l'assimilation des phosphates aussi prompte que celle des sels minéraux les plus solubles, c'est de les traiter par l'acide sulfurique, ainsi que le duc de Richemond, président de la Société royale d'agriculture d'Angleterre, l'a indiqué et pratiqué, le premier, dès 1843. Voici comment on agit :

223 kilog. d'os broyés sont arrosés de 37 litres d'eau, et, vingt-quatre heures après, on les introduit, par portions, dans un tonneau contenant de 62 à 75 kilog. d'acide sulfurique concentré. On laisse la désagrégation s'effectuer durant 7 ou 9 jours au plus. On délaye alors le magma dans l'eau pour l'employer en arrosage, ou bien on y ajoute assez de noir animal ou de terre pour absorber le liquide et convertir le tout en une espèce de terreau qu'on répand à la manière du plâtre. Les chiffres des matières indiquées ci-dessus correspondent à 1 hectare de surface à fertiliser.

Les os ainsi traités par l'acide sulfurique et employés soit à l'état mou, soit desséchés et à l'état pulvérulent, sont désignés dans toute la Grande-Bretagne, et même aussi en France, sous le nom de *superphosphate*. Une addition de sels ammoniacaux et mieux encore de nitrate de potasse à cet engrais en rend l'assimilation plus rapide et plus complète.

Les *superphosphates* sont actuellement partout un article de commerce fort important et leur emploi se généralise de plus en plus. Il en est de même des *phosphates fossiles* en rognons ou en nodules, désignés sous le nom de *Pseudocoprolithes*, qu'on trouve en si grande quantité dans les départements des Ardennes, de la Meuse, de l'Aube, de la Marne, du Pas-de-Calais, etc.

En Belgique, où, comme en Angleterre, les bonnes méthodes sont généralisées depuis longtemps, un excellent usage s'est établi d'après Schwerz. Dès que tout espoir est perdu de rétablir un cheval ou tout autre animal malade, on le conduit sur un champ; là, on lui ouvre les veines, et on lui fait répandre son sang, en marchant jusqu'à ce qu'il tombe; les chairs, à l'exception de la peau, sont coupées en petits morceaux, répandues et recouvertes de terre. Il vaudrait encore mieux les stratifier avec le fumier.

L'animal tué, ou crevé si l'on n'a pu prévenir sa mort naturelle, est placé le plus tôt possible dans une fosse peu profonde, saupoudré d'une quantité suffisante de chaux et recouvert de la terre fournie par l'excavation, de manière à former un monticule. Lorsqu'on a employé la chaux vive en assez forte proportion, la décomposition est assez complétement opérée en une quinzaine de jours. On ouvre alors la fosse, on recueille les débris de l'animal, en mettant de côté les os, et l'on mêle ces débris avec la meilleure terre dont on puisse disposer, dans les proportions de cinq à six fois le poids des matières animales. On laisse reposer ce mélange un mois environ, et, avant de s'en servir, on le bêche pour le rendre bien homogène. On répand ce compost sur le champ dès que celui-ci a reçu son dernier labour et l'on passe la herse pour l'incorporer à la surface du sol, immédiatement avant ou après avoir répandu la semence. Il est également très-bon, répandu sur les jeunes pousses du printemps.

Voilà une manière de faire qu'on devrait imiter partout. Seulement il y aurait un léger perfectionnement à y ajouter, afin de ne rien perdre du carbonate d'ammoniaque que la putréfaction du cadavre engendre nécessairement. Il faudrait, après avoir entouré le corps mort de chaux vive, le recouvrir d'une légère couche de terre, puis d'une couche de plâtre cru en poudre, et ensuite d'une couche de terre mêlée avec quelques kilogrammes de menus sels de couperose. La fosse serait ensuite comblée de terre, comme à l'ordinaire. Avec ces précautions bien simples et peu dispendieuses, tous les gaz ammoniacaux seraient condensés par le plâtre et la couperose et convertis en sulfate d'ammoniaque.

Les cultivateurs du village de Hoofstade (Belgique) utilisent chaque année un très-grand nombre de chevaux à la fertilisation de leurs champs. D'après M. Crouner, ils déposent la chair dans une fosse au milieu d'une forte quantité de fumier, et, chaque fois qu'ils remuent ces matières (le remaniement s'opère tous les jours), ils ajoutent de nouveau du fumier frais d'étable, afin de maintenir constamment le compost en fermentation. Ils comptent que sept chevaux suffisent pour fertiliser 1 hectare. Comme, d'après Parent-Duchâtelet, un cheval moyen fournit 166 kil. de chair musculaire fraîche (un cheval en bon état en donne 203 kil.), cela fait pour les sept chevaux une masse de 1162 kil. de chair.

M. Gauthier, de Dinan, remplace le fumier par de la tannée, qui a cet avantage d'atténuer singulièrement l'odeur fétide que développe la chair en se décomposant.

En Bretagne, où sont entretenus plus de 300 000 chevaux et une quantité de bêtes bovines très-considérable, l'utilisation des animaux morts offre un grand intérêt, et plusieurs grands propriétaires agronomes s'en occupent avec succès, notamment MM. de Roquefeuille, Louis de Saisy, de Kerjégu, etc. Voici comment ils opèrent :

Les chevaux qui leur arrivent, au prix de 2 fr. 50 à 3 fr. l'un, sont dépouillés et dépecés. Sur un lit de tourbe, que recouvre du fumier frais, les quartiers d'animaux sont étalés ; on les recouvre de fumier frais, sur lequel de la tourbe est étendue ; on recommence avec du fumier, des débris de chevaux, du fumier frais et de la tourbe, et ainsi de suite.

— Le voisinage d'un ruisseau permet l'arrosage facile, à l'aide duquel la fermentation est réglée. On laisse cette fermentation s'élever à une température qui empêche la putréfaction cadavéreuse, produit une véritable cuisson, et successivement occasionne une décomposition dont les principes volatils sont, à mesure de leur formation, saisis et retenus par la tourbe qui les enveloppe.

12 mètres cubes de fumier, 20 mètres cubes de tourbe et 18 chevaux, telles sont les proportions de quantités dont le mélange permet, sans qu'il en résulte plus d'odeur que celle produite par un tas de fumier ordinaire, la forma-

tion d'un compost suffisant, après quelques semaines seulement d'entassement, pour produire, sur un hectare de terre défrichée, de belles récoltes de froment et de colza. Ce compost, après épandage, ne revient, chez M. de Roquefeuille, qu'à 6 fr. le mètre cube.

M. Bobierre conseille d'arroser les composts de ce genre avec de l'eau légèrement chargée de couperose, et d'y associer des phosphates fossiles, des râpures d'os, des cendres d'os ou du noir animal en proportions variables; on obtient ainsi un excellent engrais fournissant tout à la fois l'humus, l'azote et les phosphates à un état des plus favorables pour la végétation.

On peut maintenant se procurer par la voie commerciale et à des prix qui ne sont pas très-élevés, de la chair cuite et desséchée provenant des abattoirs de chevaux des environs de Paris, de la chair de buffle importée de l'Amérique du Sud, des tourteaux préparés par M. Rohart avec des matières animales brutes, telles que chairs, sang, cartilages, tendons, poils et petits fragments d'os ramassés dans les abattoirs, des débris de poissons réduits en poudre grossière et provenant des pêcheries de Terre-Neuve et de Norvége; toutes ces matières, associées à des phosphates alcalins ou terreux, peuvent former d'excellents composts, ou servir avec grands avantages à enrichir les fumiers trop pailleux; dans ce dernier cas, on les entre-mêle dans les couches de ceux-ci à mesure qu'on les monte sur la fumière.

Dans le Brabant, on amoncelle les débris des tueries et des boucheries, la poissonnaille ou les débris d'animaux marins avec le fumier. A Dunkerque, on utilise de même les détritus de morues, de harengs, et même les poissons qui, dans les temps de pêches abondantes, commencent à se corrompre. Dans les environs de Quimper et de Naples, on applique également à la terre les têtes de sardines, et sur les rives du comté d'Aberdeen, les débris de maquereaux. Les cultivateurs de San-Isidoro, près de Buénos-Ayres, sont dans l'usage de fumer leurs champs avec les poissons que les pêcheurs laissent sur la rive du Rio de la Plata, ou que le fleuve lui-même y dépose dans les gros temps.

A Dieppe, à Saint-Valéry, à Fécamp, les jardiniers et les maraîchers font un grand usage des saumures de harengs, et c'est grâce à leur emploi qu'ils obtiennent de si beaux légumes, tendres et savoureux, dans les terres sablonneuses du littoral qu'ils cultivent. Voici comment ils en font d'excellents composts :

On incorpore des terres de route, des boues ou curures de fossés, de mares, d'étangs, avec le tiers environ de craie ou de marne blanche bien délitée ; on forme du tout des tas que l'on arrose avec les saumures jusqu'à ce qu'ils en soient presque saturés ; on pellète ces tas de mois en mois jusqu'à l'époque de leur épandage sur les prairies, ce qui peut avoir lieu de trois à quatre mois après le commencement du mélange.

La seule précaution à observer, c'est d'éviter que les tas ne se dessèchent. On y parvient aisément en les couvrant de terre ou de vieilles pailles, quand on ne peut pas les construire dans un lieu abrité du soleil.

5 à 600 kilogr. d'un pareil compost suffisent largement à la fertilisation d'un hectare de prairies. Cela tient à la richesse de la saumure en principes fertilisants. 1 litre renferme 5 gr. 89 d'azote et 8 gr. 35 de phosphates, d'après l'analyse

que j'en ai faite avec mon ami M. Marchand, de Fécamp (1).

Voici, du reste, la teneur en azote et en phosphate de chaux des diverses variétés de chair dont j'ai parlé jusqu'ici et que je vous conseille d'employer pour enrichir vos fumiers, ce qui vous permettra de faire de la culture plus intensive :

	Eau sur 100.	Azote sur 100.	Sous-phosph. de chaux sur 100.	AUTEURS DES ANALYSES.
Chair de cheval des clos d'équarrissage, séchée à l'air..............	8,5	13,04	0,52	Boussingault et Payen.
Chair de cheval de l'usine d'Aubervilliers.	10,0	13,23	2,40	Soubeiran.
id.	9,00	8,24	15,80	J. Girardin.
Chair de buffle de l'Amérique du Sud........	9,4	10,82	8,25	id.
Même chair privée d'eau et de graisse.......		12,19	»	id.
Tourteau de matières animales, de M. Rohart.	»	5,075	4,744	Moyenne de divers.
Chair de poisson en poudre.............	»	11,17	17,30	Moussette.
Engrais poisson de Concarneau............		12,00	14 à 16	Payen et Malaguti.
— de Norwége, importé par M. Rohart.......	5,21	8,53	29,41	J. Girardin.
Morue salée et altérée..	»	6,70	»	Boussingault et Payen.
— lavée, pressée et séchée à l'air.........	»	16,80	»	id.
Harengs séchés à l'air..	»	16,54	»	id.
Maquereau	»	3,74	»	id.

Il y a encore bien d'autres matières animales que le cultivateur peut fort souvent se procurer sans trop de frais; laissez-moi vous signaler les principales.

(1) J. Girardin et Marchand, *Analyse des saumures de harengs et de leur emploi en agriculture* (Archives de l'agriculture du nord de la France. 1860, 2e série, t. IV, p. 17).

1. Je placerai en tête le sang des animaux, dont on ne tire presque aucun parti dans nos campagnes, bien qu'il soit très-riche en matières azotées et minérales.

La difficulté de se le procurer sous une forme qui le rende transportable et dans un état qui permette de l'employer à volonté, peut-être aussi le dégoût qu'inspire cette matière, sont sans doute les causes qui en ont limité jusqu'ici l'usage. Mais aujourd'hui qu'on trouve dans le commerce du sang desséché à raison de 25 fr. les 100 kilog., il faut espérer qu'on en adoptera l'emploi dans les fermes.

Les cultivateurs qui sont voisins des abattoirs ou des tueries pourront très-facilement se procurer ce liquide à l'état frais. Voici les moyens les plus pratiques de le convertir en un engrais solide et facile à conserver.

On fait dessécher au four, immédiatement après la cuisson du pain, de la terre exempte de mottes et de graviers, ou de la tourbe fine que l'on remue fréquemment avec un bâton ; il en faut environ quatre ou cinq fois plus que l'on n'a de sang liquide. On tire sur le devant du four cette terre chaude, et on l'arrose en la retournant à la pelle avec le sang ; on renfourne de nouveau le mélange, et on l'agite avec le bâton jusqu'à ce que la dessiccation soit complète. On introduit alors le compost dans de vieux tonneaux ou des caisses, que l'on garde à couvert dans un endroit sec jusqu'au moment de s'en servir. Pour doser ce compost, on se rappellera que 2857 kil. de sang liquide donnent 750 kil. de sang sec, quantité qui, d'après Payen, suffit à la fumure d'un hectare.

A la ferme modèle de la Saulsaie, si habilement dirigée

autrefois par Nivière, on a employé pendant plusieurs années le sang des abattoirs de Lyon. Ce sang, à son arrivée, était reçu sur de la terre sortie brûlante d'un four à réverbère que chauffaient les racines provenant des défrichements. On broyait et on mélangeait le tout avec soin. Cette poudre, avant d'être mise en tas, était saupoudrée de plâtre et de poussier de charbon de bois pour fixer les gaz ammoniacaux produits par la décomposition du sang. C'était là un excellent engrais, très-maniable, qu'on employait à la dose de 30 hectolitres, soit en automne, avec les semailles des vesces d'hiver succédant à du ray-grass; soit au printemps, en couverture sur le froment ou en l'enfouissant avec les semences de mars. Nivière dut renoncer, à son grand regret, à continuer l'usage de cet engrais, parce qu'une adjudication nouvelle du sang des abattoirs porta au prix de 11000 fr. ce qu'on avait eu cinq ans auparavant au prix de 2500 fr.

Un des bons cultivateurs de l'arrondissement de Dieppe, M. Hippolyte Sanson, d'Offranville, emploie depuis une vingtaine d'années le sang liquide des abattoirs en arrosement sur ses herbages et sur d'autres récoltes. Il consomme, en moyenne, 144 hectolitres de cet engrais, soit en poids 15120 kil. Il en obtient des résultats magnifiques, et il voudrait pouvoir se procurer une plus grande quantité de ce liquide animal, qu'il regarde, avec juste raison, comme un des engrais les plus riches et les plus actifs.

C'est l'abattoir de Dieppe qui l'approvisionne. Pour que la fibrine ne se coagule pas et ne se sépare pas du sérum, on agite le sang chaud, à mesure qu'il jaillit des vaisseaux des animaux abattus, jusqu'à ce qu'il soit refroidi. Cette simple opération divise la fibrine en particules très-ténues, et le sang ne perd plus sa liquidité.

Tous les quinze jours en hiver, toutes les semaines en été, M. Sanson enlève le sang de l'abattoir pour l'employer au fur et à mesure des besoins, c'est-à-dire chaque fois que les animaux quittent une portion de pâturage. Il fertilise ainsi, dans le cours de l'année, 15 hectares d'herbages qui produisent 6 à 7 récoltes.

Avant que M. Sanson eût eu l'heureuse idée d'utiliser dans sa ferme le sang provenant de l'abattoir de Dieppe, ce liquide était jeté à la mer. C'est donc un excellent exemple que donne l'habile cultivateur d'Offranville, et il est bien à désirer que partout on imite cette méthode si simple d'enrichir le sol en sels alcalins, en phosphates et en matières azotées. Seulement, pour empêcher la putréfaction du sang et les pertes d'ammoniaque qui en résultent, il serait bon d'y ajouter, au moment où on le recueille, 1 kil. de couperose par hectolitre.

Lorsqu'on sait qu'avec le sang d'un cheval, d'une vache ou d'un bœuf, c'est-à-dire avec 20 ou 25 kil. de liquide, on peut fertiliser 320 à 400 mètres de superficie, on regrette que les cultivateurs laissent se perdre presque partout le sang des animaux qu'on abat autour d'eux.

Voici quelle est, en général, la composition de ce sang frais:

Eau...	79,057
Matières salines solubles et insolubles.............	
— extractives solubles...................	1,098
— grasses............................	
Albumine......................................	19,343
Fibrine..	0,295
Matière colorante rouge..........................	0,227
	100,000

La moyenne des analyses du sang de diverses espèces d'animaux donne :

Eau..	73,75
Matières solides, salines et organiques................	26,25
	100,00

Les matières minérales consistent surtout en phosphates alcalins, phosphates de chaux, de magnésie et de fer, en sel marin, en sulfates et carbonates alcalins; ce sont justement les substances salines qui sont le plus nécessaires au développement des plantes.

D'après MM. Boussingault et Payen, il y aurait :

	En azote.	En acide phosphorique.
Dans le sang liquide des abattoirs........	2,95	1,63
— des chevaux épuisés.	2,71	»
Dans le sang coagulé et pressé..........	4,514	»
Dans le sang sec soluble, tel qu'on l'expédie.............................	12,180	1,68
Dans le sang sec insoluble, séché en grand.	14,875	»

Le sang sec est expédié aux colonies, où il sert d'engrais à la canne à sucre, aux cotonniers, aux caféiers. En Europe, on l'applique avec succès au maïs, aux haricots, pois, betteraves, pommes de terre et céréales de printemps.

Le grand état de division du sang dans cet état permet de le mêler, avec beaucoup de facilité, à la terre ameublie, et de ne le faire entrer dans les mélanges que dans les justes proportions qu'on croit devoir employer.

Il sera toujours convenable d'associer à ces composts d'autres substances qui pourront leur apporter des phosphates dont ils ne sont pas suffisamment pourvus, telles par exemple que du noir d'os fin qui devient alors très-actif, modère la putréfaction du liquide animal et prolonge par cela même la durée de son action. M. Bobierre conseille aussi de stratifier des phosphates fossiles avec des tourbes imprégnées de sang.

2. Les matières cornées des animaux, telles que les débris et râpures de corne, les sabots, griffes, ongles, plumes, crins, poils, cheveux, bourres de laine et de soie, se rapprochent beaucoup des os sous le rapport de leur composition et la lenteur de leur action sur la végétation. Ce sont généralement des engrais très-riches, mais qu'il convient de réduire au plus grand état de division possible, afin de favoriser leur décomposition en terre.

Dans les lieux où il y a des tourneurs d'os et de corne, des peigniers, les ouvriers, qui habitent presque tous la campagne, mêlent ordinairement leurs déchets avec du fumier, et les emploient à engraisser leurs pommes de terre. Les paysans, qui connaissent les propriétés de cet engrais, leur abandonnent volontiers la jouissance gratuite d'un champ pour une année, à la condition d'y cultiver ainsi des pommes de terre, sachant bien que les récoltes suivantes payeront largement, pendant plusieurs années, le prix de la location. La râpure de corne vaut à Paris 20 fr. les 100 kil., et à Lille 16 fr.

Les *sabots* des animaux sont également un excellent engrais pour les prairies. Il suffit de les enfoncer en terre, tels quels, à une certaine distance les uns des autres. Dès la première année, on reconnaît à la vigueur de l'herbe la place où chaque sabot a été enfoui, et à mesure que la décomposition s'opère, on voit cette vigueur augmenter et s'étendre. Il en est de même des *ergots* de moutons. Le prix commercial de ces derniers est de 6 fr. les 100 kilogr., tandis que celui des sabots est de 12 francs.

La difficulté de les réduire mécaniquement en poudre fine a fait trouver dans ces derniers temps des procédés ingénieux et très-pratiques qui leur donnent une grande friabilité.

Ainsi, M. Leroux, de Nantes, en les soumettant, comme les os, à une torréfaction ménagée dans un cylindre de tôle tournant sur son axe; MM. Coignet, de Paris, en les exposant pendant un temps suffisant dans une étuve maintenue à une température de 150 à 160°, à l'action d'un courant d'air et de vapeur d'eau surchauffée, les rendent sèches et friables, sans leur faire perdre aucune parcelle d'azote; elles s'écrasent alors très-facilement sous une meule verticale. Il en est de même des vieux cuirs, des peaux, des débris de tannerie, des crins, des chiffons de laine.

MM. Jaille et Rohart vont plus loin; en soumettant toutes ces matières à l'action de la vapeur d'eau à une haute pression dans des digesteurs ou autoclaves d'une grande capacité, ils les désagrégent complétement et les amènent à l'état d'un magma miscible à l'eau et parfaitement propre à la fabrication des engrais mixtes ou des composts.

Les *plumes grossières*, rejetées des applications à la literie, aux fournitures de bureaux, etc., constituent un engrais puissant, facile à doser et à répandre en lignes avec la semence.

On les paye jusqu'à 60 fr. les 100 kilog. pour la culture des chanvres de la Romagne.

Les cultivateurs alsaciens les emploient depuis fort longtemps à raison de 35 à 40 hectolitres pour un hectare semé en froment.

Les *crins*, les *poils*, les *cheveux*, les *bourres* de laine et de soie, lorsqu'ils sont hors d'état d'être employés plus avantageusement dans l'industrie, peuvent, comme les matières précédentes, être utilement appliqués à la culture, surtout à celle des plantes qui occupent le sol pendant plusieurs années, car la décomposition de ces matières est lente à se produire. Le mieux, c'est de les réserver pour les herbages et de les répandre en couverture, afin qu'ils subissent insensiblement la combustion qui doit les convertir en principes assimilables. Les cheveux, déposés sur les prés, en triplent la récolte ordinaire. Ils opèrent aussi admirablement au pied des arbres, et notamment des pommiers.

Chez nous, tous ces débris d'animaux sont ordinairement perdus; et cependant, si nos cultivateurs utilisaient la masse qui en est produite annuellement, ils auraient à leur disposition une énorme quantité de matière utile.

Chaque individu donne par an 200 gr. de cheveux, ce qui fait seulement pour 15 millions d'individus, 3 millions de kil. d'engrais d'une grande puissance, pouvant fertiliser 4291 hectares de terre.

En Chine, la population tout entière se fait raser la tête tous les dix jours; on ramasse les cheveux qui proviennent de cette tonsure, et on les livre au commerce pour servir d'engrais. En ne portant qu'à 1/2 gramme le produit moyen de chaque individu et ne calculant que pour une population de 40 millions, deux données évidemment trop faibles, on trouve 730 000 kil. pour la quantité de matière utile ainsi recueillie (1).

---

(1) J. Pierre, *Chimie agricole*, 2ᵉ édit., p. 355.

L'habile horticulteur Pepin nous apprend comment la connaissance des bons effets des débris de crin sur la végétation a été révélée aux cultivateurs de la banlieue de Paris. « En 1846, dit-il, plusieurs d'entre eux amenant des pommes de terre dans une féculerie de la capitale, remarquèrent dans la cour d'un établissement d'épuration de crin, voisin de la féculerie, des tas de poussière mélangés de menu crin, ayant au plus de 2 à 5 centimètres de long ; ils proposèrent au propriétaire de l'en débarrasser. Ce dernier ne demandant pas mieux, ils enlevèrent immédiatement ces résidus, qui furent répandus aussitôt sur leurs cultures. Ils produisirent de si bons effets, qu'aujourd'hui (en 1854) tout ce qui provient des cinq ou six établissements de ce genre existant à Paris est enlevé au fur et à mesure par les cultivateurs de Limours, de Nanterre, de Courbevoie, de Puteaux, etc. Les terres, dans ces diverses communes, sont pour la plupart, calcaires ou siliceuses, et donnent généralement des récoltes plus hâtives.

« On m'a dit, ajoute Pepin, qu'un fabricant de crin, propriétaire de vignes à Metz, faisait porter depuis longtemps dans ses vignes la poussière et le menu crin sortant de sa fabrique, et que ses vignes étaient les plus belles et les plus productives de la contrée. On ne m'a pas parlé de la qualité du vin ; mais on sait que ce département ne produit, en général, qu'un vin inférieur, qui est consommé en grande partie dans la localité. »

Voici maintenant la richesse relative de toutes les matières cornées précédentes :

	Azote sur 100.	Phosphates sur 100.	Auteurs des analyses.
Râpures de corne............	14,36	46,14	Boussingault et Payen.
Raclures de cornes à peigne....	14,17	traces	Bénard.
Cornes de bœuf...............	17,10	»	Mulder.
Sabots de cheval.............	16,70	»	Mulder.
Plumes.......................	15,34	»	Boussingault et Payen.
Poils et crins	17,28	»	Schérer.
Bourres courtes de poils de bœuf	13,78	»	Boussingault et Payen.
Cheveux	17,44	«	Van Laer.

3. Les industries qui s'exercent sur les matières animales autres que les précédentes laissent des résidus, généralement très-riches en azote et en sels minéraux, dont les cultivateurs doivent tirer parti pour la fabrication de leurs composts ou l'enrichissement de leurs fumiers, partout où ils pourront en obtenir à bon marché.

Les plus importants et les plus abondants sont les chiffons de laine. On trouve à les acheter à raison de 10 à 12 fr. les 100 kilogr. C'est un des engrais les moins coûteux eu égard à leur valeur.

Leur décomposition très-lente les rend efficaces pendant six à huit ans. Leur action est remarquable, surtout dans les étés secs. Lorsqu'on les répand dans les sillons ou les fosses semés en pommes de terre, en carottes, en betteraves, les plantes se distinguent par leur vigueur et leur feuillage vert foncé, mais surtout par leur grand produit.

La théorie indique que 1200 kilogr. suffisent pour la fumure d'un hectare; les Anglais en mettent 1600 kilogr. pour la culture du houblon. Dans la Brie, M. Delongchamps en porte la dose jusqu'à 3000 kil., qu'il renouvelle au bout de trois ans. Dans l'Orléanais et la Provence, on les applique aux vignes. Dans le pays de Gênes, on les emploie depuis longtemps pour exciter la végétation des oliviers.

Dans quelques localités, après les avoir coupés menus, on les répand sous les pieds des moutons, ou on les jette dans le réservoir à purin.

Mathieu de Dombasle en faisait ordinairement des composts, en les mélangeant, quelques mois à l'avance, avec du fumier, afin d'en commencer la décomposition avant de les transporter sur les terres. — 12 à 15000 kil. de chiffons, mêlés à quatre ou cinq voitures de fumier, amendent suffisamment un hectare, et cet engrais convient également bien aux terres où le transport du fumier présente de la difficulté, car il s'emploie en poids beaucoup moindre que le fumier pur. Si l'on peut remuer une ou deux fois le tas de compost, quelques semaines avant de le porter aux champs, cela est très-utile, parce que cette opération active la fermentation de la masse, et hâte la décomposition des chiffons. On entretient l'humidité du tas, en recueillant avec soin le purin qui s'en écoule, et en s'en servant, en place d'eau, pour les arrosages suivants.

On opère le déchiquetage des chiffons au moyen du couteau représenté par la figure 58.

Les tontisses de drap sont préférables à cause de leur grande division qui dispense de toute main d'œuvre et rend leur répartition plus facile; mais elles sont

Fig. 58. — Appareil pour déchiqueter les chiffons.

un peu plus chères, puisqu'elles se vendent 16 à 20 fr. les 100 kilogr.

Les balayures et déchets de fabriques de drap, les poussiers de batterie, qui ne sont à proprement parler que de la tontisse de qualité inférieure, et même les criblures de tontisse, peuvent encore être utilisés avec profit par les cultivateurs voisins des villes industrielles. Les fabriques de Sédan, de Louviers, d'Elbeuf, de Reims, de Roubaix, de Turcoing, ainsi que celles des départements du Midi, en produisent des quantités très-considérables, qu'il est possible d'obtenir à bas prix. Malheureusement ces résidus sont l'objet de falsifications nombreuses de la part des intermédiaires entre les mains desquels ils passent avant d'arriver à la culture; on y ajoute des balayures terreuses, des déchets de lin et d'autres impuretés.

Les marchands de déchets de laine d'Elbeuf livraient ces résidus, en 1850, à raison de 50 cent. l'hectolitre frappé du pied, mais non tassé, et pesant 21 kilogr. 700, soit à raison de 2 fr. 30 les 100 kilogr. En ajoutant 40 cent. pour frais de transport, cela portait le prix des 100 kilogr. à 2 fr. 70. Or, ce prix est tout à fait en rapport avec leur valeur agricole réelle basée sur leur teneur moyenne en azote.

Ces déchets peuvent être employés dans toutes les circonstances où l'on a recours aux chiffons de laine. Leur grande division permet de les associer aux graines que l'on distribue par le moyen des semoirs, mais le mieux est encore de les mélanger aux fumiers ordinaires pour les enrichir.

Dans le département du Nord on les applique à la culture

des betteraves, du tabac, des pommes de terre, dans les proportions suivantes, par hectare :

Pour la betterave, conjointement avec une demi-fumure... 4 à 5000 kil.
Pour le tabac, conjointement avec 6600 kil. de tourteaux... 4400
Pour la pomme de terre, sans autre engrais............. 4400

Au rapport de M. Ladureau, chimiste de la station agronomique du Nord, plusieurs grands cultivateurs commencent par placer les déchets de laine dans les étables et bergeries comme litière. Quand, au bout de quinze jours à trois semaines, ils reconnaissent que la couche laineuse est suffisamment imprégnée d'urines et de matières excrémentitielles, ils l'enlèvent et la portent au fumier, où elle ne tarde pas à entrer en dissolution. Si l'on joint à cette excellente pratique, celle non moins bonne et utile d'épandre par dessus chaque lit de 10 à 15 centimètres d'épaisseur de fumier, une petite couche d'un centimètre à peine de superphosphate de chaux, on forme ainsi un excellent engrais complet, et l'on a de plus l'avantage de ne rien perdre par la volatilisation des principes azotés du fumier, puisque ceux-ci sont retenus par l'acide phosphorique et l'acide sulfurique du superphosphate employé.

En Belgique, dans les environs de Courtrai, des betteraves en terre légère donnent chez M. Boel, avec 3000 kil. de déchets de laine, jusqu'à 65 000 kil. de racines; et pendant trois ans le champ ainsi fumé produit des récoltes supérieures à celles qui proviennent d'une fumure d'engrais de bestiaux de même valeur.

Le peu d'altération que subissent les déchets de laine par l'action de l'air, de la pluie, de la chaleur du soleil, en rend l'emploi très-commode. A mesure qu'ils arrivent à l'exploitation, rien n'empêche de les mettre en couverture sur les champs et de les y laisser jusqu'au moment de pratiquer les labours. Il en résulte une économie de main-d'œuvre et l'avantage de pouvoir s'approvisionner de cet engrais pendant les époques de chômages.

Mais il présente l'inconvénient de contenir souvent des semences nombreuses qui se sont attachées à la toison des moutons pendant leur vie; ces semences salissent les terres et occasionnent des sarclages multipliés. Mieux vaut le stratifier entre les couches de fumier afin que la fermentation que subit celui-ci fasse périr ces mauvaises semences.

Dans sa *Chimie appliquée à l'agriculture*, l'illustre Chaptal dit :

« Un des phénomènes de végétation qui m'ont le plus étonné dans ma vie, c'est la fertilité d'un champ des environs de Montpellier qui appartenait à un fabricant de couvertures de laine; le propriétaire y apportait chaque année les balayures de ses ateliers, et les récoltes en blé et en fourrages que j'ai vu produire à cette terre étaient vraiment prodigieuses (1). »

M. Robart cite un fait analogue pour la Champagne : « Il suffit d'avoir vu, dit-il, les transformations opérées en quelques années par les déchets de laine sur les plus pauvres terres de la Champagne, et notamment à l'est de Reims, et pour ainsi dire aux portes de la ville, pour appécier toute la valeur agricole de ces résidus, et pour comprendre la vigilance proverbiale du paysan champenois à l'égard de l'enlèvement des balayures des fabriques de tissus de laine et des

---

(1) Chaptal, t. I, p. 133.

filatures... Des terres qui, il y a vingt ans à peine, valaient moins de 100 fr. l'arpent, trouvent maintenant acquéreur au prix de 1200 et 1500 fr. (1). »

Les *chiffons de soie*; beaucoup moins abondants que ceux de laine, sont aussi moins riches. Dans le Midi, on fait grand cas des litières chargées des excréments de vers à soie, des vers morts et des débris de feuilles de mûrier.

Tous les débris animaux qui proviennent de chez les tanneurs, corroyeurs, mégissiers, bourreliers, tous les cuirs et peaux hors de service, les vieux souliers, etc., doivent encore être ramassés avec soin, bien qu'ils ne soient pas d'une décomposition facile à cause de leur grande cohésion. On les met tremper dans la fosse à purin et plus tard on les enfouit dans le fumier, après les avoir déchiquetés comme les chiffons.

Les bourres de tanneries contenant encore un peu de chaux, notamment celles provenant des *fonds de plain*, doivent être exposées au contact de l'air, afin que la chaux puisse emprunter à l'atmosphère l'acide carbonique dont elle a besoin pour se transformer en carbonate de chaux, dont la présence n'offre plus alors aucun inconvénient. Ces bourres sont un mélange de poils et de drayures diverses. On trouve à les acheter à raison de 2 fr. 50 les 100 kilogr., tandis que les autres débris cités plus haut ne coûtent que 80 centimes le même poids. Ce sont assurément les engrais les moins coûteux.

En soumettant tous ces débris au procédé de MM. Coignet ou à celui MM. Jaille et Rohart, on rend leur décomposition

---

(1) Rohart, *Guide de la fabrication des engrais*, p. 382.

dans le sol aussi prompte et aussi complète que celle des matières organiques du fumier de ferme.

Les *marcs de colle*, qu'on peut se procurer en assez grande quantité dans les villes où il y a des fabriques de colle-forte ou de gélatine, consistent en un mélange de substances tendineuses et cutanées, de poils, de quelques débris de corne, d'os et de muscles, outre un savon calcaire et des matières terreuses.

Ce mélange, très-humide et chaud au sortir des presses, se putréfie avec une grande rapidité si l'on ne se hâte de le dessécher. On le façonne en briques ou en pains carrés de 12 à 25 kilogr. A l'état sec, il se conserve longtemps. On l'emploie à la dose de 25 à 40 briques, ou mieux de 500 à 700 kilog. par hectare. Schwerz assure que son effet ne dure qu'une année.

Cet engrais vaut à Paris 1 à 2 fr. les 100 kilogr.

Les os fondus, les déchets de tabletiers, dont on tire une colle-forte de basse qualité en les traitant dans des chaudières autoclaves, fournissent un résidu abondant en phosphate et carbonate de chaux, mais pauvre en substance azotée.

On emploie habituellement à la nourriture des chiens et des porcs, sous le nom de *pains de creton*, les marcs des graisses de bœufs, veaux et moutons, traitées par les fondeurs de suif. Ce résidu, composé en très-grande partie des membranes du tissu adipeux et de la graisse dont elles restent imprégnées, contient, en outre, de petites quantités de sang, de muscles et d'os.

Comme il est assez riche en azote, on peut l'appliquer

avantageusement à la culture. Son prix est de 20 fr. les 100 kilogr. Mais, avant de l'employer, il convient de le diviser à la hache et de le détremper ensuite dans l'eau chaude ; on le répand alors sur les terres ou on l'introduit dans des composts. La dose est de 900 à 1000 kilog. par hectare ; son action se prolonge durant trois à quatre ans.

Je réunis dans le même tableau la teneur en azote et en phosphates des différents résidus que je viens de signaler à votre attention :

	Azote sur 100.	Phosphates sur 100.	Auteurs des analyses.
Chiffons de laine..............	10,00	0,60	Bénard.
Id.	8,00	»	Robart.
Id. torréfiés.......	entre 6,5 et 7,5	»	Ladureau.
Bourre de laine..............	12,30	»	Boussingault et Payen.
Tontisse de drap..............	10,027	0,60	Bénard.
Rognures ou bordures de drap.	9,61	»	Ladureau.
Balayures des fabriques de drap.	1,82	traces	Bénard.
Poussière des débourrages de laine d'Elbeuf..............	3,12	traces	Houzeau.
Déchets de laine brute en poudre fine..................	3,90	2,11	J. Girardin.
Déchets de filatures du Nord ..	3,74	»	Corenwinder.
Id	de 2,34 à 8,12	»	Ladureau.
Chiffons de soie..............	8,75	traces	Bénard.
Bourre de soie..............	11,33	»	Boussingault et Payen.
Litière de vers à soie (5e et 6e âges)..................	3,28	»	Id.
Débris de tanneries.............	8,75	»	Id.
Bourres de tanneries (poils et drayures)..................	10,75	»	Id.
Rognures de cuir désagrégées..-	9,31	»	Id.
Engrais Coignet (chiffons de laine, poils et cuirs torréfiés)...	6,80	»	Houzeau.
Marc de colle frais	3,734	»	Boussingault et Payen.
Résidus de colle d'os............	0,528	»	Id.
Pain de creton................	11,875	»	Id.
Résidus de fonte de suif........	2,50	»	Bénard.

Voilà, comme vous le voyez, un assez grand nombre de substances animales de toutes sortes qu'il faut savoir recueillir, acheter et associer à ses fumiers ou à ses composts, afin d'augmenter sans cesse, et le plus possible, la masse d'engrais à donner à ses terres afin de leur faire produire des récoltes plus abondantes.

Mais il y a encore d'autres matières qu'on ne sait pas utiliser. Je vous citerai, entre autres, le marc des fruits à cidre, si abondant en Normandie, en Picardie, en Bretagne, et qu'on a grand tort de laisser perdre. En l'additionnant de chaux, de manière à en former une masse sèche, d'apparence tourbeuse, on produit un compost excellent, exempt de semences de mauvaises herbes et qui est applicable à toutes les cultures. Voici comment il faut opérer :

On stratifie 1 hectolitre 1/2 de terre avec 1 hectolitre 1/2 de marc de pommes et 1 hectolitre de chaux vive en petits morceaux. Trois jours après, la chaux s'est délitée ; on opère le mélange de toutes les matières à la bêche. Au bout de trois semaines, on recoupe une seconde fois ; trois mois après, nouveau mélange. Le douzième mois, on recoupe encore et on peut employer le compost. A cette époque, le marc est entièrement détruit, on n'en aperçoit aucun vestige.

On peut encore convertir le marc de pommes en engrais en le mettant par couches alternatives avec le fumier ; il est alors inutile d'ajouter de la couperose ou des acides dans la fosse à purin ; les acides que renferme le marc suffisent pour arrêter le dégagement des gaz fertilisants.

Ce marc desséché à l'air contient 6,4 pour 100 d'eau et 0,59 d'azote. Dans le pays d'Auge, on en forme des galettes qu'on dessèche et qu'on brûle sous les chaudières dans lesquelles on distille le cidre pour en retirer de l'eau vive. Ses cendres sont très-riches en potasse, et, par conséquent, très-propres à mettre au pied des pommiers ou sur les champs destinés à la culture des pommes de terre.

Depuis que, d'après mes conseils, nombre de cultivateurs de la Normandie ont consenti à ne plus laisser pourrir, sans profit, les marcs de pommes qui encombraient leurs cours, ils ont pu augmenter considérablement la masse de leurs engrais et doubler la valeur de leurs prairies (1).

Dans nos départements du Nord et en Normandie, où l'on fait une consommation si énorme de café, on devrait agir de même avec le marc qui en provient, puisque, d'après M. J. Pierre, ce résidu renferme jusqu'à 1,85 pour 100 d'azote et 11,2 d'acide phosphorique représentant à peu près 23 pour 100 de sous-phosphate de chaux des os.

La chaux convient très-bien pour aider à la désagrégation des parties ligneuses, des herbes sèches, des feuilles, et activer la maturité des composts dans lesquels il entre beaucoup de ces matières organiques qui résistent à la putréfaction ; mais il faut avoir l'attention de ne jamais ajouter de la chaux aux matières fécales, au purin, aux urines, aux fumiers animaux, qui ont déjà fermenté, car cette matière alcaline, en chassant l'ammoniaque de ces substances, causerait une perte considérable des principes utiles, et réduirait beaucoup la valeur de ces engrais.

(1) J. Girardin, *Moyens d'utiliser le marc de pommes.* (*Extrait des travaux de la Société centrale d'agriculture de la Seine-Inférieure*, 4ᵉ trimestre de 1849, p. 596.)

Dans le Cotentin et dans le pays d'Auge, en basse Normandie, on n'a pas égard à cette circonstance, car pour fumer les herbages on fait ce qu'on appelle des *tombes*, c'est-à-dire des mélanges de terre, de fumier et de chaux, qu'on laisse réduire à l'état de terreau par leur décomposition et par le maniement de la masse à plusieurs reprises.

Pour former une *tombe*, on commence par rassembler la masse de terre nécessaire, et, pour augmenter en même temps la hauteur de la terre végétale de la prairie, on affecte avantageusement à cette destination des terres de chemins, des boues, des mares, des vases des fossés, etc., qui forment un terreau précieux, à cause de l'abondance des débris végétaux qui s'y trouvent.

Lorsque ces éléments manquent ou qu'ils sont insuffisants, on laboure, dans une partie de l'herbage que l'on veut engraisser, une étendue de terrain assez grande pour fournir le volume de terre dont on a besoin. Ce défrichement porte le nom de *chancière*. On a soin de l'opérer ordinairement dans la partie la plus élevée de la pièce, dans l'endroit le plus ombragé, et dans celui que fréquentent de préférence les bestiaux.

La terre étant bien ameublie, on y incorpore le fumier consommé, par lits alternatifs, jusqu'à ce que la masse ait une hauteur de 60 centimètres à 1 mètre. C'est avant l'hiver qu'on fait ce mélange. Au bout de quelques mois, on *recoupe* la tombe, c'est-à-dire qu'on la démolit pour la reformer de nouveau en mélangeant les matières. Cette opération se renouvelle quatre à cinq fois jusqu'à ce que la tombe soit apprêtée.

Il n'y a pas de règles fixes pour la quantité de fumier; plus il y en a, plus les tombes sont réputées bonnes. On calcule approximativement la quantité de fumier sur le besoin qu'a l'herbage d'être engraissé. Cependant M. Morière pense qu'avec 1 mètre cube de bon fumier sur 10 mètres cubes de terre, on peut obtenir des résultats satisfaisants.

La quantité de chaux qu'on ajoute aux tombes n'est pas déterminée; 1 hectolitre 1/2 peut suffire pour 10 mètres cubes de terre. Les bons cultivateurs ne l'introduisent que 15 jours avant l'épandage, sous forme de morceaux, en profitant de l'occasion d'un *recoupage*. Les pierres, placées de distance en distance, sont enfouies assez avant dans la tombe pour qu'elles soient à l'abri des eaux pluviales qui, sans cette précaution, les changeraient en mortier, et pour qu'elles *s'éteignent* doucement ou soient réduites en poudre uniquement par l'action de l'humidité de la terre.

Lorsqu'on a reconnu que la chaux est éteinte, on profite, s'il est possible, d'une journée sèche pour *découper* la tombe, c'est-à-dire opérer le mélange aussi complet que possible de l'élément calcaire avec le restant de la masse. On fait habituellement deux recoupages.

Il serait préférable de remplacer la chaux par de la marne bien divisée, ou par tout autre calcaire en poudre; il vaudrait peut-être encore mieux faire deux tombes : l'une de terre et de fumier, l'autre de terre et de chaux; cette dernière ne serait répandue qu'après la première. On serait assuré, de cette manière, de ne perdre aucun des principes utiles du fumier.

Quoi qu'il en soit, c'est au commencement de février

qu'on emploie les tombes, ainsi préparées, pour la fumure des herbages. L'action de l'engrais a le temps de se faire sentir à l'herbe avant le printemps. L'effet des tombes dure de 8 à 9 ans. Leur utilité est tellement reconnue dans le Bessin, que dans les baux on stipule que le fermier sera tenu d'engraisser ses herbages et prairies au moins une fois pendant la durée du bail, qui est toujours de 9 ans (1).

Le savant agronome Boussingault regarde la pratique des tombes comme excellente, et il ne craint pas le mélange de la chaux avec les fumiers ordinaires, parce que ceux-ci renferment peu d'ammoniaque toute formée, mais seulement les éléments de cet alcali. La perte d'ammoniaque causée par la chaux doit donc être très-faible et est d'ailleurs fortement compensée par ce fait que la chaux transforme rapidement, et avec une très-grande régularité, les matières ligneuses du fumier en humus. Or, ce dernier principe a une telle importance pour la végétation, que les engrais qui n'en contiennent pas ou ne peuvent en produire, tels que le guano, par exemple, finissent par ne plus avoir de bons effets; aussi M. Boussingault, se fondant d'ailleurs sur l'expérience, dit qu'en Europe le concours du fumier de paille est indispensable toutes les fois qu'on emploie l'engrais péruvien.

« Au commencement de ma carrière agricole, qui remonte bientôt à 35 ans, ajoute-t-il, j'étais prévenu contre le mélange de la chaux avec le fumier, parce que j'étais

---

(1) Note sur les tombes ou composts du Bessin, par Morière. (*Journal d'agriculture pratique*, IIIe série, t. VI, p. 183, 1853.)

sous l'empire de cette préoccupation, qu'il existait beaucoup d'ammoniaque dans le fumier. Mais quand j'ai vu qu'il n'y en avait pas beaucoup, qu'il n'y avait que les éléments de l'ammoniaque, j'ai compris comment on pouvait faire de ces composts, et j'en ai fait faire, même avec des herbes vertes..... L'objection qu'on pourrait faire contre l'opération des tombes, c'est que, si on avait à manipuler des composts pour 200 ou 250 hectares de terre, il y aurait là une main-d'œuvre assez considérable (1). »

Les composts conviennent particulièrement aux prairies, aux tréflières, aux luzernières et aux arbres fruitiers. Lorsqu'ils ont bien fermenté, et qu'ils sont privés des graines des mauvaises herbes, on peut les employer pour les terres arables; mais il vaut mieux les réserver uniquement pour les prairies, et conserver les fumiers d'étable et d'écurie pour les terres de labour.

Ils donnent le moyen, comme le disait sir John Sinclair, de faire disparaître la mauvaise et ignorante pratique de répandre les fumiers ordinaires sur les prairies, pratique dont l'effet le plus assuré est de livrer cette précieuse substance en pâture aux insectes, à la chaleur et au vent. Par les composts, on donne non-seulement aux prairies l'engrais qui leur convient, mais on leur apporte un véritable amendement, qui modifie et améliore peu à peu le sol naturel et le rend plus propre à produire d'excellentes herbes.

Pour les prairies humides, cette propriété des composts est particulièrement importante, parce qu'elle tend à chan-

(1) *Enquête sur les engrais industriels*, 1864, t. I, p. 747 à 750.

ger la nature des espèces d'herbes qui y croissent, à favoriser la croissance des bonnes plantes et à donner beaucoup de force au gazon. Un moyen presque infaillible d'en faire disparaître les joncs, les carex, les mousses, les iris, les colchiques et autres mauvaises herbes, c'est d'introduire dans les composts une proportion assez notable de *cendres vitrioliques* de *Forges* ou de *Picardie*.

Pour conduire les composts sur les prés, on choisit un temps favorable, en janvier et février; on les dispose par petits tas que l'on répand en mars. Souvent, une fumure aux composts se fait sentir sur les prairies pendant deux à trois ans.

Malheureusement, la fabrication des composts est dispendieuse, en raison des travaux manuels et des charriages qu'ils exigent, surtout lorsqu'on agit sur des masses considérables, et, dans bien des cas, ils reviennent à un prix plus élevé que le fumier ordinaire. Un autre inconvénient qu'ils présentent, sous le rapport de l'application, c'est l'incertitude où l'on est sur leur valeur, c'est-à-dire sur leur richesse en azote et en sels minéraux, parce que leur composition doit nécessairement et sans cesse varier.

Il y a une cinquantaine d'années, l'engouement pour les composts, préconisés surtout par les Anglais, était devenu tel, qu'on avait fini par les considérer comme la meilleure forme sous laquelle on pût administrer les engrais; mais le temps a fait justice de ce qu'il y avait d'exagération dans cette manière de voir. On ne se sert plus aujourd'hui des composts que pour utiliser une foule de matières qui, sans cela, seraient perdues ou resteraient sans valeur. C'est surtout au début d'une exploitation, alors qu'il y a insuffisance de bétail, qu'il y a nécessité absolue de recourir à cette sorte d'engrais et qu'on peut en tirer un excellent parti (1).

La multitude des recettes pour faire des composts prouve qu'il n'est pas bien difficile d'en inventer. Avec ce qui précède, il ne me paraît point nécessaire d'indiquer ici les nombreuses formules qui ont été données, d'autant que la plupart sont fort peu rationnelles, leurs auteurs associant, par ignorance des plus simples notions de chimie, des substances incompatibles, c'est-à-dire qui réagissent les unes sur les autres de manière à changer complétement de propriétés.

Je ne ferai qu'une exception en faveur de l'*engrais Jauffret*, dont les journaux d'agriculture ont fait grand bruit il y a 35 ans, et qui a été considéré par plusieurs agronomes comme une découverte appelée à changer la face de notre économie rurale.

L'*engrais Jauffret* est un véritable compost, qui ne se distingue de ceux employés jusqu'alors que par un procédé à l'aide duquel on donne à la fermentation beaucoup d'activité. L'inventeur a été conduit, par un excellent es-

(1) On retrouve la notion des composts dans les ouvrages les plus anciens d'agriculture. Voici comment l'agronome latin Columelle s'exprime à cet égard : « Je sais qu'il est certaines métairies où l'on pourrait n'avoir ni bestiaux, ni volailles ; cependant il faut qu'un cultivateur soit bien négligent si même en un tel lieu il manque d'engrais. Ne peut-il pas recueillir et entasser des feuilles quelconques et le terreau qui s'amasse au pied des buissons et dans les chemins? Ne peut-il pas obtenir la permission de couper la fougère chez un voisin auquel cet enlèvement ne fait aucun tort, et la mêler aux immondices de la cour? Ne peut-il pas creuser une fosse à engrais et y réunir la cendre, les ordures des cloaques, les chaumes et toutes espèces de balayures? »

prit d'observation, à déterminer les conditions dans lesquelles on peut produire la putréfaction des matières végétales dans un espace de temps très-court. Lorsqu'on divise ces substances en fragments assez petits, mais de manière qu'il y ait, cependant, entre eux assez d'espace pour qu'il s'y loge une portion d'air, et si l'on humecte suffisamment cette masse, il s'y développe en très-peu de temps, par l'effet de la fermentation, une chaleur considérable, qui devient elle-même un agent très-actif de décomposition. Voilà en quoi consiste le procédé Jauffret.

Le but principal du cultivateur provençal, qui a donné son nom à la nouvelle méthode, a été de convertir en fumier une foule de mauvaises plantes, plus ou moins ligneuses, qu'on néglige habituellement, et d'utiliser toutes les matières organiques qui restent sans emploi dans les fermes. Il a voulu ainsi créer, sans le secours des bestiaux, dont l'insuffisance se fait sentir dans tant de pays, notamment dans les régions méridionales, un engrais qui pût suppléer au manque des fumiers ordinaires.

Voici comment on opère d'après la méthode de Jauffret :

On ramasse partout où l'on peut s'en procurer de l'herbe, des orties, de la paille, des genêts, des bruyères, des ajoncs, des roseaux, des fougères, des menues branches d'arbres, etc. On entasse toutes ces matières, écrasées et coupées, sur un plan battu et légèrement incliné; on en forme une meule aussi forte que possible (fig. 59).

L'emplacement doit être à proximité d'un réservoir d'eau, ou d'une mare dans laquelle on jette, pour en faire croupir l'eau, du crotin, des matières fécales, des égouts d'écurie et autres matières putréfiables. Il en résulte un excellent levain,

DES COMPOSTS ET DES ENGRAIS INDUSTRIELS. 351

auquel on ajoute encore des proportions suffisantes d'alcalis ou de sels alcalins, de suie, de sel marin, de plâtre, de sal-

Fig. 59. — Meule d'engrais Jauffret.

pêtre. On arrose abondamment la meule avec cette lessive, et l'on pratique plusieurs arrosages semblables à quelques jours de distance. Autour du plateau, il y a un rebord en terre pour écarter les eaux pluviales et retenir le purin qui découle de la meule. Au bas du plan incliné, on pose, en terre, un tonneau pour recevoir les égouts.

La masse de substances végétales s'échauffe très-rapidement; elle fume, répand, dès le cinquième jour, une bonne odeur de litière, et sa fermentation est si active, surtout après le troisième arrosage, que la température, dans le centre, s'élève jusqu'à 75°. Vers le douzième ou quinzième jour, les matières végétales sont assez décomposées pour qu'on puisse déjà les enfouir en qualité de fumier. Cependant, lorsqu'elles sont très-ligneuses, elles résistent davantage à la désagrégation, et il est profitable de les laisser en meule pendant un mois entier.

Voici les formules données par Jauffret pour composer la *lessive* ou *levain d'engrais* :

PREMIÈRE RECETTE.

		Prix de revient :	
100 kil.	de matières fécales et urines..................	2 fr.	
25	de suie de cheminée........................	1	
200	de plâtre en poudre........................	4	
30	de chaux non éteinte.......................	1	50
10	de cendres de bois lessivées.................	1	50
»	500 grammes de sel marin...................	»	20
»	320 grammes de sel raffiné..................	»	25
25	de levain d'engrais, matière liquide ou suc de fumier provenant d'une précédente opération, pouvant être remplacé par 25 kil. de gadoue......	»	20
		10 f. 65	

On délaie ces matières dans un bassin avec assez d'eau pour faire 10 hectolitres de lessive. Cette quantité suffit pour convertir en engrais 500 kil. de paille ou 1000 kil. de matières végétales ligneuses, lesquelles produisent environ 2000 kil. de fumier.

Si l'on ajoute au prix de 10 hect. de lessive.........	10 f.	65
500 kil. de paille...............................	28	»
Main-d'œuvre pour manipuler la meule............	2	»
	40 f.	65

il en résulte que les 2000 kil. d'engrais reviennent à 40 fr. 65 c. Or la voiture de fumier ordinaire, du poids de 2000 kil., ne coûte, en moyenne, que 16 fr.

DEUXIÈME RECETTE

		Prix de revient :	
500 kil.	d'un mélange de paille de colza, de foin, de joncs et de cossettes de colza............	10 f.	»
20	de vesce, trempée pendant quatre jours dans l'eau, remplaçant la matière fécale............	3	»
30	de chaux vive...........................	1	60
17	500 grammes de matières fécales............	»	70
»	625 grammes de salpêtre................	1	»
25	de suie de cheminée.....................	1	20
200	de terre de route, remplaçant le plâtre.........	1	»
»	500 grammes de sel marin................	»	20
	Main-d'œuvre...........................	2	»
		20 f.	70

On obtient ainsi, en substituant la paille de colza à celle des céréales, un engrais moitié moins cher, mais encore plus cher que le fumier d'étable.

Pour la composition de la lessive, Jauffret indique qu'on peut remplacer :

Les 100 kil. de matières fécales par 20 kil. d'orge, lupin ou sarrasin, en grains non dépouillés ;
Ou par 125 kil. de fiente de cheval, bœuf, vache, porc ;
Ou par 50 kil. de crottin de mouton, chèvre, etc. ;
Les 25 kil. de suie de cheminée par 50 kil. de terre cuite ;
Les 200 kil. de plâtre par 200 kil. de limon de rivière, vase des collines, vase de mer, terre grasse des bois, marne ou poussière des grands chemins ;
Les 10 kil. de cendres de bois par 1 kil. de potasse ;
Les 500 grammes de sel marin par 50 litres d'eau de mer ;
Les 320 grammes de salpêtre raffiné par 500 grammes de salpêtre brut.

On peut, au reste, modifier de bien des manières la préparation de l'engrais Jauffret. Ce qu'il faut surtout chercher, c'est de produire l'engrais au meilleur marché possible.

Voici, par exemple, quelques recettes indiquées par des agriculteurs comme leur ayant fourni de bons résultats :

FORMULE DE M. LUCY, DE MEAUX.

500 bottes de tiges de colza..........................	25 fr.
— de fougère...........................	13
Menues pailles, pailles avariées.....................	18
100 kilogr. de plâtre.................................	18
4 hectolitres de matières fécales.....................	6
2 — de cendres.........................	12
2 — de poussier de charbon...............	6
10 kilogr. de sel marin et de salpêtre brut...........	6
Main-d'œuvre.......................................	16
Total........	120 fr.

J'ai bien de la peine à croire que cette quantité puisse suffire à la fumure d'un hectare, ainsi que l'affirme l'auteur de cette recette.

FORMULE DE M. LOBIT, A LA BASTIDE D'ARMAGNAC

40 charretées de bruyères, genêts, ajoncs, fougères, pailles, feuilles, mauvaises herbes, déjà brisées devant les portes des écuries.................	40 fr.	00
100 tombereaux de marne et de terre.................	10	00
2 charges de chaux et transport......................	23	00
30 kilogr. de sel ammoniac, dissous dans des égouts de porc, pour arroser le tas............................	75	00
Faux frais d'arrosage et de disposition du tas.........	27	50
Total........	175 fr.	50

Ce tas donne, après quatre mois de fermentation, 130 mèt. cubes d'excellent fumier, ce qui met le mètre cube à 1 fr. 35.

FORMULE DE M. DE CHAMBRAY, DANS L'EURE

600 kil. de bruyères.................................	10 fr.	00
300 — de paille.................................	8	00
3/4 d'hectolitre de matières fécales...................	2	00
— de chaux..................................	2	25
— de colombine..............................	3	00
— de cendres................................	4	50
Usure des ustensiles.................................	2	00
Une journée d'homme pour préparer la terre et la lessive.	1	25
4 journées d'homme pour construire le tas............	5	00
Un charroi pour apporter la bruyère et la terre.........	3	00
Total.....	41 fr.	00

Les quatre tombereaux et demi de fumier obtenus pour 44 fr., ne coûtaient que 27 fr. en fumier de bêtes à cornes.

FORMULE DE M. LIAZARD, A TRÉGUEL EN BRETAGNE

150 mèt. cub. de broussailles, de végétaux de landes...		»	»
30 mèt. cub. de fumier d'étable..................		»	»
4 hectolitres de poudre d'os à 10 fr...............		40	»
20 — de tourteau d'arachide à 10 fr.......		200	»
18 — de cendre de varech à 0,60 c.........		10	80
25 — d'urine, à 0,75.....................		18	75
12 — de matière fécale, à 1,25............		15	«
Frais pour ramasser les broussailles, transports, arrosements...		165	»
	Total.......	449 fr. 55	

Il obtient 242 mèt. cub. d'excellent fumier. En retranchant les 38 mèt. c. de fumier d'étable qui y ont été mêlés, il reste 204 m. c. de *fumier artificiel*, représentant la somme de 449 fr.55, ce qui fait revenir le mèt. à 2 fr.20 (1).

Je suis porté à croire, tant par mes expériences que par celles de plusieurs expérimentateurs, que le prix de revient de l'*engrais Jauffret* est, dans beaucoup de localités, plus élevé que celui du fumier ordinaire. Il n'y aura donc, dans les pays à bestiaux, presque jamais d'économie à substituer le premier au second, lorsqu'on aura ce dernier en suffisante quantité, d'autant plus que l'engrais Jauffret paraît inférieur dans son action au bon fumier normal.

Mais, dans les pays pauvres, dans les exploitations où le bétail est insuffisant, il y aura tout avantage à faire usage de la méthode de Jauffret pour convertir rapidement en un excellent compost toutes les mauvaises plantes plus ou

(1) Renseignements fournis par M. Bobierre. (Voir ses excellentes *Leçons de chimie agricole*, 2ᵉ édit., p. 430.)

moins ligneuses et les détritus de peu de valeur, dont l'emploi serait fort incommode dans leur état naturel, et dont la décomposition dans le sol serait trop lente. Ce qui mettra souvent obstacle à la mise en pratique de cette méthode, c'est l'énorme quantité d'eau qu'elle nécessite.

Le procédé de Jauffret pour fabriquer les engrais est-il une invention nouvelle? Avant lui ignorait-on l'emploi des liquides chargés de matières organiques et salines pour activer la transformation des substances végétales en fumier? Non, assurément, et dans tous les ouvrages d'agriculture on peut trouver exposés les principes qui ont guidé le paysan de la Provence. Il y a bien longtemps qu'aux environs de Paris on fait de l'*engrais Jauffret* avec les immondices des marchés, et dans le Midi, en Provence même, dans bien des localités, il est d'usage, depuis un temps immémorial, de tremper, de plonger et de replonger le fumier retiré des étables dans l'eau d'une fosse à purin dans laquelle on a jeté toutes sortes de débris, de matières animales et végétales, les résidus de la cuisine, de la morue avariée, les matières fécales; on arrive ainsi à faire très-promptement des fumiers très-riches.

C'est là ce qui a guidé Jauffret dans la fabrication de ses engrais, car il n'a guère fait que généraliser, en les améliorant cependant, les méthodes qu'il avait vu employer dans son pays. Il a eu surtout le mérite, et ce mérite est grand à mes yeux, d'avoir attiré tout particulièrement l'attention des praticiens sur les moyens les plus faciles et les plus rapides d'utiliser une foule de matières souvent perdues, et sur l'importance des engrais en général; d'avoir montré aux cultivateurs l'utilité d'introduire dans leurs habitudes

des soins, de l'ordre et une économie qui malheureusement n'existent que par exception, en France, dans le traitement des fumiers.

Je regrette donc vivement qu'on ait laissé mourir Jauffret dans un état voisin de la misère, et qu'on n'ait pas largement récompensé l'humble paysan qui montra une si haute intelligence de la question fondamentale de l'agriculture.

Ce sont de véritables composts, mais bien autrement actifs que les précédents, que les engrais livrés aujourd'hui au commerce par MM. Rohart, Michelet, Joulie, Doudoüy, Coignet et Cie, la compagnie Richer, Dulac, de Paris; par MM. Kuhlmann, à Loos, près Lille, Derrien à Nantes, Pichelin-Petit et fils, à la Motte-Beuvron (Loir-et-Cher), Faure et Kessler, à Clermont-Ferrand, etc.

Ces *engrais industriels* sont fabriqués avec toutes sortes de déchets ou de résidus d'animaux et des matières salines, notamment des sels ammoniacaux, des azotates ou nitrates de potasse et de soude, des phosphates alcalins et terreux, des sels de potasse et de magnésie provenant des fabriques de produits chimiques ou des eaux mères de nos marais salants; matières salines qui ont des prix relativement assez bas.

Depuis une dizaine d'années, la fabrication de ces *engrais industriels* a pris une grande extension et s'est successivement perfectionnée, si bien que loin d'être comme autrefois exploitée par des empiriques ou des charlatans, tout à fait étrangers à la science et à la pratique agricoles, elle est actuellement dans les mains de maisons honorables et instruites qui composent leurs mélanges de manière à reproduire l'ensemble des matériaux indispensables à la vie des plantes dans des proportions aussi rapprochées que possible de celles qui se rencontrent, soit dans le guano, soit dans le bon fumier de ferme.

Composés avec intelligence et loyauté, ces composts sont vendus avec toutes les garanties qui peuvent rassurer sur leur valeur, c'est-à-dire avec l'indication de leur richesse en azote, en phosphates, en potasse et autres principes fertilisants. En en faisant l'acquisition, les cultivateurs n'ont donc plus à craindre d'être dupes de leur bonne foi, ainsi que cela leur est arrivé tant de fois avec les autres engrais commerciaux; mais je les engage à s'adresser directement aux fabricants proprement dits, et non à ces intermédiaires, à ces commis voyageurs qui courent les campagnes et vendent au prix de 30 à 40 fr. des engrais qu'ils ont achetés en gros aux grandes maisons et qui, emballés et rendus en gare, ne leur coûtent que 16 à 18 fr.

Ce sont ces soustraitants qui pratiquent les falsifications dont on se plaint; ils font beaucoup de mal à la petite culture, et voici comment ils agissent; ils se font accompagner par le garde-champêtre chez le paysan auquel ils proposent leur marchandise; si le paysan hésite, ils lui disent : « prenez toujours, vous ne me payerez que si vous êtes content. » Le paysan cède, il achète l'engrais, dont il n'est pas content, mais qu'il paye toujours. L'individu qui vient pour recevoir le payement n'est pas celui qui a vendu l'engrais; quand on lui dit à quelles conditions, qui n'ont pas été remplies, on a consenti le marché, il répond qu'il ne sait pas ce qu'on veut lui dire; et, comme le vendeur ne se retrouve jamais, il faut finir par payer.

Voici les conseils que M. Gaucheron, vérificateur des engrais du département du Loiret, donnait naguère aux cultivateurs qui, désireux d'avoir des récoltes aussi fortes que possible, demandent annuellement au commerce le supplément d'engrais qui leur est nécessaire :

« Avant d'acheter un engrais quelconque, persuadez-vous bien que cet agent de fertilisation possède deux valeurs que vous devez chercher à apprécier et ne jamais confondre :

» 1° Une valeur agricole ou fertilisante ;

» 2° Une valeur vénale ou commerciale.

» La valeur agricole ou fertilisante d'un engrais est surtout représentée par sa richesse en azote et en phosphates, ou pour mieux vous faire comprendre ma pensée, plus il y aura dans 100 kilogr. d'engrais qu'on vous offre à la vente, de kilog. d'azote et de kilog. de phosphates, plus il y aura de valeur fertilisante, en un mot, plus l'engrais donnera de développement à vos récoltes.

» Ceci bien compris, rien n'est plus facile à un cultivateur que de se renseigner sur la valeur fertilisante de l'engrais qu'on lui offre. Il lui suffit, en effet, d'exiger de son vendeur la composition de son engrais, et si la composition indiquée convient, de la faire garantir par facture et acheter. Le marché conclu, il ne reste plus qu'à s'assurer si le vendeur ne l'a point trompé ; rien n'est plus simple et plus facile ; il suffit, en effet, de prendre un échantillon de l'engrais acheté et de le faire analyser par le chimiste chargé par le département de la vérification des engrais qui, après analyse, vous dira si la composition de l'engrais répond à la garantie qui vous en a été donnée.

» Par ce moyen, vous le voyez, vous ne pourrez jamais être trompés sur la qualité de l'engrais que vous aurez acheté.

» Mais ce n'est pas tout; nous venons de voir que les engrais ont une autre valeur, une valeur commerciale. On entend par valeur commerciale d'un engrais le prix que se paient habituellement dans le commerce loyal et honnête les matières fertilisantes que renferment les engrais. C'est ici surtout que nos cultivateurs sont souvent victimes de leur ignorance ou de leur indifférence à se renseigner sur le prix des engrais qu'ils achètent. Nous allons donc chercher à leur faire connaître le prix des matières fertilisantes et leur apprendre à établir eux-mêmes le prix d'un engrais quelconque.

» S'il est vrai qu'en matière commerciale il soit impossible de fixer des prix invariables, il est néanmoins des chiffres que je vais mettre sous vos yeux qui pourront toujours vous servir de base, car ils sont acceptés par le commerce loyal et honnête. Voici le prix des principales matières fertilisantes des engrais :

» Les matières organiques valent............ 1 centime le kilo;
» Le phosphate de chaux................... 22 à 25 c. le kilo.
» L'azote................................. 2 fr. 75 à 3 fr. le kilo.

» Maintenant, avec ces chiffres et l'analyse de l'engrais qui doit vous être fournie par le vendeur, il vous devient facile d'établir le prix d'un engrais quelconque. Il suffit, en effet, comme nous allons le faire, de mettre en regard de l'analyse de l'engrais les prix que nous venons d'assigner aux matières fertilisantes, multiplier et additionner ; le total représentera approximativement le prix que vous devez payer les 100 kil. d'engrais.

» Supposons, en effet, que l'analyse assigne à un engrais la composition suivante :

ANALYSE.		PRIX.	
Humidité................	15	»	»
Matières organiques.......	32	0 fr.	32 c.
Phosphates de chaux......	35	8	75
Carbonate et sels..........	18	»	»
	100		
Azote 5 p. 0/0................ à 3 fr. le kilo.		15	»
Total...........		24	07

» Le prix de 100 kilog. d'un pareil engrais est donc de 24 francs.

» En appliquant le même raisonnement et le même calcul à tout autre engrais, vous voyez qu'un cultivateur peut lui-même en établir le prix, et que nous ne pouvons que les plaindre lorsqu'ils s'exposent à payer, comme nous l'avons vu trop souvent, des engrais le double de leur valeur.

» Je termine, et j'espère que les simples conseils que je viens d'émettre sont de nature à rendre service à nos cultivateurs toutes les fois qu'ils auront à demander au commerce le supplément d'engrais qui leur est nécessaire pour faire de bonne agriculture. » (1)

Je ne puis pas vous laisser ignorer que les agronomes sont loin de s'entendre sur les prix qu'il faut attribuer à chacun des principes constituants des engrais; c'est ce que va vous démontrer le tableau suivant :

---

(1) *Conférence faite à Orléans* par M. Gaucheron. (Bulletin du Comité agricole de l'arrondissement d'Orléans.)

PRIX DU KILOGRAMME des MATIÈRES CI-DESSOUS INDIQUÉES	D'après M. BOBIERRE.	D'après M. BARRAL.	D'après M. GRANDEAU.	D'après M. DEHÉRAIN.	D'après M. STOCCKHARDT.	D'après M NESBIT.
	fr. c.	fr. c.	fr. c.	fr. c.	fr. c.	fr. c.
Azote dans les sels ammoniacaux.	2 15 à 2 50	2 »	3 »	2 80	»	»
— dans les nitrates	» 55	2 »	3 »	»	»	»
— dans les matières organiques	1 60	2 »	2 5	2 »	»	»
— sans distinction d'origine..	»	»	»	»	2 »	1 78
Ammoniaque	»	»	»	»	»	1 47
Acide phosphorique soluble	» 55	0 40	1 25	1 » à 1 20	0 40	0 40
Phosphates insolubles	0 20 à 0 25	0 17	0 80	»	0 1420	0 19
— de chaux solubles...	1 20	0 67	1 25	0 50	»	0 57
— des nodules ou coprolithes	»	»	0 25 à 0 30	0 12	»	»
— du noir animal	»	»	»	0 33	»	»
— dans les matières animales	»	»	0 70 à 0 80	»	»	»
Sels alcalins	0 33	0 05	»	»	0 0138	0 02
— de potasse	»	»	»	»	0 3240	»
— de soude	»	»	»	»	0 1520	»
Potasse seule	0 55	0 50	0 70 à 0 80	0 80	»	»
Sulfate de chaux	0 025	0 05	0 05	»	0 0284	0 02
Chaux ou carbonate de chaux	0 022	»	0 02	»	0 0142	»
Sel marin,	0 025	»	»	»	»	»
Matières organiques (humus)	0 013	0 02	»	»	0 01 0	0 02

La valeur des différents principes actifs des engrais ne dépend pas seulement de leur quantité absolue, mais aussi, et plus encore, du mode de combinaison dans lequel ils sont engagés, de même encore de l'état physique des matières qui les contiennent. Et, en effet, il ne suffit pas qu'une substance contienne beaucoup d'azote ou d'acide phosphorique pour jouer un rôle utile dans la fertilisation du sol, il faut que cet azote ou cet acide phosphorique soit facilement assimilable par sa conversion en composés solubles.

Il est évident, par exemple, que l'azote n'est pas au même état d'assimilation dans les cuirs, les cornes, les os, les chairs, le sang, la poudrette, le guano, les fumiers, les nitrates, les sels ammoniacaux, comme le prouvent la rapidité d'action des uns, la lenteur des autres, et la durée si inégale de leurs effets fécondants.

Plus les matières employées comme engrais sont susceptibles, sous l'influence des agents atmosphériques, de l'eau et de la chaleur, d'éprouver un changement d'équilibre dans leur constitution, plus leur décomposition spontanée est rapide, plus leur valeur s'accroît.

Par conséquent, on ne peut attribuer le même prix à l'azote contenu dans la poudrette et le guano, qui agissent dans l'année même de leur emploi, et à l'azote contenu dans les cuirs, les cornes, les os, dont l'état de cohésion ou de dureté rend la décomposition si lente.

Il en est de même pour l'acide phosphorique, qui est si facilement assimilable dans les superphosphates, tandis qu'il est si lent à se changer en phosphate soluble lorsqu'il est engagé dans les os, les coprolithes et à plus forte raison dans le sous-phosphate de chaux pierreux de l'Estramadure.

Le prix d'un engrais varie encore, comme celui de toute autre matière commerciale, avec son plus ou moins d'abondance, la facilité des approvisionnements, les fluctuations du marché, les frais de transport, etc.; aussi d'une année à l'autre les cours, pour chaque substance fertilisante, présentent-ils des écarts souvent considérables.

Rien n'est plus difficile que de fixer le prix réel de ces

matières; en tous cas, on peut dire que le fumier produit dans les fermes est de tous les engrais, toutes choses égales d'ailleurs, celui qu'il est le plus avantageux d'employer dans la majorité des circonstances.

Pour compléter ce que je vous ai dit sur les *engrais industriels*, je ne puis mieux faire que de mettre sous vos yeux un passage du remarquable rapport adressé au nom de la Commission des engrais à M. le ministre de l'agriculture par le vice-président de cette Commission, le savant M. Dumas :

« L'insuffisance de la production actuelle des engrais de ferme, comparée aux besoins de notre agriculture, est constatée dans toutes les déclarations des cultivateurs appelés devant la Commission d'enquête de 1864.

» Les conditions nouvelles faites à l'industrie agricole lui imposent une culture intensive, des progrès incessants, et c'est, avant tout, aux engrais de toute nature qu'elle doit demander les moyens d'obtenir l'accroissement de ses récoltes en quantité et en qualité.

» Les renseignements précis, fournis par les agriculteurs les plus éminents des diverses parties de la France, confirment, par la pratique la plus étendue, ce principe de la statique chimique :

» La terre ne se suffit pas, dès qu'on veut en augmenter les produits par une culture perfectionnée, et il est nécessaire de lui fournir alors des engrais pris hors du domaine.

» Le fermier élève ainsi la valeur du sol; il tire meilleur parti des semences qu'il lui confie et de la main d'œuvre qu'il met en mouvement. A la suppression des jachères franches, répond la nécessité de l'intervention des engrais importés, c'est-à-dire la nécessité d'assurer à la végétation, chaque année, le libre emploi des principes que la terre mettait lentement à sa disposition, soit en agissant comme nitrière, soit parce que le temps amenait la désagrégation des petites parcelles minérales dont le sol est formé et où se trouvent cachés quelques-uns des éléments indispensables des plantes.

» La production plus active des engrais naturels, la création plus abondante des engrais factices, l'abaissement de prix de tous les engrais, voilà donc où tendent les espérances de l'agriculture, comme à la source certaine de cette amélioration des fruits de la terre, vers laquelle le gouvernement dirige ses efforts.

» On ne pourrait pas citer une seule contrée en France qui ait des excédants en engrais; presque toutes en manquent. Celles qui en exportent se débarrassent des engrais spéciaux que leur sol ne réclame pas; mais elles n'en ont pas moins besoin d'engrais d'une autre nature. C'est ainsi que le département du Nord exporte ses noirs en Bretagne, son sol étant riche en phosphates, et qu'il importe ou retient les engrais azotés.

» La diminution du prix des engrais naturels, qui pourrait résulter de leur abondance, n'est donc point à espérer. La consommation et, par suite, la production des engrais artificiels resteront circonscrites d'ailleurs et limitées elles-mêmes, jusqu'à ce que le cultivateur qui les achète soit tout à fait convaincu qu'il peut s'en servir avec confiance et que les promesses des marchands qui les vendent seront réalisées. Mais qu'on lui donne cette certitude, et le commerce des engrais artificiels prendra un essor dont personne ne saurait aujourd'hui apprécier la portée, et dont on peut se faire une idée, cependant, si l'on constate qu'en ce moment le prix de l'engrais entre pour un tiers dans le prix du blé; que de ce chef seul les dépenses en engrais de l'agriculture française atteignent un demi-milliard par an, et que si, par l'emploi d'un engrais plus riche ou plus abondant, il était permis au fermier d'accroître sa production d'un quart ou d'un cinquième, sans élever sensiblement ses déboursés, on aurait assuré, à la fois, la prospérité des campagnes et la subsistance des villes.

» Dans les cultures les plus perfectionnées, le prix de l'engrais entre encore pour 5 francs dans le prix de l'hectolitre de blé, pour 5 francs dans celui de la tonne de betteraves et pour 10 centimes dans le prix du kilogr. de viande. Comment s'étonner qu'en Angleterre on mesure l'estime qu'une contrée agricole mérite à la dose d'engrais complémentaire, artificielle, que reçoivent ses champs?

» Comment regarder d'un œil indifférent la rareté des engrais ou leur falsification? » (1)

Dans une autre partie de son rapport M. Dumas résume d'une manière si claire et si précise ce qui concerne la question des fumiers proprement dits, que je ne puis résister à la satisfaction que j'éprouve de voir confirmer par une si grande autorité les principes que j'ai formulés dans le cours de mon petit livre.

« L'engrais normal, c'est le fumier de ferme. Sans faire

(1) *Enquête sur les engrais industriels*, t. II, p. VIII.

à l'humus une part exclusive, qui ne serait plus motivée, les agriculteurs prudents pensent que celui qui en nierait l'efficacité tomberait probablement dans une erreur dangereuse.

» L'humus reporte à la terre certains principes fournis par le sol aux plantes qui ont servi de litière, et par les fourrages aux animaux dont les urines et les déjections complètent les éléments du fumier.

» Il lui fournit des détritus végétaux, inutiles peut-être en ce qui concerne la nourriture immédiate des plantes, mais nécessaires, on le croit pourtant, en ce qui concerne les modifications singulières que leur présence imprime au sol.

» Les pailles, plus ou moins altérées, qui en font partie, ameublissent la terre et en favorisent l'aération.

» Enfin, les matières organiques du fumier, qui se décomposent, qui fermentent et qui se brûlent par l'action lente de l'air, maintiennent autour des graines en germination et, plus tard, des spongioles et du chevelu des racines, une température favorable.

» Le fumier de ferme ne restitue pas seulement à la terre les phosphates ou les sels de potasse qu'elle avait cédés aux cultures; il constitue, en outre, avec les éléments calcaires ou alcalins du sol, une nitrière artificielle, où se régénère en abondance le nitre auquel la plante emprunte surtout son azote.

» Cet engrais de ferme peut néanmoins être économisé; il peut, à plus forte raison, être enrichi. Celui qui exploite un domaine dans lequel l'élève du bétail occupe une grande place trouvera profit, quoiqu'il ne manque pas de fumier, à augmenter sa puissance par l'addition de substances commerciales, propres à élever son titre et appropriées au sol qu'il cultive. Celui qui manque de fumier de ferme pour entretenir des terres en bon état de rapport sera bien aise, à plus forte raison, de trouver à sa portée les matières capables de le remplacer, en ce qu'il a d'essentiel ou d'indispensable.

» Aménager convenablement la production du fumier de ferme, n'en rien laisser perdre, utiliser tout ce qui peut augmenter son activité, ce sont là des soins qu'il appartient à chaque fermier, à chaque cultivateur de prendre.

» Il est incontestable que, si un fermier avait à sa disposition, outre le fumier de ferme qu'il produit, une certaine quantité de guano, il y aurait profit pour lui à s'en servir pour améliorer ses fumures. Ce que nous disons du guano, il faut le répéter, pour certains pays, du noir animal et du phosphate de chaux fossile; pour presque tous, du nitrate de potasse, et, à son défaut, du nitrate de soude ou des sels ammoniacaux et des minerais potassiques.

» Mettre à la disposition de l'agriculture du guano, du phosphate de chaux, du nitrate de potasse, du nitrate de soude, du sulfate d'ammoniaque, du feldspath, c'est donc lui fournir des engrais concentrés, éminemment propres à améliorer l'engrais de ferme, sinon à le remplacer d'une manière permanente.

» A défaut de ces composés phosphatés ou azotés, concentrés et purs, il est possible de trouver dans la nature leurs équivalents, associés à des quantités plus ou moins grandes de matières inertes. Les déjections, les os et les noirs qui en dérivent, les débris des abattoirs, les cornes, poils et laines, les débris de tanneries, etc., constituent d'excellents produits capables d'enrichir les engrais de ferme.

» Les tourteaux de graines oléagineuses, les graines en nature, les eaux de condensation du gaz de l'éclairage par leur ammoniaque, les eaux mères des marais salans par leur potasse, etc., offrent des ressources que l'agriculture doit mettre à profit dans le même but.

« Mais ce sont surtout les vidanges, les immondices et boues des villes, les eaux d'égouts, qui constituent des matériaux propres à améliorer les engrais ou à leur servir d'auxiliaires (1). »

(1) *Enquête sur les engrais industriels*, t. II, p. XXIV.

CONCLUSION

L'art de préparer les fumiers est, sans contredit, en agronomie, l'opération la plus utile et qui réclame le plus de soins.

« Si l'on excepte *peut-être* le choix d'un assolement, dit Mathieu de Dombasle, il n'est pas de considérations plus importantes dans l'organisation d'une exploitation rurale que celles qui se rapportent aux moyens d'obtenir le fumier en quantité convenable et surtout au plus bas prix possible (1). »

Les cultivateurs n'ignorent pas la puissance du fumier comme agent de production; aussi lorsqu'on demande ce qui leur manque : « *Du fumier, rien que du fumier,* » répondent-ils aussitôt.

Et cependant, chose inexplicable, presque partout, le soin et le bon emploi du fumier sont ce qu'on néglige le plus

(1) *Annales agricoles de Roville*, t. II, p. 135-140.

dans les fermes; aussi perd-on une masse considérable de matières fertilisantes. Les praticiens semblent croire qu'il n'y a aucune règle à observer dans la manière de produire, de préparer, de conserver et d'appliquer le fumier au sol. C'est pour les faire revenir de cette funeste erreur que ce petit livre a été composé.

Les conditions à observer pour avoir beaucoup de fumier d'excellente qualité sont, comme on l'a vu, de produire beaucoup de fourrage, d'entretenir le plus de bestiaux possibles sur la ferme, de nourrir ces bestiaux copieusement et de mettre dans les étables suffisamment de litières ou de disposer celles-ci de manière à ne rien perdre des déjections tant liquides que solides.

A toutes les époques et dans toutes les régions, la prospérité de l'agriculture a toujours été proportionnée à l'importance attachée aux engrais. Les voyageurs racontent qu'en Chine, où la culture accomplit des merveilles, il n'est pas de barbier qui ne recueille précieusement, dans l'intérêt du jardinage, les cheveux et toute l'eau de savon de sa boutique. Les lois du pays défendent de jeter les excréments humains, et il y a dans chaque maison, ainsi que le long des chemins, des réservoirs construits avec beaucoup de soins, des petits vases disposés pour les recueillir au profit de la culture. Les vieillards, les femmes et les enfants s'occupent à délayer et à déposer cet engrais près des plantes, en doses convenables (1).

(1) Voir, pour plus de détails sur les pratiques de la culture chinoise, la déposition de M. Simon, chargé d'une mission en Chine, dans l'*Enquête sur les engrais industriels*, t. I, p. 593. Séance du 17 décembre 1864.

En Belgique, en Hollande, l'utilité des engrais est tellement appréciée, que l'avidité qu'on met à s'emparer des moindres ordures dispense les administrations municipales de toutes les dépenses dans lesquelles on est, chez nous, obligé de descendre, souvent sans succès, pour la propreté et l'assainissement de la voie publique. Dans toutes les villes, un grand nombre d'individus semblent épier le moment où l'on jettera quelque chose par les fenêtres, celui où les bestiaux viendront à passer, pour faire leur profit de tout ce qui peut être ramassé ; on les voit même se presser, au péril de leur vie, entre des rangs de cavaliers, pour y exercer les premiers ce genre d'industrie. Les soins apportés à la récolte des engrais liquides, à la manipulation des fumiers dans des réservoirs murés, à leur disposition dans les cours de ferme, à leur transport sur le terrain, ne sont pas moins dignes de toute notre attention, et l'on a peine à concevoir que des méthodes si utiles et généralement pratiquées à une bien faible distance de notre pays, n'y aient pas encore pénétré de proche en proche.

L'économie rurale n'arrivera en France à l'état prospère et vraiment prodigieux que nous présente l'agriculture de la Flandre, de l'Angleterre et d'une grande partie de l'Allemagne, que lorsque nos cultivateurs, grands et petits, seront bien imbus de cette maxime :

« *Que la disette des engrais est la cause de la stérilité d'un pays, et qu'en vain on perfectionne les méthodes de culture, si l'on néglige les sources de la fécondité du sol.* »

APPENDICE

I

LOI RÉPRESSIVE DES FRAUDES DANS LA VENTE DES ENGRAIS

A la suite de *l'Enquête sur les engrais industriels*, faite en 1864 par ordre du gouvernement, la Commission, présidée par M. Dumas, avait demandé la révision des lois de 1851 et de 1857, qui étaient loin de protéger suffisamment les cultivateurs contre les fraudes de plus en plus nombreuses pratiquées sur toutes les matières fertilisantes, même sur les vidanges et les fumiers (1); et, comme complément, elle avait formulé un projet de loi portant un ensemble de dispositions très-propres à moraliser le commerce des engrais.

Satisfaction a été donnée à cette requête, puisqu'en juillet 1867 le Corps législatif a voté, et le Pouvoir exécutif a promulgué, la loi dont la teneur suit. Il est essentiel que tous les agriculteurs en aient connaissance :

« Article 1er. Seront punis d'un emprisonnement de trois mois » à un an et d'une amende de 50 à 2000 fr. :

» 1° Ceux qui, en vendant ou en mettant en vente des engrais ou

---

(1) Dans les localités où l'on vend les vidanges aux cultivateurs, les latrines reçoivent toutes les eaux sales des maisons particulières, de sorte qu'au lieu de marquer de 4 à 4 degrés 1/2 à l'aréomètre, les matières n'en marquent souvent plus que 1. Quant aux fumiers des casernes de Paris qu'on exporte dans la banlieue, ils sont surchargés d'eau en été, au moment de leur chargement sur les chemins de fer, puisque chaque wagon qui pèse ou doit peser au départ 10000 kilogr., n'en pèse souvent que 9000 à l'arrivée, et cependant l'on voit encore égoutter fortement l'eau en dessous. (Déposition de M. Pluchet, de Trappes, dans l'enquête agricole de 1864).

» amendements, auront trompé ou tenté de tromper l'acheteur,
» soit sur leur nature, leur composition ou le dosage des élé-
» ments qu'ils contiennent, soit sur leur provenance, soit en les
» désignant sous un nom qui, d'après l'usage, est donné à d'au-
» tres substances fertilisantes;

» 2° Ceux qui, sans avoir prévenu l'acheteur, auront vendu
» ou tenté de vendre des engrais ou amendements qu'ils sauront
» être falsifiés ou avariés;

» Le tout sans préjudice de l'application de l'article 1er, § 3,
» de la loi du 27 mars 1851, en cas de tromperie sur la quantité
» de la marchandise.

» Article 2. En cas de récidive, commise dans les cinq ans
» qui ont suivi la condamnation, la peine pourra être élevée
» jusqu'au double du maximum des peines édictées par l'ar-
» ticle 1er de la présente loi.

» Article 3. Les tribunaux pourront ordonner que les juge-
» ments de condamnation soient, par extrait ou intégralement,
» aux frais des condamnés, affichés dans les lieux et publiés
» dans les journaux qu'ils détermineront.

» Article 4. L'article 463 du Code pénal est applicable aux
délits prévus par la présente loi. »

II

CIRCULAIRE ADRESSÉE A MM. LES PROCUREURS GÉNÉRAUX PAR
M. DUFAURE, MINISTRE DE LA JUSTICE, EN DATE DU 23 MARS 1875.

« Monsieur le Procureur général, des Conseils généraux, des
Chambres consultatives d'agriculture et diverses Associations
agricoles ont souvent exprimé le vœu que le Ministère public
prît plus fréquemment l'initiative des poursuites pour la répression des fraudes dans la vente des engrais. A l'appui de ce
vœu, on fait observer que les cultivateurs ne reconnaissent les
fraudes dont ils sont victimes qu'après la récolte et la disparition
du corps du délit; qu'en conséquence, les marchands d'engrais
peuvent alors expliquer les causes de l'insuccès par les conditions du sol, les modes de culture ou la mauvaise qualité des
semences employées. Les cultivateurs s'abstiennent dans ces circonstances de porter leurs réclamations devant la justice, et la
fraude demeure impunie.

» Les raisons qui empêchent la plupart du temps les particuliers de saisir directement les tribunaux sont évidemment de nature à paralyser aussi l'action du Ministère public. Il est, toutefois, désirable que les entreprises frauduleuses du commerce dans la matière dont il s'agit soient activement poursuivies et réprimées. A cet effet, M. le ministre de l'agriculture et du commerce se propose d'inviter les membres des Chambres consultatives d'agriculture, les membres des bureaux dirigeant les associations agricoles, ainsi que les professeurs d'agriculture, à dénoncer, après expertise, les fraudes qui auraient été constatées dans la vente des engrais. En présence des faits délictueux attestés par des hommes compétents, les parquets ne pourront pas hésiter à déférer les coupables à la justice et à requérir contre eux de sévères condamnations. Il sera ainsi donné satisfaction aux vœux légitimes exprimés par les représentants naturels des intérêts agricoles. »

III

FALSIFICATION DES ENGRAIS

CIRCULAIRE

Versailles, le 25 juillet 1875.

Monsieur, la loi du 27 juillet 1867 relative à la répression des fraudes commises dans le commerce des engrais est restée trop souvent inexécutée à cause des difficultés qu'éprouvait la constatation du délit. Aussi, a-t-on fréquemment demandé que le ministère public prît, dans ce cas, l'initiative des poursuites.

Mais MM. les membres du Parquet hésitaient à le faire, parce que cette initiative offrait plusieurs inconvénients, dont le plus grave était de donner à la poursuite un caractère préventif que la loi lui a refusé.

Une entente est intervenue récemment, à ce sujet, entre mon département et celui de la Justice. Il a été reconnu que les poursuites d'office étaient nécessaires, mais que, pour lever les obstacles qu'elles rencontraient, elles n'auraient lieu que lorsque les faits délictueux auraient été signalés à MM. les membres des parquets par des hommes compétents et ayant qualité pour prendre en main les intérêts des cultivateurs. Il a été encore décidé que MM. les membres des chambres consultatives d'agriculture, les membres des bureaux des associations agricoles et les professeurs d'agriculture ou de chimie agricole réunissaient à cet égard les conditions désirées.

Par une circulaire du 23 mars dernier, M. le Ministre de la Justice a informé MM. les procureurs généraux de la mesure concertée avec mon ministère et les a invités à s'y conformer.

De mon côté, je dois vous faire connaître les règles suivant lesquelles votre intervention devra se produire.

Dès qu'un marchand ou fabricant d'engrais aura affiché et mis en vente, dans le ressort de votre circonscription, une matière quelconque annoncée comme engrais, je vous engage à en acheter une quantité suffisante pour une analyse chimique, en vous faisant délivrer une facture sur laquelle seront énoncées les quantités et qualités d'éléments indiqués comme formant la composition de cette matière.

Vous ferez alors procéder à l'analyse de cet échantillon, et si l'opération constate des différences assez notables, vous adresserez un rapport, ainsi que la facture et le procès-verbal d'analyse, à M. le procureur de la République.

Il est entendu que ces différences devraient être assez importantes pour neutraliser les effets que le vendeur aurait assignés à sa marchandise, et que vous n'aurez pas à rechercher si celle-ci est bonne et sans effets utiles, parce que c'est aux cultivateurs qu'il appartient d'apprécier si la matière offerte convient à leurs terrains et à leurs cultures, ou à se renseigner à ce sujet auprès des hommes compétents.

Vous ne devez, en un mot, vous attacher qu'à vérifier la sincérité de la déclaration du marchand ou fabricant.

La liberté du commerce restera ainsi respectée, mais les opérations commerciales auront une garantie sérieuse.

Je compte, Monsieur, sur votre zèle et votre dévouement aux intérêts de l'agriculture pour assurer l'exécution d'une mesure qui tend à éviter aux cultivateurs et à la production générale du pays, des dommages fort sensibles, puisqu'à la perte d'argent se joint celle des récoltes.

Recevez, Monsieur, l'assurance de ma considération distinguée.

Le Ministre de l'Agriculture et du Commerce,

C. DE MEAUX.

TABLE
DES DIVISIONS DE L'OUVRAGE

	Pages
INTRODUCTION. — Aux cultivateurs	1
Des fumiers et autres engrais animaux	21
CHAPITRE PREMIER. — De la nature des excréments des animaux	24
§ 1er. — Excréments des oiseaux	24
Colombine	24
Poulaitte	26
Guano ou huano	30
§ 2. — Excréments des herbivores	61
— du porc	62
— des bêtes à cornes	65
— des chevaux	66
— des bêtes à laine	69
Du parcage	71
Composition des divers excréments	82
§ 3. — Urines des animaux	84
§ 4. — Excréments de l'homme	91
Composition des matières solides	95
— des urines	97
Engrais flamand	101

TABLE DES MATIÈRES.

Pages

    Urines des pissoirs publics... 124
    Eaux vannes.. 126
    Emploi des engrais liquides d'après le système Chadwick ou Kennedy. 127
    Poudrette.. 130
    Noir animalisé... 138
CHAPITRE II. — Influence de la nourriture et de l'organisation des animaux. 145
CHAPITRE III. — De la nature de la litière donnée aux animaux........ 159
    Des pailles des céréales et autres plantes......................... 160
    Des débris végétaux et des plantes sauvages....................... 164
    Des litières terreuses.. 168
    Des étables sans litière. — Système suisse........................ 181
    Gulle ou Lizier... 182
CHAPITRE IV. — Influence de la disposition des étables............... 185
    Système belge... 185
CHAPITRE V. — De la manière de traiter les fumiers................... 192
    Du purin.. 194
    Du séjour des animaux sur le fumier............................... 199
    Système des boxes ou méthode de Warnes............................ 201
    Méthode de la colonie de Mettray.................................. 201
    Fumiers longs, frais ou pailleux.................................. 204
        — court ou gras, *beurre noir*................................ 204
    omposition de ces deux sortes de fumiers.......................... 206
    Disposition des tas de fumier..................................... 213
    Méthode de Mathieu de Dombasle.................................... 214
    Des pompes à purin.. 219
    Méthode de Schwerz.. 225
        — suisse.. 227
        — de M. Vandercolme... 228
        — de MM. de Marliave.. 229
        — de la Trappe de Mortagne.................................... 230
        — des fosses.. 231
        — de Schattenmann... 232
        — de M. Boussingault.. 237
        — de M. Dargent, d'Yvetot..................................... 239
        — de Grignon.. 244
        — de Demesmay... 248
        — de M. Didieux. — Plâtrage des fumiers....................... 251
        — de M. Bobierre.. 252
    Des fumières couvertes.. 255
CHAPITRE VI. — Poids et composition du fumier........................ 264
    Du fumier normal.. 264

TABLE DES MATIÈRES.

	Pages
Réactions chimiques qui s'accomplissent dans les tas de fumier, d'après M. Paul Thénard..	269
CHAPITRE VII. — Emploi du fumier.	273
Découpage des tas.	274
Charriage.	274
Fumiers en couverture.	277
Méthode des cultivateurs de la Baltique.	279
Emploi suivant la nature des terres et des récoltes.	281
Quantités à employer.	282
Prix du fumier.	287
CHAPITRE VIII. — Des fumiers de ville.	291
Boues de ville.	291
Engrais de Dunkerque.	292
Vases des marais, étangs, fossés, rivières, égouts.	295
Eaux des égouts ou *sewage*.	300
CHAPITRE IX. — Des composts et des engrais industriels.	303
Formation des composts.	303
Méthode de M. Tiphaine.	306
— du pays de Caux.	307
Nitrification des terres.	308
Exploitation des animaux morts.	312
Broyage des os.	314
Superphosphates.	319
Phosphates fossiles.	320
Composts avec la chair de cheval.	320
Chairs cuites et desséchées du commerce.	323
Débris de poissons.	323
Saumures de harengs.	324
Sang des animaux.	326
Matières cornées.	330
— torréfiées.	331
— désagrégées par la vapeur.	331
Plumes, crins, poils, cheveux, etc.	331 332
Chiffons de laine.	334
Balayures et déchets de fabriques de drap, criblures de tontisse, etc.	336
Déchets de laine comme litière.	337
Débris des tanneries, vieux cuirs, etc.	339
Marcs de colle.	340
Pains de creton.	340

TABLE DES MATIÈRES.

	Pages
Marcs des fruits à cidre	342
— de café	343
Des tombes du Cotentin	344
Avantages et inconvénients des composts	347
Engrais Jauffret	349
Recettes diverses pour cet engrais	352
Engrais industriels ou commerciaux	357
Valeur agricole et valeur vénale de ces engrais	359
Tableau des prix des principes constituants de ces engrais	362
Réflexions de M. Dumas sur ces engrais	364
— — sur les engrais de ferme	366
Conclusion	370
Loi répressive des fraudes dans la vente des engrais	373
Circulaire du ministre de la justice en date du 23 mars 1875	374
Falsification des engrais	375

FIN DE LA TABLE

PARIS. — IMPRIMERIE DE E. MARTINET, RUE MIGNON, 2.

www.ingramcontent.com/pod-product-compliance
Lightning Source LLC
Chambersburg PA
CBHW060605170426
43201CB00009B/901